U0213904

建筑特殊单立管排水系统设计手册

主编　姜文源　吴克建　罗定元　刘德明　程宏伟
主审　赵　锂　陈怀德　赵世明

中国建筑工业出版社

图书在版编目（CIP）数据

建筑特殊单立管排水系统设计手册/姜文源等主编.
北京：中国建筑工业出版社，2016.5
ISBN 978-7-112-19188-8

Ⅰ.①建…　Ⅱ.①姜…　Ⅲ.①房屋建筑设备-排水系
统-建筑安装-手册　Ⅳ.①TU823.1-62

中国版本图书馆 CIP 数据核字（2016）第 036571 号

本书内容共 14 章，包括建筑特殊单立管排水系统概述；建筑特殊单立管排水系统相
关理论和立管水流形态分析；建筑特殊单立管排水系统设计；管件特殊单立管排水系统；
管材特殊单立管排水系统；管件与管材均特殊单立管排水系统；模块化特殊装置单立管排
水系统；同层排水与同层检修特殊单立管排水系统；施工安装；工程验收；维护保养；建
筑特殊单立管排水系统研发思路和发展方向；建筑生活排水系统流量测试；工程实例。

本书适合于给水排水相关从业人员使用。

责任编辑：张　磊
责任设计：董建平
责任校对：陈晶晶　刘梦然

建筑特殊单立管排水系统设计手册
主编　姜文源　吴克建　罗定元　刘德明　程宏伟
主审　赵　锂　陈怀德　赵世明
*
中国建筑工业出版社出版、发行（北京西郊百万庄）
各地新华书店、建筑书店经销
霸州市顺浩图文科技发展有限公司制版
北京中科印刷有限公司印刷
*
开本：787×1092 毫米　1/16　印张：19　字数：474 千字
2016 年 6 月第一版　2016 年 6 月第一次印刷
定价：**60.00** 元
ISBN 978-7-112-19188-8
（28257）

引进国外先进技术，
总结国内实践经验，
促进我国给排水事业发展。

原国家环保总局副局长
全国给水排水技术情报网首届理事长
全国给水排水学会副理事长

王杨祖

2016年3月16日

特殊单立管排水系统具有立管占用空间少、节省管材、立管排水能力大等特点，在居住类建筑工程中得到越来越多的应用。本手册的出版，为从业人员提供了一本权威的技术应用工具。希望通过本手册的实施，在不断总结工程经验的基础上，进一步完善特殊单立管排水系统的技术及产品。

中国建筑设计院　副院长、总工
中国建筑学会建筑给水排水研究分会理事长
住房和城乡建设部建筑给水排水标准化技术委员会，主任

2016. 1. 12

宣扬新技术，普及新方案，展现新产品。

贺《建筑特殊单立管排水系统设计手册》成功出版！

中国建筑金属结构协会副秘书长　华明九

本书编委会

主　任：陈怀德

副主任：赵　锂　贺　鸣　华明九　赵世明

主　编：姜文源　吴克建　罗定元　刘德明　程宏伟

副主编：刘　建　袁玉梅　张海宇　张颂东　段爱文
　　　　李长庆　林国强　翟文良　邵陈利　金　雷

主　审：赵　锂　陈怀德　赵世明

编　委：（以姓氏拼音为序）

草野隆　陈怀德　程宏伟　崔景立　段爱文

方玉妹　贺　鸣　贺传政　胡　亮　花铁森

华明九　黄建设　黄显奎　姜成旭　姜文源

金　雷　李长庆　李传志　李天如　连家秀

林国强　刘　建　刘　永　刘德明　刘杰茹

刘彦菁　吕　晖　吕静刚　罗定元　马信国

毛俊琦　邵陈利　孙　慧　陶岳杰　王　竹

王凤蕊　吴克建　项惠民　徐红越　徐凯华

许进福　颜建萍　杨树华　杨文义　杨仙梅

余广鹞　袁玉梅　翟文良　翟志民　张　勤

张海宇　张立成　张颂东　赵　锂　赵世明

前 言

　　经由我国建筑给水排水领域资深专家姜文源先生倡议，在2013年中国建筑金属结构协会给水排水设备分会全国建筑特殊单立管排水技术委员会成立大会上，决定编纂《建筑特殊单立管排水系统设计手册》，并成立编委会。经过全体编委会成员的辛勤努力和精心编纂，历时一年有余，一本理论与实践紧密结合，内容详实丰富的《手册》已成定稿。这是我国建筑排水领域就特殊单立管排水系统编纂的第一本具有开创性的技术工具书；是国内建筑给水排水专业相关大专院校、科研院所、设计单位和制造企业通力协作、努力研发的硕果，是结合我国国情、消化国外先进技术基础上的理论创新与技术创新，其学术成果也得到了国外同行的高度赞赏和肯定。

　　《手册》的出版，对建筑特殊单立管排水系统工程设计理念、方法、选型具有指导性意义，对我国建筑特殊单立管排水技术的研发思路、发展方向提出了切实可行的建议与展望，是一本集工程设计、施工、安装、验收、维护及建筑排水新技术、新产品的研发具有实用性意义的工具书；既可供科研、设计、生产、研发所用，也可为大专院校相关专业教学参考，有推进社会效益，经济效益，改善人居环境的作用。本《手册》编委会成员都是业内有较高学术造诣和丰富实践经验的专家，他们全面总结了国内外特殊单立管排水技术科学实验、工程实践方面的丰硕成果，反复推敲，几经修改，校对审定，在有关单位领导的大力支持下，在相关企业及企业家的倾情资助下，《手册》得以顺利出版。

　　本《手册》各章、节的编纂、校审者是：

　　第1章　建筑特殊单立管排水系统概述

　　（编纂：姜文源、金雷；校审：方玉妹、赵世明）

　　第2章　建筑特殊单立管排水系统的相关理论和立管水流形态分析（编纂：赵世明、张海宇；校审：张勤、刘德明、袁玉梅、贺传政）

　　第3章　建筑特殊单立管排水系统设计

　　（编纂：程宏伟、刘德明、崔景立；校审：杨仙梅、刘杰茹、李天如）

　　第4章　管件特殊单立管排水系统

　　（编纂：张海宇；校审：王竹、黄显奎、黄建设、余广鹋）

　　第5章　管材特殊单立管排水系统

　　（编纂：张海宇；校审：李传志）

　　第6章　管件与管材均特殊单立管排水系统

　　（编纂：张海宇；校审：刘杰茹、李传志）

　　第7章　模块化特殊装置单立管排水系统

　　（编纂：王凤蕊、姜文源、连家秀；校审：金雷）

　　第8章　同层排水与同层检修特殊单立管排水系统

　　（编纂：刘德明；校审：杨仙梅、余广鹋）

第 9 章　施工安装

（编纂：崔景立；校审：毛俊琦）

第 10 章　工程验收

（编纂：程宏伟；校审：张勤）

第 11 章　维护保养

（编纂：刘德明；校审：张勤）

第 12 章　建筑特殊单立管排水系统研究思路和发展方向

（编纂：吴克建；校审：姜文源、罗定元）

第 13 章　建筑生活排水系统流量测试

（编纂：姜文源、袁玉梅；校审：罗定元、马信国、贺传政、毛俊琦）

第 14 章　工程实例

（编纂：张立成；校审：杨仙梅、张海宇）

　　本《手册》是首次编写，编纂者和校审者都倾注了大量精力和心血，编纂过程中需要大量的科学实验和工程实践验证，编纂工程量大，涉及面广，收集的资料有一定局限性，加之时间和水平所限，疏漏之处在所难免，敬请读者批评指正。来函请寄悉地国际设计顾问（深圳）有限公司（通讯地址：上海市杨浦区四平路 1758 号 CCDI 大厦）姜文源收或发电子邮件至 289052980@qq.com，以便今后继续修订和更新。

《建筑特殊单立管排水系统设计手册》编写组

二〇一五年十二月二十八日

目　　录

第1章 建筑特殊单立管排水系统概述

1.1 建筑特殊单立管排水系统发展简史

1.1.1 排水立管存在的问题及应对措施

当建筑物从单层建筑向多层建筑发展时，排水立管应运而生。排水立管有三个现象引起人们的关注：

1）排水横支管与排水立管的连接处，因横支管水流出流而形成的水舌现象堵塞立管气流的上升通道（图1-1-1）；

2）排水立管底部的弯头处，立管水流和横干管（或排出管）水流，因两股水流方向不同（立管水流竖向流动，横干管或排出管水流横向流动）、流速不同（立管水流流速大于横干管或排出管水流流速）和水流由势能向动能转换等原因，立管水流会形成水跃和壅水现象，从而堵塞横干管气流通道；

3）当立管水流所占面积大于立管横断面积的 1/3～1/4（7/24）时，会形成水塞现象，堵塞气流的上升通道。

水舌、水跃、壅水和水塞等现象会造成气流通道堵塞，水流排放受干扰，排水管系水力工况恶化，排水管内气压的正压值和负压值增大，从而破坏存水弯、地漏的水封，使臭气外逸污染室内环境（图1-1-2）。

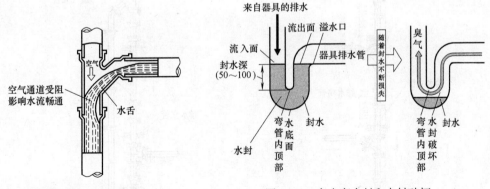

图 1-1-1 水舌现象   图 1-1-2 存水弯水封和水封破坏

针对上述排水立管三个现象，可采取下列技术应对措施：

1）提高存水弯防水封破坏能力的措施：

① 加大水封深度；

② 加大水封容量；

③ 加大水封断面积比。

2）减小管内压力波动的措施：

① 增设通气管道、增加通气渠道；

② 加大排水立管管径；

③ 管道节点采用特殊管件。

在以上措施中，加大水封深度最先被采用，但加大水封深度有利有弊。有利的一面是提高了存水弯防水封破坏能力；不利的一面是降低了管道自清能力，引起污物在存水弯处的沉积。且加大水封深度也受限制，洗脸盆的存水弯水封深度可为 70~80mm，一般卫生器具最大水封深度应控制在 100mm 以内。

加大水封容量实际也难以实施，因为多数存水弯的形状是管式结构，管径一经确定，容量也就确定；只有地漏是个例外，需对水封容量提出要求。因此，加大水封容量也仅限于地漏。

加大水封断面积比是进入 21 世纪后提出的概念，这一理念付诸实施还有大量工作要做。

较多采用的措施是增设通气管道、增加通气渠道，即增设专用通气立管，亦即俗称的双立管排水系统。该系统设两根立管，一根立管排水，一根立管通气。双立管排水系统与单立管排水系统相比，优点是提高排水管系的排水能力，改善系统水力工况；缺点是多了一根立管，管材耗用随之增加，也相应多占用立管空间。从此，单立管排水系统和双立管排水系统并存的现象延续了相当长的时间，一直未受到挑战。通常，楼层低，流量小，采用单立管排水系统（图 1-1-3）；楼层高，流量大，采用双立管排水系统（图 1-1-4）。

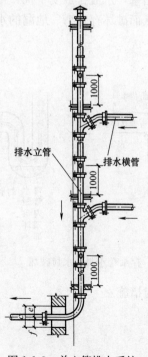

图 1-1-3　单立管排水系统

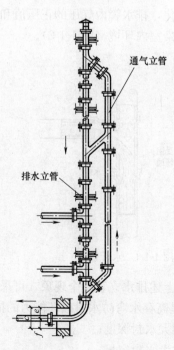

图 1-1-4　双立管排水系统

1.1.2　特殊单立管排水系统的技术引进和发展

打破单立管排水系统和双立管排水系统相安无事格局的是瑞士学者苏玛（Friz Sommer），挑战传统双立管排水系统观点的他认为，仅用单一立管即可解决双立管排水系统所能解决的问题。他于 1958～1961 年间在瑞士伯尔尼卫生设备研究所展开研究，设计出一个管件，中间设有一道档板，用以分隔立管水流和横支管水流，使两股水流在水流方向未能一致以前互不影响、互不干扰。在档板的下端是混合区，立管水流和横支管水流在此处水流方向一致，共同向下，混合后向下流动。这一管件兼有排水和通气的双重功能，取名为"Sovent"，即"Sommer"与"Ventilation"的字首合一而成，曾经的中文译名为苏维特、苏维脱、速微特等。苏维托于 1961～1965 年间在全球范围注册专利，开始时是铸铁制品，1970 年取得塑料系统总许可证，1970～1972 年高密度聚乙烯（HDPE）材质苏维托问世。苏维托是世界上第一个建筑排水系统特殊管件，苏维托排水系统则是世界上第一个特殊单立管排水系统。

苏维托单立管排水系统在排水横支管与排水立管连接点处采用上部特殊管件苏维托以消除水舌现象，上部特殊管件同时采取扩容处理以消除水塞现象，在排水立管底部采用下部特殊管件跑气器以解决横干管或排出管气流畅通问题。特殊单立管排水系统只有一根立管，既排水也通气。与普通单立管排水系统相比，它提高了系统排水能力；与双立管排水系统相比，它省掉了通气立管，节省了管材，也节约了通气立管所占用的建筑空间。正是由于特殊单立管排水系统具有上述优点，因此从一开始它就备受关注。

特殊单立管排水系统从 20 世纪 70 年代末期开始传入中国并逐步得到推广应用。当时国外为提高排水立管的通水能力和排水性能，除设置常用的通气系统外，还设置有特殊排水接头的单立管系统，当时主要有以下三种类型。

第一种即前述瑞士学者苏玛（Friz Sommer）在 1961 年研制的苏维托单立管排水系统。它的优点是能减小立管内部气压波动，降低管内正负压绝对值，保证排水系统工况良好。

第二种是空气芯水膜旋流立管排水系统，是法国建筑科学技术中心在进行多次水流试验基础上于 1967 年提出来的，在国外被广泛应用于 10 层以上的建筑物。这种系统也有两个特殊配件，一是旋流接头配件，二是旋流式 45°弯头。

第三种是高奇马排水系统，是日本小岛德厚在 1973 年设计的，在各层横支管与立管连接处设高奇马接头配件，在排水立管底部设高奇马角笛式弯头。

当年苏维托排水系统研发成功时，我国正处于"文革"时期，许多学术组织均停止活动。为了开展给排水技术交流活动，原国家建委建研院情报所于 1972 年成立了全国给排水技术情报网（现改名为技术信息网）。当时全国给排水技术情报网主要负责人是王扬祖和王真杰，他们于 1977 年 12 月在广州主持召开的全国室内给水排水技术交流会上，由原北京市建筑设计院、原国家建委建研院情报所和建研院设计所，在介绍国外室内给水排水技术发展动态时，第一次提出了特殊单立管排水系统这个概念，适应了我国高层建筑发展的需要。

1.1.3　中国早期特殊单立管排水系统

1.1.3.1　苏维托系统

最早在中国工程设计中实施特殊单立管排水系统的是原北京市建筑设计院。该院1978年在北京前三门（崇文门、前门、宣武门）高层住宅工程中率先采用苏维托特殊单立管排水系统设计，这是中国有史以来第一个特殊单立管排水系统。苏维托为铸铁材质，底坡为60°，所采用的苏维托和跑气器由前三门六建"三结合"设计组仿照国外资料设计，原北京市第六建筑工程公司加工制造。竣工后，湖南大学 胡鹤钧 老师专门组织了排水流量测试，并取得成果。报告为：苏维脱系统和普通排水单立管通水能力的对比测试总结（1979年）。1982年，原《室内给水排水和热水供应设计规范》管理组为规范修订专程派出人员调研该系统使用情况，用户反映由于特殊管件内壁粗糙，挂条严重，最多时一天堵塞两次，给用户带来极大不便。后来，前三门工程特殊单立管排水系统因用户负面反应强烈，最终被拆除，这不能不说是一个遗憾。

第二个在中国应用苏维托系统的实例是由原山西省建筑设计院设计的原中共山西省委第二招待所工程。苏维托也是铸铁材质，为减小苏维托外形尺寸，底坡改为45°，因尺寸减小，因此影响到排水的畅通。

20世纪60年代末，军代表进驻国家各部委主政，进驻原建工部的是原工程兵司令部。不久林彪"一号命令"下达，原建工部在京设计科研单位成建制下放，原北京工业建筑设计院下放至山西省、河南省、湖北省和湖南省。当时《建筑译丛》也配合刊登特殊单立管排水系统的有关译文。与此同时，华国锋主政中央，万里主政原铁道部，都指示要在湖南上一批标志性建筑，其中包括湘江大桥和当时号称全国第一的长沙火车站，以及与火车站工程配套的长岛饭店等。

长岛饭店工程竣工于1978年5月，该工程是13层1700个床位的中低标准旅馆建筑，一根排水立管要承担60个大便器的排水。内走廊东西两侧为公共卫生间，一排6个大便器，排水立管设置在6个大便器的中间位置，以缩短排水横支管长度，省去环形通气管。苏维托采用两种型式，西侧卫生间采用标准型，东侧卫生间采用改进型。当时的工程项目专业负责人为郑大华，详图绘制为二室水组组长姜文源。设计人员吸收北京前三门工程的经验教训，苏维托底坡采用60°，为保证管件内表面光洁，从木模加工抓起，他们找到湖南宁乡双凫铺铸件厂承担铸件加工，确保加工质量绝对一流，安装后用户反映良好。从某种意义上来说，长岛饭店的苏维托是国内第一个成功案例，随后，苏维托在上海市、广州市等地工程中得到应用，产品有些采用国产，有些采用进口。

苏维托的工作原理是分流，即排水立管水流与排水横支管水流在水流方向未达一致前采取措施隔开予以分流，使两股水流互不干扰，互不影响。具体做法是在苏维托构造内设置挡板（图1-1-5），分流方式即为挡板分流（图1-1-6）。

当时研发和引进的苏维托有各种形式，如：

① 乙字管：带乙字管、不带乙字管（图1-1-7）；

② 乙字管构造：不旋曲、有旋曲（图1-1-8）；

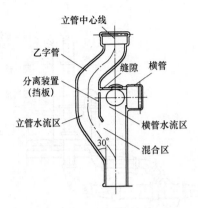

图 1-1-5 苏维托剖面

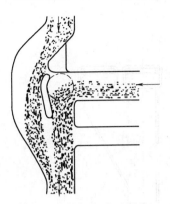

图 1-1-6 挡板分流效果

③ 苏维托底坡：60°、45°；

④ 横支管接口：单排、上下两排；

⑤ 接口方向：单向、双向、三向；

⑥ 连接方式：承插式、全承式、全插式。

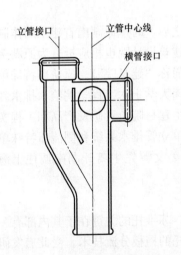

图 1-1-7 不带乙字管的苏维托

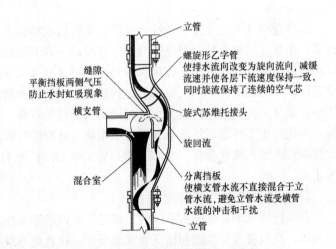

图 1-1-8 乙字管旋曲的苏维托

在苏维托系统中与上部特殊管件苏维托配套的下部特殊管件为跑气器。跑气器内有凸块，水流冲击凸块后气、水分离，气体从跑气口经跑气管排出，接至排水横干管或排出管的上部，水流从跑气口下部出口排出，跑气器可使立管底部压力平衡，其外形近似于苏维托（图 1-1-9、图 1-1-10）。

1993 年中国建筑给水排水代表团应日本给水排水设备研究会邀请访问日本，代表团由当时的同济大学副校长顾国维、原《建筑给水排水设计规范》国家标准管理组组长姜文源、原建设部建筑设计院总工刘振印组成。代表团在日期间结识了一些日本从事特殊单立管排水系统相关产品的企业，如主要生产苏维托的弁管株式会社等。代表团回国后促成了原江苏省南通排水管厂和日本弁管株式会社的技术合作，生产的苏维托乙字管上部有一扭曲段，产品命名为"速微特"，从而结束了中国苏维托非定型化、标准化的历史。

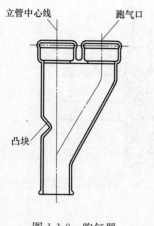

图 1-1-9 跑气器

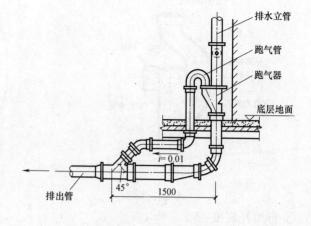

图 1-1-10 跑气器安装

1.1.3.2 环流器、环旋器、侧流器

1）概述

苏维托特殊单立管排水系统在长沙长岛饭店成功应用之后，时逢原湖南省建工局体制改革，原建工局被拆分为原建工局和原建材局，其下属的建筑设计院也相应拆分为原湖南省建筑设计研究院和原湖南省建筑材料研究设计院（以下简称"建材院"）。原从事特殊单立管排水系统的主要专业人员被分配到建材院，他们和湖南大学土木工程学院给水排水教研室开展分工合作，由湖南大学负责搜集国外相关资料，由建材院负责研发产品和工程实施，由此诞生了环流器特殊单立管排水系统、环旋器特殊单立管排水系统和侧流器特殊单立管排水系统。该项合作一直延续到 1985 年 12 月 30 日姜文源先生离开湖南调往上海为止。

2）环流器特殊单立管排水系统

苏维托特殊单立管排水系统的上部特殊管件是苏维托，苏维托的关键在于其内部有一个档板，档板将立管水流和横支管水流分开，这就是苏维托的档板分流技术。受此启发研

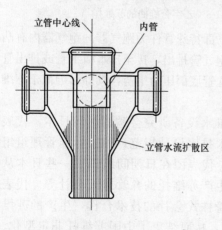

图 1-1-11 环流器

究发现，可用于分流的不只是档板，还有其他方式，首先考虑到的是环流器。即在排水立管外围增加一个环，环的直径相当于 3 倍排水立管管径，横支管可以从 4 个方向接入。环的中央有一段内管，内管的下沿与排水横支管的管底相平。内管上口设置承口，用以连接排水立管，管件的下方是一段直管段的插口。因该管件的主要特征是环，所以命名为环流器（图 1-1-11）。

环流器上部有一段立管的延伸段，这段管段称为内管，内管档住了排水横支管水流对立管水流的干扰，实际上起分流作用，因此称为内管分流。立管水流进入环流器后，由于水流呈螺旋流

特征，产生扩散，如图 1-1-11 中阴影部分。横支管水流进入环流器后，呈自然下流态势，两股水流在环流器下部汇合，合流向下。

环流器为金属制品，材质为铸铁，加工地点在湖南省宁乡双凫铺。与此同时也制作了同款塑料制品，材质为硬聚氯乙烯（PVC-U），用于对比测试。另外，还制作了一个透明材质的管件，用于观察环流器内部水流状态。

环流器的优点是立管水流和横支管水流分流效果好；缺点是尺寸较大，立管离墙距离较远，不便安装，相应的管道井面积较大。

与环流器配套的下部特殊管件是角笛式弯头（图 1-1-12）。角笛式弯头形似角笛，有较大的曲率半径和内部空间，不容易出现水跃现象，即使出现水跃，也不会阻断气流通道；其缺点是体积较大。角笛式弯头有两种，一种无跑气口；另一种有跑气口，用以连接通气管排气。

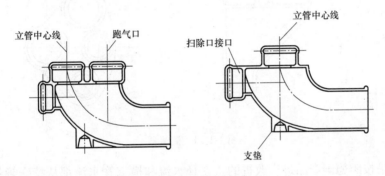

图 1-1-12　角笛式弯头

环流器和角笛式弯头配套组成环流器特殊单立管排水系统。1983 年，环流器、环旋器设置应用于原湖南省建筑材料研究设计院的理化楼工程，单数层设置环流器；偶数层设置环旋器；下部特殊管件采用铸铁角笛式弯头。环流器、环旋器都为铸铁制品，二者均属于内管分流。这个系统应用不久，中国开始大范围、大规模推广化学建材，排水铸铁管的应用跌入低谷。

3）环旋器特殊单立管排水系统

将环流器和旋流器进行组合而成的特殊管件就是环旋器。环旋器也有一个环，环的直径也相当于 3 倍排水立管管径，横支管也可以从 4 个方向接入，这些特征均与环流器一样。与环流器不同之处在于：环流器横支管是正向接入；而环旋器是切向接入，即排水横支管是从管件的切线方向接入（图 1-1-13）。

环旋器上部也有一段立管的延伸段，这段管段也称为内管，内管挡住了排水横支管水流对立管水流的干扰，其分流也属于内管分流范畴。与环流器不同的是，由于横支管的切向接入，横支管水流具有旋流特征。

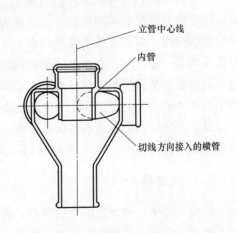

图 1-1-13　环旋器

环旋器的优点和缺点以及应用场所同环流器。与环旋器配套的下部特殊管件也是角笛式弯头。环旋器和角笛式弯头组成环旋器特殊单立管排水系统，在其发展过程中因遭遇与同时期环流器特殊单立管排水系统相同的原因而跌入低谷，停止应用。

4）侧流器特殊单立管排水系统

在各种类型的以分流为特征的特殊单立管排水系统中，有一个共同的现象，即排水立管水流和排水横支管水流在水流方向相同的前提下允许合流，苏维托、环流器、环旋器均是如此，无一例外。能否设计一种特殊管件，在管件外就先完成水流方向改向功能呢？依据此思路，研发出水流方向在改向后进入管件的特殊管件，即侧流器（图1-1-14）。

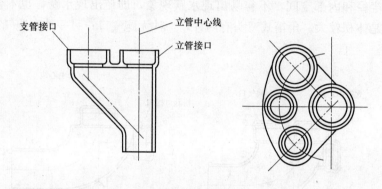

图1-1-14　侧流器

侧流器是按照德国产品进行改进的。立管水流和横支管水流都从特殊管件上部进入，排水横支管水流的改向是依靠弯头来完成的。侧流器平面呈等边三角形，上侧预留4个管道接口，其中位于顶角位置的是立管接口，位于圆弧侧依次为大便器、浴盆（或淋浴器）、洗脸盆（或地漏）排水管接口。各接口的水流进入侧流器后都一致向下，水流方向完全一致。侧流器的尺寸较为紧凑，其缺点是位置较低，在它的上方需留出横支管水流改向弯头的安装位置。侧流器曾应用于原长沙市自来水公司的住宅建筑工程。

1985年，清华大学环境工程系在水力学实验室对用于原湖南省建筑材料研究设计院的环流器和环旋器等特制配件进行测试。实验用立管为内径90mm×9mm的有机玻璃制成，横支管与排出管采用塑料管。实验表明：特殊单立管排水系统中的特制管件由于扩容和分流等作用，对改善排水系统的水力工况、保持立管的空气芯、减少管内压力波动和水封破坏均有一定作用。在排水流量相同的条件下，环流器的负压值最小，环旋器次之，普通三通造成的负压值最大。环旋器由于横支管水流在管件内形成旋流，旋流下落至特制管件下方0.5m左右处的立管段，会造成较大的负压，因此它减小立管负压的效果明显不如环流器；但环旋器的旋流成螺旋形下落，所以排水噪声较小。测试结果：装有环流器的排水立管通水能力为6L/s，装有环旋器的排水立管通水能力为5L/s。

1.1.3.3　旋流器

旋流器是另一种型式的特殊管件，在当时虽有应用，但应用范围有限。旋流器的构造特点是横支管水流从切线方向进入管件形成旋流（图1-1-15），同时保持立管中心的气流通道。旋流器最早应用于原天津水泥设计院办公楼工程，后在长沙芙蓉宾馆也得到应用。

1981 年，湖南省建筑设计院对长沙芙蓉宾馆旋流器特殊单立管排水系统进行测试。测试结果表明：同时进入立管的排水流量为 15L/s 以下时，存水弯水位最高变化幅度达 33～44mm，但系统中要求存水弯的水封深度为 50～70mm 才是安全的；同时进入立管的最大排水流量小于 7L/s 时，排水旋流器的使用相对安全可靠。

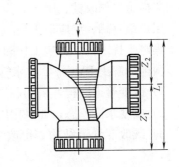

以上这些特殊单立管排水系统集中反映在中国工程建设标准化协会标准《特殊单立管排水系统设计规程》CECS 79：1996 中。当时将特殊单立管排水系统称为特制配件单立管排水系统，将苏维托称为混合器；同时认为下部特殊管件——跑气器是气、水分离，那么上部特殊管件就应该是气、水混合，而没有将分流作为苏维托的第一特征来对待。

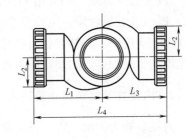

尽管特殊单立管排水系统优点突出，但当时在中国的工程实际应用情况并不理想，究其原因：

图 1-1-15　旋流器

1）无定型产品，工程应用有一定难度（涉及到产品设计、特殊管件加工单位联系、预算追加、施工交底、进度保证等）；

2）个别试点工程产品质量存在问题（如北京前三门工程的苏维托铸件内表面较为粗糙、档板上部缝隙不够宽造成管道严重堵塞等）；

3）虽然后来通州五佳铸锻总厂（原南通排水管厂）和日本弇管株式会社合作开发生产出"速微特"产品，做到了苏维托产品的定型化，但受到推广应用化学建材政策的强大冲击；

4）缺乏相关国家标准或行业标准的条文规定，亦无相关建筑标准设计图集可供设计及施工选用；

5）其他原因，如有的产品定位偏高，有的产品宣传力度不够，工程设计人员对特殊单立管排水系统不甚了解，安于现状、习惯传统做法等。

因此，在相当长的一段时间里，特制配件单立管排水系统，即特殊单立管排水系统在中国的应用，实际上处于相对停滞状态。

1.1.4　中国中期特殊单立管排水系统

1.1.4.1　化学建材的应用

作为氯碱生产大国，中国从 20 世纪 80 年代开始大力推广化学建材，包括塑料门窗和塑料管材。排水塑料管材主要采用硬聚氯乙烯（PVC-U）管、高密度聚乙烯（HDPE）管、聚丙烯（PP）管、氯化聚氯乙烯（PVC-C）管和丙烯腈-丁二烯-苯乙烯（ABS）管等管材。其中应用最早、应用最多的是 PVC-U 管。

推广 PVC-U 管后，在确认其优点的同时，也发现一些缺点，如材质过脆、韧性稍差、防火性能差、耐热性差、耐低温性能差、线膨胀系数大、水流噪声大等。为此采取一些相应措施，如改性、阻火、设置伸缩节等，这些措施都取得了一定效果。但上述缺点中，用户最直感、反应最强烈的是水流噪声大，严重扰民，往往楼上一排水，楼下居民就饱受噪声干扰之苦，影响工作和休息。

国内为解决 PVC—U 排水管水流噪声大的缺点，采取若干相应技术措施：

1）改变管道结构，采用芯层发泡管、中空壁管等；

2）改变水流流态，如采用内螺旋管等；

3）既改变管道结构，也改变水流流态，如采用芯层发泡内螺旋管、中空壁内螺旋管等；

4）改变管材材质，如采用 HDPE 管、PP 管、消音管等；

5）既改变管材材质，也改变水流流态，如 PP 内螺旋管、HDPE 内螺旋管等。

在以上措施中，内螺旋管占有相当大的比重。必需说明：除消音管外，改变管材材质主要是增加管材种类，增加市场选择性，不同材质各有利弊，不仅限于降噪这一目的。

1.1.4.2 内螺旋管特殊单立管排水系统

以内螺旋管为排水立管管材的排水系统称为内螺旋管单立管排水系统，或内螺旋管特殊单立管排水系统。内螺旋管单立管排水系统是特殊单立管排水系统中的一种。《建筑给水排水设计规范》GB 50015—2003（2009 年版）表 4.4.11 中，在"特殊单立管"栏目中规定了它的排水立管最大设计排水能力。

在相应规程中有关于内螺旋管的定义，术语名称为"硬聚氯乙烯（PVC—U）内螺旋管"；定义为"以聚氯乙烯树脂单体为主要材料挤压成型的内壁有数条凸出三角形螺旋肋的圆管。其三角形肋具有引导水流沿管内壁螺旋状下落的功能，是建筑物内生活排水管道系统中用作立管的专用管材。"

上述术语和定义引自《建筑排水用硬聚氯乙烯内螺旋管管道工程技术规程》CECS 94：2002（以下简称"《内螺旋管规程》"）。该规程还规定了内螺旋管主要技术参数，具体数字如表 1-1-1 所示。

螺旋肋高度（mm）

表 1-1-1

公称外径	75	110	160
螺旋肋高度	2.3	3.0	3.8

《内螺旋管规程》只控制内螺旋管的螺旋肋高度，业内简称为"单要素控制"。对内螺旋管的其他方面，如螺旋方向、螺距、螺旋肋数量等相关技术参数并未作出明确规定，这就造成建材市场内螺旋管的规格品种有很大差异而不便监管。

内螺旋管单立管排水系统的立管管件采用旋转进水型管件，旧称"侧向进水型管件"。其横支管从切线方向接入管件，因此其实质为"旋流器"。该旋流器只使排水横支管水流形成旋流，而不能使排水立管水流形成旋流，因此属性为普通型旋流器，以区别于能使排水立管水流和排水横支管水流都形成旋流的加强型旋流器。普通型旋流器必须与内螺旋管配套使用，立管旋流靠内螺旋管解决。旋转进水型管件严格地说也属于特殊管件，但多年未得到确认，习惯将它视为普通管件。旋转进水型管件的材质为 PVC—U 或玻璃纤维增强聚丙烯（FRPP）。

内螺旋管单立管排水系统相关工程建设标准为中国工程建设标准化协会标准《建筑排水用硬聚氯乙烯螺旋管管道工程设计、施工及验收规程》CECS 94：1997。此规程之后进行过一次修订，改称为中国工程建设标准化协会标准《建筑排水用硬聚氯乙烯内螺旋管管道工程技术规程》CECS 94：2002，用以替代 CECS 94：1997。该规程规定的系统为内螺旋管特殊单立管排水系统。另有一本涉及内螺旋管的规程为中国工程建设标准化协会标准《建筑排水中空壁消音硬聚氯乙烯管管道工程技术规程》CECS 185：2005，该规程内容包括中空壁内螺旋管和中空壁管件。

综上所述，内螺旋管特殊单立管排水系统的排水立管采用 PVC-U 内螺旋管；排水横管采用 PVC-U 光壁管，并对内螺旋管规定了螺旋肋高度；其上部特殊管件为旋转进水型管件，原名：侧向进水型管件，下部特殊管件为 PVC-U 变径弯头。

1.1.5　中国近期特殊单立管排水系统

进入 21 世纪以后，上海建筑给水排水同行曾就"上海的优势在哪里"为题进行过议论，议论的结果：上海的优势在于建筑排水。于是先后编制了一系列建筑排水领域工程建设标准，其中包括《建筑同层排水系统技术规程》。

专家和同行在参加中国工程建设标准化协会标准《建筑同层排水系统技术规程》CECS 247：2008 编制过程中，注意到一个现象：欧洲模式的同层排水方式和日本模式的同层排水方式，均与特殊单立管排水系统配套设置。欧洲模式的同层排水方式与苏维托系统配套；日本模式的同层排水方式与加强型旋流器系统配套；中国模式的同层排水方式往往与内螺旋管系统配套。由此产生一个问题：同层排水方式与特殊单立管排水系统有无必然联系？经过调研和认真思考得出结论：其间并无必然联系。

同层排水方式之所以配套使用特殊单立管排水系统，其根本原因是特殊单立管排水系统具有以下突出优点：

① 立管占用空间少——只需占用 1 根立管的位置；

② 节省管材——与双立管排水系统相比，减少 1 根通气立管的管材；

③ 立管排水能力大——特殊单立管排水系统排水立管的排水能力大于普通单立管排水系统排水立管的排水能力。

特殊单立管排水系统：对于苏维托系统和内螺旋管系统，我们已有一定程度的了解，但对于日本的加强型旋流器系统还了解甚少。因此现阶段对特殊单立管排水系统的了解是从加强型旋流器切入并从 AD 系统开始的。2003 年，日本积水公司进入中国，并带来了 AD 型特殊单立管排水系统，从此开始中国新一轮特殊单立管排水系统的快速进程。

1.1.5.1　AD 型特殊单立管排水系统

1）AD 型特殊单立管排水系统的组成

AD 型特殊单立管排水系统的组成如下：

排水立管管材：加强型内螺旋管；

立管上部特殊管件：AD 型细长接头（图 1-1-16）；

立管下部特殊管件：AD 型底部接头（图 1-1-17）。

图 1-1-16　AD 型细长接头

均为日本积水化学工业株式会社产品。

2）AD 型细长接头

AD 型细长接头内有 2 片并列设置的导流叶片，能使立管水流和横支管水流都形成旋流（与普通旋流器的区别），旋流为逆时针方向（受地球自转影响，为北半球旋流特征），铸铁材质，管件实质为加强型旋流器。

AD 型细长接头有直通、三通、四通（左 90°四通、右 90°四通、180°四通）、五通、六通等管件。横支管变径采用异径管，实际使用仅为五通一种，用封堵预留接口的方法来替代三通、四通等管件。

3）AD 型底部接头

AD 型底部接头有以下特点：

① 大曲率半径，$R/DN=3\sim4$；

② 变径，出口处管径比进口处管径大 1～3 级；

③ 变断面，进出口均为圆形，底部接头中间为蛋形断面，蛋形断面在小流量和大流量时都能保持良好的水力条件。底部接头为铸铁材质（图 1-1-17）。

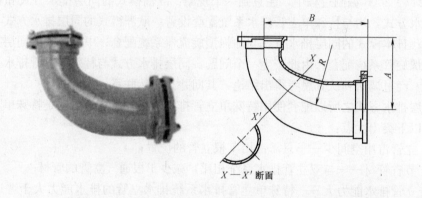

图 1-1-17　AD 型底部接头

4）加强型内螺旋管

内螺旋管为法国原创，从法国传到韩国，又从韩国传到中国。最早在国内生产该种类型内螺旋管的是沈阳平和实业有限公司，即普通型内螺旋管。同期，内螺旋管也从法国传到日本，在日本经过改进，又以 AD 系统型式传到中国，即加强型内螺旋管。

最早在中国推广使用的加强型内螺旋管就是日本积水化学工业株式会社的产品。

加强型内螺旋管定义：螺旋肋的数量、高度、角度（螺距）比一般内螺旋管（管内壁有凸出三角形螺旋肋的管材）作了强化处理（螺旋肋数量多出 1.0～1.5 倍，螺距缩小 1/2 以上）、排水工况得到进一步改善的管材。该术语和定义引自《AD 型特殊单立管排水系统技术规程》CECS 232：2007（2011 年版）。

定义中的"强化处理"：

① 螺旋方向，螺旋方向为逆时针方向——北半球旋流特征，这是加强型内螺旋管的大前提；

② 螺距，短螺距 600～760mm，螺距也是内螺旋管的主要技术参数；

③ 螺旋肋数量，$dn90$ 和 $dn110$ 都为 12 根；

④ 螺旋肋高度，与普通型内螺旋管相同，$dn110$ 管材的螺旋肋高为 3.0mm。

以上简称"四要素控制"，区别于普通型内螺旋管的"单要素控制"。相关工程建设标准为中国工程建设标准化协会标准《AD 型特殊单立管排水系统技术规程》CECS 232：2007；后进行修订，标准号为 CECS 232：2007（2011 年版）（图 1-1-18）。

螺旋管内面

图 1-1-18　加强型内螺旋管

AD 型细长接头和加强型内螺旋管配套组合后产生很好的旋流效应（图 1-1-19），图 1-1-20 显示加强型内螺旋管和普通型内螺旋管在相同流量（大流量和小流量）时的不同旋流效应。

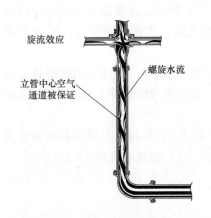

旋流效应

螺旋水流

立管中心空气通道被保证

图 1-1-19　旋流效应

普通型内螺旋管

加强型内螺旋管

图 1-1-20　加强型和普通型内螺旋管

5）AD 系统给我们带来的启示

启示一：排水立管的特殊管件与排水立管管材可以是相同材质，也可以是不同材质，这就打破了思维定式。AD 系统排水立管管材采用 PVC-U 管或钢塑复合管，特殊管件采用铸铁材质。这既符合大力推广化学建材的政策大前提，又能使管件加工成型方便、阻火效果好。

启示二：特殊管件可与加强型内螺旋管配套，也可与光壁管配套或与普通型内螺旋管配套。管材与管件可以是平行组合，也可以是交叉组合。不同组合方式的立管排水能力不同，可用于不同场合、不同排水流量。

何谓管件与管材的平行组合方式呢？即普通型旋流器只和普通型内螺旋管配套，加强型旋流器只和加强型内螺旋管配套（图 1-1-21）。

又何谓管件与管材的交叉组合方式呢（图 1-1-22）？

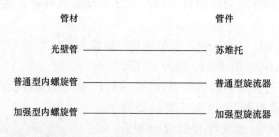

图 1-1-21 管件、管材平行组合方式

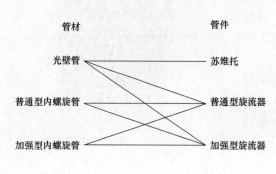

图 1-1-22 管件、管材交叉组合方式

交叉组合可有 7 种组合方式，特殊单立管排水系统的大多数类型都属于管件与管材的交叉组合。

启示三：引进的加强型内螺旋管有 2 种：PVC-U 加强型内螺旋管和加强型钢塑复合内螺旋管。这就告诉我们建筑排水管材除了塑料管系列、金属管系列以外，还有复合管系列。

建筑排水复合管的优点是强度高、阻火性能好、水流噪声低等，可用于相应场所。

从此形成的内螺旋管系列为普通型内螺旋管和加强型内螺旋管，普通型内螺旋管又分为 PVC-U 普通型内螺旋管和中空壁 PVC-U 内螺旋管；加强型内螺旋管又分为 PVC-U 加强型内螺旋管和加强型钢塑复合内螺旋管。

建筑排水管材由此形成三大系列：建筑排水塑料管系列、建筑排水金属管系列和建筑排水复合管系列。这就是编制行业标准《建筑排水复合管道工程技术规程》CJJ/T 165—2011 的原委。

启示四：接口方式采用法兰压盖柔性连接，优点：

① 密封性能好；

② 适用于不同材质的管材；

③ 适用于不同的管材外径；

④ 插入承口深度可调，管道无须设置伸缩节；

⑤ 可曲挠，抗震性能好。

缺点：降板方式的同层排水不太适用。

启示五：AD 型特殊单立管排水系统有用于高层建筑和用于多层建筑两种类型。AD 型细长接头用于高层建筑，AD 型小型接头用于多层建筑。从而消除特殊单立管排水系统只能用于高层建筑的偏见和困惑。

启示六：排水立管最大管径为 $dn110$（$dn100$），只限于设置小卫生间的居住类建筑，如住宅、宾馆客房、医院病房、养老院居室等。

启示七：细节决定成败，建筑排水会有很多情况需要合理处置。如排水系统设有器具通气管而无通气立管时通气管道连接方式的确定。日本做法：可接至旋流器预留接口处。

　　此外，当排水立管有偏置管时（指立管大偏置情况），可采取相应的技术措施，如设置辅助通气管等。立管偏置一般有两种情况：一种为小偏置，即由外墙厚度不同引起的排水立管偏置，一般可用乙字管或 45°弯头过渡解决；另一种为大偏置，即上部为住宅，下部为公共建筑，排水立管不能在原位垂直向下敷设而引起的偏置，中国现行规范对此未作规定。

　　对于偏置管的设置，本书观点是排水立管不宜偏置，工程设计不推荐偏置管方式，但偏置管在工程中又往往难以避免。当立管大偏置时，可采用设置辅助通气管等技术措施解决（日本共有三种方法可供选择，其中设置辅助通气管是最常用方法，图 1-1-23、图 1-1-24）。上部特殊管件的连接管口除可连接排水横支管外，还可连接辅助通气管。

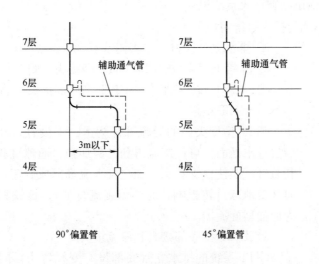

图 1-1-23　楼层偏置管处理

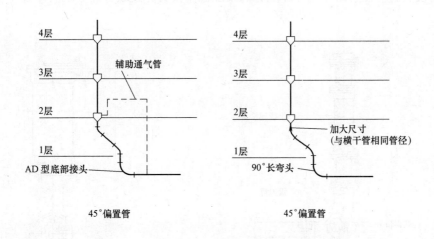

图 1-1-24　底层偏置管处理

　　启示八：排水立管的排水能力应通过测试得出，实测结果即为设计依据，制定统一测试标准。

关于《AD 型特殊单立管排水系统技术规程》CECS 232：2007 的修订：由于中国建筑排水系统工程验收要做通球试验，而 AD 系统由于特殊管件内有导流叶片，且叶片内径小于 2/3 的管内径，因此，通球试验有困难。为此，对规程进行局部修订，缩小通球直径，将通球直径改为叶片内径的 2/3。修改后的相关工程建设标准为中国工程建设标准化协会标准《AD 型特殊单立管排水系统技术规程》CECS 232：2007（2011 年版）。

1.1.5.2 CHT 型特殊单立管排水系统

第二个进入中国市场的日本特殊单立管排水系统是 CHT 型特殊单立管排水系统，为日本长谷川铸工所技术，产品由青岛嘉泓建材有限公司经营、销售。

1）CHT 型特殊单立管排水系统组成

CHT 型特殊单立管排水系统组成如下：

① 排水立管管材：排水铸铁管；

② 立管上部特殊管件：CHT 型接头（图 1-1-25）；

③ 立管下部特殊管件：CHT 型底部接头（图 1-1-26）。

2）CHT 型接头

CHT 型接头内的导流叶片为上、下设置，叶片上、下设置可少占过水断面、可使旋流得到二次加强；通球试验时，通球容易顺利通过；能使横支管水流和立管水流都形成旋流，旋流为逆时针方向（受地球自转影响，北半球旋流特征）；铸铁材质；管件实质亦为加强型旋流器。

3）CHT 型底部接头和稳流接头

CHT 系统的排水立管底部设有变径弯头，同时配置稳流接头（图 1-1-27），目的在于消除排水立管旋流对横干管排水的影响。稳流接头内设有直立设置的导流叶片（有的系统稳流接头内设顺时针方向的导流叶片）。

图 1-1-25 CHT 型接头

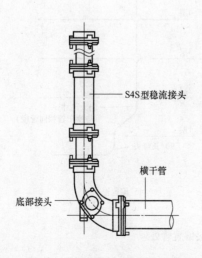

图 1-1-26 CHT 型底部接头和稳流接头

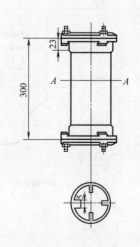

图 1-1-27 稳流接头

4）CHT 系统给我们带来的启示

启示一：排水立管的排水能力不是一个定值，随排水立管高度的增高，排水能力随之下降，如表 1-1-2 所示。

不同高度排水立管的不同排水流量值（L/s）　　　　表 1-1-2

CHT 接头型号	立管管材	立管管径	建筑物层数（层）					
			≤9	15	20	25	30	35
CA4N CB4N	铸铁管	DN100	7.5	7.3	7.1	6.8	6.6	6.4
	塑料管	dn110	7.0	6.8	6.6	6.4	6.2	6.0
CA4S CB4S	铸铁管	DN100	9.5	9.2	8.9	8.7	8.4	8.2
	塑料管	dn110	7.5	7.3	7.1	6.8	6.6	6.4
比　值			1.00	0.97	0.94	0.91	0.88	0.86

启示二：排水铸铁管立管排水能力大于排水塑料管立管排水能力（dn50 及 dn50 以下的小直径除外）。此前曾有过两种截然相反的观点：一种意见认为塑料管内壁光滑，排水能力大；一种意见认为按终限理论，铸铁管排水能力大。多年争论，未有结论，通过测试，问题迎刃而解，结果一目了然，如表 1-1-3 所示。

铸铁管与塑料管的立管排水能力比较（L/S）（日本测试塔测试数据）　　　表 1-1-3

排水立管管径	放水楼层（层）	普通单立管排水系统			普通双立管排水系统		
		塑料管	铸铁管	塑/铁 铁/塑	塑料管	铸铁管	塑/铁 铁/塑
DN100/dn110	17	1.5	2.8	0.536 1.867	2.7	5.2	0.519 1.926
	10	2.0	3.1	0.645 1.550	3.5	5.9	0.593 1.686

启示三：管件扩容有明显效果，CHT 系统有三种接头：不扩容、局部扩容和整体扩容。整体扩容排水流量大，局部扩容排水流量次之，不扩容排水流量最小（图 1-1-28），如表 1-1-4 所示。

CA4型　　　　CB4N型　　　　CB4S型

图 1-1-28　不扩容、局部扩容和整体扩容接头

CHT 型管件定流量排水试验（L/s）（日本测试塔测试数据）　　　表 1-1-4

管件名称	管件型式	排水流量/负荷楼层/（层）				合计
CA4 型	不扩容	2.5/16	2.5/15	0.5/14	—	5.5
CB4N 型	局部扩容	2.5/16	2.5/15	2.0/14	—	7.0
CB4S 型	整体扩容	2.5/30	2.5/29	2.5/28	1.5/27	9.0

也就是说，CHT 型产品在中国根据国情作了相应调整，主要的调整是扩大管件内径，简称扩容。日本采用的是不扩容（CA4 或 CB4）接头；中国采用的是局部扩容（CA4N 或 CB4N）或整体扩容（CA4S 或 CB4S）接头。

接头扩容原因如下：

① 中国家用厨房洗涤盆排水口通常不设置粉碎器，不扩容容易堵塞；

② 中国厨房食品加工属于热加工方式，同时含油量偏高，厨房排水含油量较多，易凝结在管内壁上；

③ 使导流叶片内边缘与导流叶片内边缘的距离或与对面管内壁距离接近于内径，不减小水流通道；

④ 按终限理论和水塞理论指导工程设计，扩容后可以消解排水立管的水塞现象；

⑤ 中国对洗涤剂品质无限制，在管件中应适当留有泡沫存留的空间，有利于气流畅通；

⑥ 便于连接多根排水横支管和辅助通气管。

启示四：日本有日本单管排水系统协会（SSDS），即日本单立管排水系统协会，会长为日本明治大学的坂上恭助教授。日本共有 7 特殊单立管排水系统。特殊单立管排水系统在日本是集合住宅的主导产品。

启示五：日本有一个统一的测试标准，即日本空气调和·卫生工学会协会标准《公寓住宅排水立管系统排水能力试验方法》SHASE-S 218—2014/（上一版本标准号为 HASS 218—2008）。排水系统（或产品）均通过排水测试塔测试系统排水能力，日本共有 4 个测试塔可供测试。

CHT 系统相关工程建设标准为中国工程建设标准化协会标准《旋流加强（CHT）型特殊单立管排水系统技术规程》CECS 271：2010（以下简称"《CHT 系统规程》"）。现在《CHT 系统规程》已进行修订，修订原因在于 CHT 型接头的材质原为铸铁材质，现增加塑料材质（PVC-U）和复合材质（塑料外覆水泥），修改后的《CHT 系统规程》标准号为 CECS 271：2013。

1.1.5.3　集合管型特殊单立管排水系统

集合管型特殊单立管排水系统是第三个自日本进入中国的特殊单立管排水系统。相关工程建设标准为中国工程建设标准化协会标准《集合管型特殊单立管排水系统技术规程》CECS 327：2012（以下简称"《集合管系统规程》"）。在本规程中有四个问题与前两个系统不同，一是排水承插口橡胶密封圈形式不同（图 1-1-29），该承插口形式是日本国家排水管产品标准《铸铁排水管道和管件》JIS G 5525—2000 规定的接口方式之一，也是日本排水铸铁管特色之一；二是建筑高度折减系数值不同；三是排水立管管径增加 DN125 的规格尺寸；四是对立管排水能力提供一个折减系数。

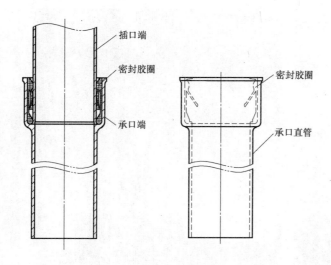

图 1-1-29 排水铸铁管接口形式

关于立管排水能力的建筑高度折减系数，《集合管系统规程》规定：15 层及 15 层以下为 1.0，每 15 层折减系数为 0.9，即：16 层～30 层乘 0.9；31 层～45 层乘 0.81；46 层～60 层乘 0.729；……以此类推（0.4783、0.4305、0.3874、0.3487、0.3138）。当有实测数据时，采用实测数据，这比没有折减系数合理，也比折减系数按某固定数值取值合理。集合管型特殊单立管排水系统立管最大排水能力见表 1-1-5。

集合管型特殊单立管排水系统立管最大排水能力（L/s） 表 1-1-5

接头型号	公称尺寸 DN(dn)	建筑层数（层）									
		15	20	25	30	35	40	45	50	55	60
4SL	100(110)	6.0	5.8	5.6	5.4	—	—	—	—	—	—
4HF	100(110)	10.0	9.7	9.4	9.2	8.8	8.5	8.2	7.8	7.5	7.2
5HF	125(125)	20.0	19.4	18.8	18.2	17.6	17.0	16.4	15.7	15.1	14.5

值得欣慰的是，中国原先没有排水测试塔，排水系统的流量测试或在欧洲进行，或在日本进行；测试方法或是按照欧洲的测试方法，或是按照日本的测试方法；测试用管材、管件或是采用欧洲的管材、管件，或是采用日本的管材、管件；管道连接方式或是按照欧洲的管道连接方式，或是按照日本的管道连接方式。现在情况有了变化，中国有了自己的排水测试塔——高 30m 的上海嘉定吉博力塔、高 34m 的湖南长沙湖大塔、高 60m 的山西高平泫氏塔、高 122m 的广东东莞万科塔、高 108m 的江苏扬州平安塔、高 112m 的山东临沂庆达塔（图 1-1-30）。

关于排水立管管径，一般特殊单立管排水系统立管管径为 DN100（dn110），而集合管系统排水立管管径除 DN100（dn110）外，还有 DN125（dn125）的规格。

关于测试结果用于工程设计，《集合管系统规程》提出将测试结果乘以 0.625 系数作为排水立管最大设计排水能力（见表 1-1-6），对此本书不予苟同，问题出在生活排水设计秒流量数值上，如果要调整，不如修改生活排水设计秒流量计算公式，如果限于条件一时修改不了，也可以作出以下调整：将生活排水设计秒流量数值乘以 1/0.625＝1.6，以使

东莞万科塔   扬州平安塔   临沂庆达塔

图 1-1-30   国内排水测试塔

生活排水设计秒流量数值接近实际排水秒流量。

集合管系统立管最大设计排水能力（L/s）   表 1-1-6

接头	公称尺寸 DN(dn)	建筑层数（层）									
		15	20	25	30	35	40	45	50	55	60
4SL	100(110)	3.8	3.6	3.5	3.4	—	—	—	—	—	—
4HF	100(110)	6.3	6.1	5.9	5.8	5.5	5.3	5.1	4.9	4.7	4.5
5HF	125(125)	12.5	12.1	11.8	11.3	11.0	10.6	10.3	9.8	9.4	9.1

1.1.5.4   苏维托特殊单立管排水系统

AD 系统、CHT 系统和集合管系统都是从日本引进的特殊单立管排水系统，从欧洲引进的是苏维托系统。日本也有苏维托系统，日本的苏维托系统在早期也曾引进中国，但是现阶段苏维托系统在日本不属于主流产品。现阶段苏维托系统是从欧洲引进的，与早期苏维托系统比较有以下新动向：

①苏维托材质以高密度聚乙烯（HDPE）为主（图 1-1-31），但在中国也有铸铁材质的苏维托产品；

②苏维托系统排水立管底部以泄压管替代跑气器；

③混合器名称改为苏维托；

④苏维托系统的细节处理则与日本加强型旋流器系统基本相同；

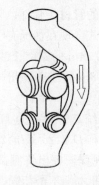

图 1-1-31   HDPE 材质苏维托

⑤ 排水立管排水能力明显提高，可达 7.5L/s。经过改进的苏维托，加大了立管水流部分的弧度，排水流量又有所提高。

1）HDPE 苏维托优点

与铸铁材质的苏维托不同，HDPE 苏维托具有较多优点：

① 成型方便，一次性吹塑整体成型；

② 内表面光洁，不易挂条，不易堵塞；

③ 挡板和缝隙尺寸准确，位置准确；

④ 规格品种简化：一种管径，一种规格，当有横管连接时，只需将接口堵头切开即可；

⑤ 预留有上、下两排，三个方向共 6 个横向接口；

⑥ 符合推广化学建材大方向。

2）泄压管替代跑气器原因

早期苏维托系统排水立管下部特殊管件采用跑气器，跑气器存在水流噪声大、占用面积多、设置位置偏低、影响蹲式大便器使用等缺点。现阶段苏维托系统下部无特殊管件，以泄压管替代跑气器，以竖管和横管的组合替代跑气管，占用位置少，但仍保留跑气器的主要功能，包括泄压功能和排水功能，泄压管其实质就是局部双立管排水系统（图 1-1-32）。

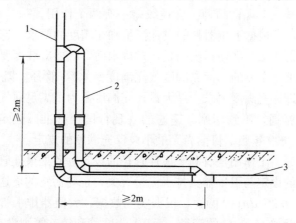

图 1-1-32 泄压管
1—排水立管；2—泄压管；3—排水横干管

（1）泄压管构造特点

泄压管从跑气器演变而来，用斜三通替代跑气器。泄压管由垂直管段和横向管段构成，垂直管段顶端与排水立管相连接，横向管段末端与排水横干管相连接，同时泄压管有立管水流和横干管水流不致流入的措施，对接管点位置有要求，以保证气流畅通。

（2）泄压管性能特点

泄压管主要有两个功能，一是泄压功能——沟通排水立管气流和排水横干管气流以平衡气压，这是它的主要功能；二是排水功能——当底层卫生器具排水支管不单独排出时，可接入泄压管排出，这是它的次要功能，用以减少排出管数量。

3）混合器改称苏维托原因

苏维托系统上部特殊管件在早期称作混合器，混合器为意译，包含两个含义：一、排水与通气的合一；二、立管水流和横支管水流的合一。这个名称与下部特殊管件跑气器相呼应，之前认为气、水混合液在跑气器里完成气、水分离，在混合器里完成气、水混合。现在认识深化了，认为上部特殊管件的主要功能是分流，而不是气、水混合，混合器的名称不够全面、不够确切，应予更正。加上排水立管下部已没有跑气器，而只有泄压管，因此不再采用意译方式来命名，而直接采用音译方式来命名。在我们的生活中，采用音译方式命名的名词是不少的，如沙发、奥林匹克、幽默、卡通等术语，苏维托即"Sovent"的音译。

4）高密度聚乙烯（HDPE）管

和 HDPE 材质苏维托配套的管材是 HDPE 管，HDPE 管不同于 PVC-U 管，HDPE 管的特点是管材性能好、管径级差小；有三种类型的 HDPE 管，分别用于生活排水、虹吸雨水及埋地敷设和静音场所。

管材性能好：是指 HDPE 管的采用既符合推广化学建材政策；还由于与 PVC-U 管相比，其具有许多突出性能，如曲挠性、低导热性、抗外力、降噪声、抗寒性、抗磨损性、抗放射性、耐热性、抗腐蚀性、非导电性、抗紫外线、非毒性、质量轻、收缩率小、寿命长等。

管径级差小：是指 HDPE 管比 PVC-U 管和铸铁管的管径级差小。在 $dn110$ 以下增加 $dn56$、$dn63$ 和 $dn90$ 三个规格品种。管径级差小有两个作用，一是有利于排水横管最小设计充满度的保证，可根据卫生器具的设计流量和充满度的要求，选用最合适的管径，既有利于排水，又不易堵塞。必须指出的是，对排水横管既要有坡度要求，也应有充满度要求，其中充满度要求是主要的。而充满度（充满度＝水深/管径）既要有最大设计充满度要求，也应有最小设计充满度要求。最大设计充满度是为了满足通气需要；最小设计充满度是为了横管排水畅通，不致堵塞。遗憾的是现行国家标准《建筑给水排水设计规范》GB 50015—2003（2009 年版）目前尚无最小设计充满度的规定。

管径级差小的另一个作用是有利于最佳管径的设定，此处最佳管径是指卫生器具排水管管径。最佳管径的设定与卫生器具排水流量有关，也与污物的输送距离有关。坐式大便器的排水管管径有 $dn90/dn110$ 两种，根据实测数据，大便器排水管 $dn90$ 要优于 $dn110$，应予以推荐。HDPE 管有 $dn90$ 的管径，而 PVC-U 管和铸铁管则没有。

苏维托系统相关工程建设标准为中国工程建设标准化协会标准《苏维托单立管排水系统技术规程》CECS 275：2010（以下简称"《苏维托规程》"）。《苏维托规程》关于苏维托的功能有如下规定：

① 能降低管系压力波动；

② 能限制立管水流速度，起到消能作用；

③ 立管水流和横支管水流不互相干扰，不产生水舌现象；

④ 内档板上有足够缝隙，用以沟通档板两侧气流；

⑤ 可同时连接多个方向的横向管道。

5）HDPE 苏维托系统给我们带来的启示

启示一：采用塑料管材时，对建筑物的建筑高度可不作限制，可用排水流量限制。这个问题是采用塑料排水管涉及的排水立管高度和建筑高度问题。《建筑排水塑料管道工程技术规程》CJJ/T 29—2010 规定建筑排水塑料管适用范围应在建筑高度 100m 以下。当时确定此规定的原因：塑料管在建筑工程中应用的科研项目是在建筑高度 100m 以下的建筑中进行的；当年的工程案例在建筑高度 100m 以下，如上海虹桥宾馆等高层建筑。

《苏维托规程》对建筑高度不作限制，究其原因：国外对此不作限制，因为 HDPE 管材性能与 PVC－U 管有较大不同；欧洲的 HDPE 管工程案例已有建筑高度为 160m、255m、380m；建筑高度 100m 以上和建筑高度 100m 以下的建筑，防火、阻火设施是相同的。当建筑高度不作限制时，控制建筑物高度的是排水立管的排水流量。

阻火设施有两种：阻火圈和阻火胶带，目前防火套管国内已不生产。

阻火圈为主导产品，属于干性阻火装置；阻火胶带属于黏性阻火装置，价格较贵。干性阻火装置不适用于非圆形断面，而苏维托就属于非圆形断面。阻火胶带属黏性阻火装置，管外壁与阻火材料之间无间隔、无缝隙，适应各种平面形状，使用起来远比阻火圈方便，对于非圆管或非圆形断面尤其如此。上部特殊管件如为塑料材质，当采用同层排水方式时，穿越楼板处最好采用阻火胶带阻火。

启示二：苏维托系统排水立管管径为 $dn100$，每层排水横支管排水流量不大于 2.5L/s，因此适用于有小卫生间的住宅、公寓、宾馆、敬老院、病房楼等建筑。公共建筑当每层排水横支管排水流量不大于 2.5L/s 时也可使用。排水流量大于 2.5L/s 的问题留待今后解决。

启示三：苏维托系统对立管偏置、器具通气管连接等技术措施与日本加强型旋流器系统基本相同。

启示四：苏维托系统排水能力通过排水流量测试解决，测试工作也基本在测试塔进行，测试方法与日本测试方法基本相同，也属于定流量法，但每层放水量稍有区别。

1.1.5.5　漩流降噪特殊单立管排水系统

1）加强型旋流器在中国引起的反响

加强型旋流器从国外引进中国以后，在国内引起极大反响。在学习、了解、消化和吸收的基础上，结合中国国情，研发出具有中国特色的特殊单立管排水系统，其中最具特色的是漩流降噪特殊单立管排水系统。此为浙江光华塑业有限公司（以下简称"光华公司"）、上海新光华塑胶有限公司的产品。

2）漩流降噪系统组成

漩流降噪特殊单立管排水系统由漩流降噪特殊管件、漩流降噪专用配件、排水管材及普通排水管件等组成（图 1-1-33）。

漩流降噪特殊单立管排水系统类型可按表 1-1-7 的规定配置选用。

漩流降噪特殊单立管排水系统选用　　　　　　　　　　表 1-1-7

系统型号	漩流降噪特殊管件	立管管材	适用条件
GH-Ⅰ型	漩流三通、漩流左 90°四通、漩流右 90°四通、漩流 180°四通、漩流五通、漩流直通＋导流接头＋大曲率底部异径弯头	PVC-U 管、中空壁消音 PVC-U 管、HDPE 管	排水层数≤18 层
GH-Ⅱ型	漩流三通、漩流左 90°四通、漩流右 90°四通、漩流 180°四通、漩流五通、漩流直通＋大曲率底部异径弯头	PVC-U 加强型内螺旋管	排水层数＞18 层

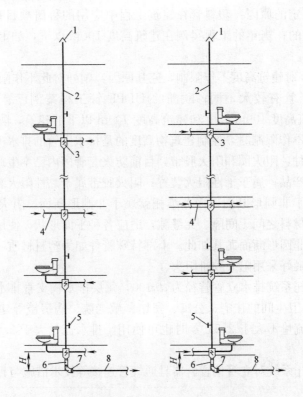

图1-1-33　漩流降噪特殊单立管排水系统组成

1—通气帽；2—排水立管；3—漩流三通、四通或五通；4—排水横支管；5—内塞检查口；6—导流接头
（GH-Ⅰ型系统专用）；7—大曲率底部异径弯头；8—排水横干管（或排出管）

3）系统型号

漩流降噪特殊单立管排水系统共有两种类型：GH-Ⅰ型和GH-Ⅱ型。GH-Ⅰ型＝漩流降噪接头＋普通光壁管＋导流接头＋大曲率底部异径弯头；GH-Ⅱ型＝漩流降噪接头＋加强型内螺旋管（PVC-U）＋大曲率底部异径弯头。两种类型特殊管件或特殊管材组成不同、排水立管的排水能力不同、适用场所不同。

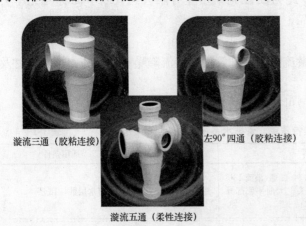

漩流三通（胶粘连接）　　　　　左90°四通（胶粘连接）

漩流五通（柔性连接）

图1-1-34　漩流降噪接头

4）漩流降噪特殊管件

上部特殊管件（排水立管与排水横支管连接处）：漩流降噪接头（图1-1-34、图 1-1-35）；下部特殊管件（排水立管底部转弯处）：导流接头（图1-1-36）和大曲率底部异径弯头。

（1）漩流降噪接头的构造特点

漩流降噪接头分上、中、下三段：上部设有导流套（相当于环流器的内管）；中部整体扩容，在扩容段设置横支管切线进水导流槽，并在横支管入口处配置档板，在档板上侧留有缝隙（苏维托做法）；下部漏斗状导流套内设有 6 个导流叶片，以形成旋流，360°全覆盖，无短路现象。此为漩流降噪系统的第一个亮点。

漩流降噪接头是下列技术的组合：导流叶片旋流技术，来自加强型旋流器；内管分流技术，来自环流器、环旋器；排水横支管切向连接技术，来自普通型旋流器；挡板分流技术，来自苏维托。经组合后，优点叠加，效果显著，排水能力明显增大。由此可见，中外加强型旋流器在构造和材质等方面有区别，如表 1-1-8所示。

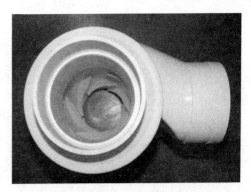

图 1-1-35　漩流降噪接头内部导流叶片

中外加强型旋流器对比　　　　　　　　　　　　　　表 1-1-8

项　目	中国加强型旋流器	外国加强型旋流器
材　质	塑料、铸铁、复合	铸铁、复合
设计理念	旋流、挡板分流	旋流
横支管接入方式	切向或正向,以切向为主	正向
导流叶片数量(片)	2~6	1~3
立管排水能力(L/s)	10~12	7~9

（2）导流接头的双重作用

光华公司在研发过程中发现导流接头有两个作用：一是整流作用，以消除排水立管旋流对横干管或排出管排水的影响；二是导流作用，采取措施可使立管底部弯头处气流通道保持畅通，水、气不互相干扰。

基于这两个目的，光华公司首创"人"字型导流接头（图 1-1-36），并取得良好效果（图 1-1-37）。

"人"字型导流接头设置在大曲率底部异径弯头上方。其"人"字型导流叶片将旋流水膜划开，使立管底部分成空气通道和水流通道两部分，保证立管与横干管的气流通道畅

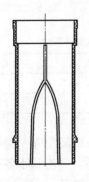

图 1-1-36　"人"字型导流接头

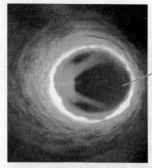

在"人"字型导流接头导流叶片的下方无水流,气流通道畅通

图 1-1-37　导流接头效果

通。"人"字型导流接头不影响通球试验,此为漩流降噪系统的第二个亮点。导流接头插口底部有定位槽,可与底部异径弯头匹配,以避免错位影响导流效果。其上端为承口,下端为插口。

(3) 扩容式大曲率底部异径弯头

光华公司在大曲率底部异径弯头的基础上增加扩容,扩容后的大曲率底部异径弯头能进一步缓解排水立管底部的水跃和壅水现象。

扩容式大曲率底部异径弯头构造特点:

① 曲率半径,$R/dn=4$;

② 变径,出口端放大 2 级(放几级合适,应以最小设计充满度控制);

③ 扩容;

④ 弯头背部壁厚增加,以增强抗水流冲击能力;

⑤ 弯头下侧设有支座,在施工时便于安装固定。

此为漩流降噪系统的第三个亮点。

(4) 光华公司的加强型内螺旋管

光华公司生产的加强型内螺旋管技术参数与同类型管材基本相同。光华公司在开发该产品过程中发现:"短螺距"排水性能要优于"长螺距","短螺距"的加工难度超过"长螺距"(不是所有的塑料管材企业都能生产),但螺距也不是越短越好(螺距应不小于 500mm),此为漩流降噪系统的第四个亮点(图 1-1-38)。

5) 漩流降噪系统综合效果

漩流降噪特殊单立管排水系统经湖南大学测试后,排水立管最大排水能力:

GH-Ⅰ型:6L/s;

GH-Ⅱ型:10L/s。

这意味着漩流降噪系统排水立管的最大通水能力大于双立管排水系统的最大通水能力,这点和过去的认识有一定差异,如表 1-1-9 所示。

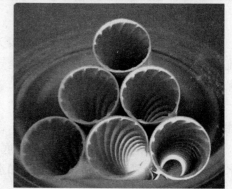

图 1-1-38　加强型内螺旋管

漩流降噪特殊单立管排水系统立管最大排水能力　　　　表 1-1-9

系统型号	立管管材	立管最大排水能力(L/s)
GH-Ⅰ型	光壁管(PVC-U、中空壁消音 PVC-U、HDPE)	6.0
GH-Ⅱ型	PVC-U 加强型内螺旋管	10.0

注:排水层数在 15 层以上时,宜乘以系数 0.9。

如何解释特殊单立管排水系统流量大于双立管排水系统流量呢?分析原因:特殊单立管排水系统的旋流使水流紧贴管壁,管中心气流通道畅通,气流和水各有各自的范围,互不干扰;而双立管排水系统的通气管管口会被水膜封闭,实际上使气流流通受到严重影响,排水通气条件并不理想。

综合效果的第二方面是经噪声测试后，噪声低，在 5L/s 排水流量时的测试噪声为44.6dB（A）！小于 45dB 目前国内仅此一家。

6）系统排水噪声

2008 年 9 月，漩流降噪特殊单立管排水系统经国家建筑材料监督检验测试中心检测，在排水流量为 5L/s 时的立管水流噪声值为 44.6dB（A），这是国内唯一噪声小于 45dB（A）的排水系统。该数值比普通硬聚氯乙烯（PVC-U）排水管系统的水流噪声低 11dB（A），比铸铁排水管水流噪声低 1.1dB（A）。当时噪声测试条件如下：

声级计距排水立管为 1.86m；

声级计距地面高度为 1.2m；

测试时背景噪声为 22dB（A）；

排水流量为 5L/s。

7）漩流降噪专用配件

光华公司为降板式同层排水系统的配套使用而研发了漩流降噪同层特殊管件、同层专用配件。

漩流降噪同层特殊管件为一种用于降板式同层排水系统的特殊管件。管件穿越楼板的外形是规则的圆柱体（直径 160mm），上面设有止水环，便于阻火圈的安装和管件穿越楼板的防水施工；带有积水排出接口，以便连接同层积水排除器排出管。

8）同层排水专用配件

同层排水专用配件有以下三种：

① 同层积水排除器；

② 同层多通道地漏；

③ 回填模板。

同层积水排除器用于同层降板区域积水的排除；同层多通道地漏内有集合水封，水封比大于 1.5，可用于除大便器以外卫生器具的排出管连接，如洗脸盆、淋浴房等，无需再单独设置水封；回填模板全称为同层预留孔回填模板，用于特殊管件穿越楼板时预留孔回填的施工密封（图 1-1-39）。

漩流降噪特殊单立管排水系统相关工程建设标准为中国工程建设标准化协会标准《漩流降噪特殊单立管排水系统技术规程》CECS 287：2011。

9）光华排水演示装置

光华演示装置很有特色，可以演示，可以移动，每组一个主题，共有 6 组，形象、直观，很能说明问题（图 1-1-40）。

光华演示装置（一）是普通单立管排水系统和漩流降噪系统的对比，证明漩流降噪系统性能优越。光华演示装置（二）是普通型旋流器、普通型内螺旋管组合与加强型旋流器、加强型内螺旋管组合的对比，证明后者性能优越。光华演示装置（三）是漩流五通同时有三股水流进入特殊管件，观察这三股水流是否会互相干扰，同时观察会不会影响旋流性能。光华演示装置（四）是检查排水立管底部的导流接头和大曲率异径弯头有没有效果，证明有效果。光华演示装置（五）是排水立管小偏置时，哪种偏置弯头的效果好，试验证明 11.25°的偏置弯头效果好。光华演示装置（六）是验证辅助通气管的作用，试验证明辅助通气管有良好效果。

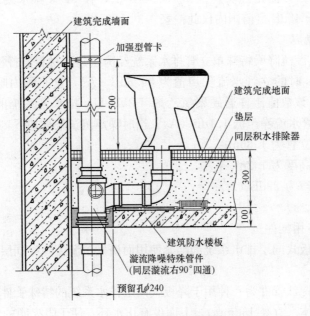

图 1-1-39　同层降板式安装示意

10）塑料材质的加强型旋流器

塑料材质的加强型旋流器，光华公司是国内外第一家研发成功的。塑料材质的加强型旋流器，其优点是可以和塑料管材同材质，而且价格较低。

塑料材质的加强型旋流器在光华公司研发成功以后，青岛嘉泓、辽宁金禾、沈阳九日、浙江中财等公司也都研发出塑料材质的加强型旋流器。上述塑料材质的加强型旋流器都为 PVC-U 材质，其他材质的还有上海深海宏添建材有限公司研发的 HTPP 聚丙烯静音加强型旋流器和宁波世诺卫浴有限公司研发的 HDPE 材质加强型旋流器、青岛嘉泓建材有限公司研发成功的复合材质加强型旋流器（PVC-U 外包覆水泥）。

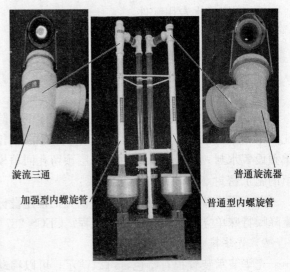

图 1-1-40　光华演示装置（二）

1.1.5.6　铸铁材质加强型旋流器特殊单立管排水系统

1）铸铁材质加强型旋流器

由于塑料材质的加强型旋流器加工有一定难度，所以总体情况来看，生产企业在中国不算很多，更多的加强型旋流器生产企业是生产铸铁材质的加强型旋流器。主要系统和生产企业：

WAB 系统，云南昆明群之英科技有限公司生产；

GY 系统，河北徐水兴华铸造有限公司生产；

SUNS 系统，山西高平泫氏铸业有限公司生产；

XTN 系统，河南禹州新光铸造有限公司生产。

这四家企业的产品已列入相关工程建设标准——中国工程建设协会标准《加强型旋流器特殊单立管排水系统技术规程》CECS 307：2012。GY 加强型旋流器已作为定型产品列入新修订的国家标准《排水用柔性接口铸铁管、管件及附件》GB/T 12772—2016 中，型号为 GB 型。而未能同时列入 CECS 307：2012 规程的其他系统产品和企业还有很多，如：

CJW 系统，重庆长江管道泵阀有限公司生产；

HPS 系统，辽宁金禾实业有限公司生产；

RDL 系统，上海申利建筑构件制造有限公司生产；

集合管系统，日本久保田公司生产（单独有相关规程）等。

2) 中国模式铸铁材质加强型旋流器的结构特点及系列

(1) 结构特点

铸铁材质的加强型旋流器和塑料材质的加强型旋流器互为相似，兼有三种产品的综合特点：上部特殊管件，即加强型旋流器，内有导流叶片；排水横支管从切线方向接入特殊管件，这点与普通型旋流器一样；排水横支管水流与立管水流交汇处设置挡板，上留缝隙。同时对导流叶片作细部处理，包括：增加导流叶片数量，一般不小于 2 片；改变导流叶片设置位置；调整导流叶片的形状和角度。经过这番调整，综合效果明显：通水能力大大增加，GY 系统实测值为 10L/s（限于测试塔的供水能力，理论推算实际排水能力应达 12L/s；2015 年在泫氏排水测试塔重新测试，排水能力达到 12L/s，验证了这一推算）。

(2) 工艺特点

生产工艺有的按消失模工艺生产，铸件内壁光洁；有的采用自动流水线生产特殊管件，既提高效率，又减少劳力，更保证质量。管件表面喷塑处理，有利于系统排水工况的进一步改善。

(3) 旋流器系列

中国由此而形成的铸铁材质旋流器系列为普通型旋流器和加强型旋流器，普通型旋流器又分不扩容和扩容两类；加强型旋流器又分螺旋肋加强型旋流器和导流叶片加强型旋流器两大类。如果还要细分，还可分为导流叶片并列设置和上下设置两类。具体配置，如表 1-1-10、表 1-1-11 所示。铸铁材质的加强型旋流器，如图 1-1-41～图 1-1-43 所示；铸铁材质的整流接头，如图 1-1-44 所示。

特殊管件配置选用 表 1-1-10

系统型号	立管上部特殊管件				立管下部特殊管件		
	直通	三通	四通	降板同层排水专用四通	五通	整流接头	底部异径弯头
WAB 型		√		√	—	—	√
SUNS 型		√			√	√	√
GY 型		√		—	√	√	√
XTN 型		√			√	√	√

图 1-1-41 GY 系统
加强型旋流器

W接口加强旋流器　　A接口加强旋流器　　B接口加强旋流器　　大曲率底部异径弯头

图 1-1-42 GY 系统加强型旋流器及大曲率
底部异径弯头

W3导流三通　　　　A3导流三通　　　　B3导流三通

图 1-1-43 WAB 系统加强型旋流器

　　铸铁材质加强型旋流器特殊单立管排水系统总体性能优越，排水立管最大排水能力可以达到较大数值，其中 GY 系统更为优秀。

1.1.6 小结

　　中国特殊单立管排水系统有如下技术特点：

四种加强型旋流器结构　　　　　　　表 1-1-11

系统型号	导流叶片数量			导流叶片设置位置		排水横支管接入方式	
	2 片	3 片	4 片	并列设置	上下设置	正向	切向
WAB 系统	—	—	√	—	√	√	√
SUNS 系统	√	—	—	√	—	√	—
GY 系统	√	—	—	—	√	—	√
XTN 系统	—	√	—	—	√	—	√

　　1）技术从国外引进，其中苏维托、泄压管从瑞士引进；加强型旋流器、加强型内螺旋管、大曲率底部异径弯头、整流接头等从日本引进。

　　2）产品类型繁多，包括：

　　苏维托系统——

HDPE 材质（瑞士吉博力、浙江伟星）；

铸铁材质（山西高平泫氏、河北徐水兴华、河南禹州新光等）。

加强型旋流器系统——

AD 系统（日本积水化学）；

CHT 系统（山东青岛嘉泓）；

漩流降噪系统（浙江光华、上海新光华）；

GY 系统（河北徐水兴华）；

WAB 系统（云南昆明群之英）；

SUNS 系统（山西高平泫氏）；

XTN 系统（河南禹州新光）；

CJW 系统（重庆长江）；

RDL 系统（上海申利）；

HPS 系统（辽宁金禾）；

RBS 系统（沈阳九日）；

3S 系统（浙江中财）；

HT 系统（上海宏添）；

SPES 系统（宁波世诺）等。

内螺旋管系统（沈阳九日公司、沈阳平和公司等）。

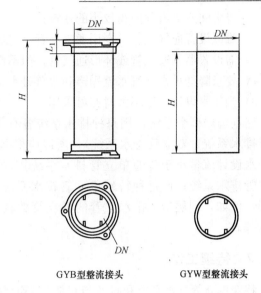

GYB型整流接头　　GYW型整流接头

图 1-1-44　GY 系统整流接头

3）加强型旋流器的中国特色

中国的加强型旋流器除保持形成旋流的设施为导流叶片外，其他方面也颇具特色，如：

- 排水横支管从切线方向接入特殊管件；
- 排水横支管在加强型旋流器部位有下降坡度；
- 排水横支管接入位置有档板（借鉴苏维托做法）；
- 档板上部留有间隙（借鉴苏维托做法）；
- 排水立管接入加强型旋流器部位设置套管（借鉴环流器、环旋器内管做法）；
- 整体扩容。

以上种种就是中国加强型旋流器特殊单立管排水系统的排水能力之所以能超过国外产品的关键所在。

2008 年 10 月，日本单立管排水系统协会会长坂上恭助先生在"中国建筑学会建筑给水排水研究分会成立大会"上讲话时指出："特殊单立管排水系统在日本是集合住宅的主导产品"。本书赞同这个观点，国内情况亦证明特殊单立管排水系统正在成为居住类建筑的主导产品。依据该理念，特殊单立管排水系统可在下列场所采用：

1）排水立管排水设计流量大于普通单立管排水系统排水立管最大排水能力；

2）建筑标准要求较高的多层和高层建筑；

3）同层接入排水立管的横支管数较多的排水系统；

4) 卫生间或管道井面积较小的建筑；

5) 难以设置通气立管（专用通气立管、主通气立管或副通气立管）的建筑；

6) 需设置器具通气管或环形通气管，但不设置通气立管的建筑；

7) 要求降低排水立管水流噪声和改善排水系统水力工况的场所；

8) 当排水设计流量不大时亦可采用。

究竟选用哪个系统，因每种排水系统各有特点（包括普通单立管排水系统、特殊单立管排水系统、双立管排水系统），所以应根据工程项目具体情况选用，例如当排水立管排水设计流量小于普通单立管排水系统排水立管的最大排水能力时，也可采用特殊单立管排水系统；而每种特殊单立管排水系统也各有其特点，也应根据具体情况具体选用，例如，同层接入排水立管的横支管数较多的排水系统可采用苏维托单立管排水系统等。

1.1.7 待续工作

特殊单立管排水系统和排水流量测试还有许多待解之谜，相关研究工作还在继续进行，如：

- 不同材质的排水塑料管排水能力有无差异；
- 无水封排水系统和有水封排水系统排水能力有无差异；
- 特殊双立管排水系统的排水能力；
- 泄压管与大曲率底部异径弯头的排水能力是否存在差异；
- 排水立管竖向位移对排水能力的影响；
- 苏维托系统和加强型旋流器系统在建筑物竖向位移情况下对排水能力的影响有无区别；
- 排出管长度对排水立管排水能力的影响；
- 排出管水流出现旋流时对排水能力的影响；
- 排水系统采用正压送风时对排水能力的影响；
- 异径弯头入口扩容后对排水能力的影响；
- 一个系统排水立管采用多种不同类型的特殊管件对排水能力的影响；
- 公共建筑排水立管的排水能力值……

这些专业上的未解之谜，有待进一步一一求证和破解。

1.2 建筑特殊单立管排水系统分类

建筑特殊单立管排水系统可按材质、管件和管材、管件和管材名称及企业冠名等方式分类。

1.2.1 按材质分类

按材质可分为以下三类：

1) 塑料材质特殊单立管排水系统；

2) 铸铁材质特殊单立管排水系统；

3）复合材质特殊单立管排水系统（复合材质旋流器内层为 PVC-U，外层为水泥）。

1.2.2 按管件和管材分类

按管件和管材组合可分为以下三类：
1）管件特殊单立管排水系统（如苏维托系统、加强型旋流器系统等）；
2）管材特殊单立管排水系统（如内螺旋管系统等）；
3）管件与管材均为特殊单立管排水系统（加强型旋流器管件，加强型内螺旋管管材，组合后的系统，如 AD 系统、GH-Ⅱ系统、GY 系统、HTPP 系统、3S 系统等）。

1.2.3 按管件和管材名称分类

特殊管件、特殊管材都有专门的名称，按它们的名称给系统命名，可分为以下四类：
1）苏维托特殊单立管排水系统（特殊管件为苏维托）；
2）加强型旋流器特殊单立管排水系统（特殊管件为加强型旋流器）；
3）内螺旋管特殊单立管排水系统（特殊管材为内螺旋管）；
4）中空壁内螺旋管特殊单立管排水系统（特殊管材为中空壁内螺旋管）。

1.2.4 按企业冠名分类

特殊管件，尤其是加强型旋流器，各个生产企业的产品不完全相同，都冠以不同的代号，根据代号就可以知道系统的组成、产品的特点和性能。按企业冠名可分以下几类：

AD 型特殊单立管排水系统（日本积水化学株式会社产品）；

CHT 型特殊单立管排水系统（山东青岛嘉泓建材公司产品）；

漩流降噪特殊单立管排水系统（浙江光华公司产品）；

GY 型特殊单立管排水系统（河北徐水兴华公司产品，编入国家标准后改称 GB 型）；

WAB 型特殊单立管排水系统（云南昆明群之英科技公司产品）；

SUNS 型特殊单立管排水系统（山西高平泫氏公司产品）；

XTN 型特殊单立管排水系统（河南禹州新光公司产品）；

HPS 型特殊单立管排水系统（辽宁金禾公司产品）；

CJW 型特殊单立管排水系统（重庆长江公司产品）；

集合管型特殊单立管排水系统（日本久保田株式会社产品）；

RBS 型特殊单立管排水系统（辽宁沈阳九日公司产品）；

RDL 型特殊单立管排水系统（上海申利建筑公司产品）；

HT 型特殊单立管排水系统（上海宏添新型建材有限公司产品）；

3S 型特殊单立管排水系统（浙江中财公司产品）；

SPES 型特殊单立管排水系统（宁波世诺公司产品）。

1.3 建筑特殊单立管排水系统原理

特殊单立管排水系统原理可分为分流理论和旋流理论，分流理论要点着眼于解决立管水流与横支管水流的相互干扰问题；旋流理论要点着眼于立管中水流与气流的相互干扰问题。原理不同，采取的技术措施不同，效果也不相同。

1.3.1 分流理论

分流的目的，是为解决立管水流与横支管水流的相互干扰问题，而不解决立管中水流与气流的相互干扰问题。分流分挡板分流、内管分流和改向分流三种。

1）挡板分流

苏维托属于挡板分流。在苏维托内部设置竖向挡板，将苏维托内部空间分成两部分：一是立管水流空间；一是横支管水流空间。两股水流在水流方向未达到一致前，互不干扰、互不影响；在水流方向一致后，在苏维托下部汇流向下。

苏维托构造优点：

（1）水流分流，立管水流和横支管水流互不干扰，这是苏维托的主要功能；

（2）在挡板上方留有缝隙，用以沟通挡板两侧气流，也沟通立管气流和横支管气流，平衡两侧气压；

（3）设置挡板后，立管位置偏置，为使苏维托与立管连接，采用乙字管过渡方式，这就客观上起到消能、降噪的作用，在乙字管部位，水流被重新组织；

（4）由于苏维托在横向分为立管水流区和横支管水流区，在竖向分为挡板分流区和下部合流区，因此苏维托在高度和宽度两个方向都留有足够的尺寸，便于横支管预留接口的设置，所以 HDPE 材质的苏维托可以连接上下两排、三个方向的横支管。

分流方式除挡板分流外，还有内管分流和改向分流。

2）内管分流

用内管将立管水流和横支管水流分开，这就是内管分流，具备做法如下：将内管的立管管段向下延伸一段，其下沿与排水横支管内底标高相平，也可以达到分流的目的。这时，横支管水流出流时会碰到内管，而不会碰到立管水流，因此不存在横支管水流对立管水流的干扰问题，这就是第二种分流方式——内管分流。内管分流的特殊管件为环流器或环旋器。

3）改向分流

在管件外改变横支管水流方向，使其进入管件时与立管水流方向一致，从而解决立管水流与横支管水流的相互干扰问题，这就是改向分流。改向分流的特殊管件为侧流器。立管、横支管都从侧流器顶部接入，水流方向完全一致，因此解决立管水流与横支管水流的相互干扰问题，侧流器曾用于长沙某住宅工程。

1.3.2 旋流理论

旋流的目的，是为解决立管中水流与气流的相互干扰问题，而不解决立管水流与横支管水流的相互干扰问题。旋流分流分为管件旋流分流和管材旋流分流。

1）管件旋流分流。一种是排水横支管以切线方向接入管件，横支管水流形成旋流，留出管中心的气流通道。旋流分流的特殊管件为旋流器，曾用于天津水泥设计院办公楼和长沙芙蓉宾馆工程。当时的旋流器，现称为普通型旋流器，以区别后来出现的加强型旋流器。

另一种是管件内设置导流叶片。导流叶片逆时针方向设置，导流叶片能使立管水流和横支管水流都形成旋流。旋流紧贴管件内壁和管材内壁旋转流动,从而留出管中心的气流通道,有导流叶片的特殊管件称为加强型旋流器。

2)管材旋流分流。在管材内壁加工螺旋肋,能使立管水流形成旋流,留出管中心的气流通道,有螺旋肋的特殊管材称为内螺旋管。螺旋肋数量较少、螺距较长的内螺旋管为普通型内螺旋管,螺旋肋数量较多、螺距较短的内螺旋管为加强型内螺旋管。

将挡板分流和旋流分流组合在一起的特殊管件是旋流苏维托。旋流苏维托内有挡板,用以将立管水流和横支管水流分开。在立管水流入口处设置有导流叶片。将立管水流形成旋流。旋流苏维托将立管排水能力从 8.7L/s 提高至 12L/s(欧洲测试法)效果明显。

第 2 章 建筑特殊单立管排水系统相关理论和立管水流形态分析

2.1 水流运动理论

2.1.1 排水立管中流体运动状态

生活排水立管中是液、气、固三种介质的运动，并且随时间而变化。在流体运动理论分析时，通常将其简化为水、气两种介质，并把管道中的非恒定流简化为恒定流。

当排水立管中水量较小时，水流沿着管壁呈螺旋形向下流动；当排水量增加到足以覆盖管壁后，水流便附着在管壁向下流动，形成有一定厚度的附壁环状水膜流。附壁水膜在重力作用下做加速运动。随着水流速度的增加，水膜受管壁的摩擦力也随之增加。当水膜所受重力与向上的摩擦力达到平衡时，水膜下降速度和水膜厚度不再变化，一直以该速度下降，水膜厚度基本上也不再变化。这时的流速叫作终限流速，从排水横支管水流入口处至终限流速形成处的高度叫作终限长度，水流断面积与管道断面积的比值叫作充水率。

单立管排水系统中，环状水膜中心充满空气（以下简称"气核"），其上端与大气贯通。在水流拖拽下，中心空气连续向下流动，室外空气从管顶流入补充。空气在向下流动的过程中因克服阻力而损失能量，在立管上部形成负压。被水膜环绕的气核受水膜的剪切力向下运动，并在流动过程中从水膜不断摄取能量，使压力沿流程增加，在立管下部转为正压。沿水流方向，立管内的压力由负到正，由小到大逐渐增加，零压点靠近立管底部。最大负压发生在排水横支管下部，最大正压发生在立管底端（图 2-1-1）。

附壁水膜和空气之间的界面并不清晰。水膜中含有空气，其含量沿厚度变化，与气核接触的水膜中含气量最大，越靠向管壁，含气量逐渐减小。水膜中心的气核中含有下落的水滴，越靠近管中心，水滴越少。这样，立管中流体运动分为两类特性不同的两相流：一类是水膜区以水为主的水、气两相流；另一类是气核区以气为主的气、水两相流。为便于研究分析，需要对水、气流的运动模型进行简化。忽略水膜中的含气量和气核中的含水量，管道内复杂的两类两相流简化为水单相流和气单相流。水流运动和气流运动可分别用动量方程和能量方程描述。

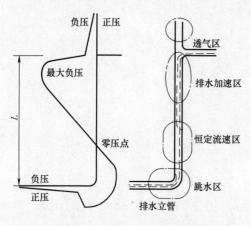

图 2-1-1 排水立管内压力分布

当水流充满立管断面 1/3 以上时，便产生频繁、稳定的水塞，隔断立管中心气流通道。立管中的气压发生剧烈变化，无法通过采用加强通气等措施进行控制。水塞流是生活排水立管设置中需要加以避免的流态。

2.1.2 水膜流运动规律与终限流速

排水立管中的附壁水膜可以近似看作一个中空的圆柱状物体，中空部分的空气核可以近似为连续的气流柱。

对排水立管取一微小长度 ΔL（图 2-1-2），这个微小长度的中空环形水膜柱在下降过程中，同时受到向下的重力和向上的作用力。向上的作用力有水流和管壁面间的摩擦力、上下两端面的压力差、水与空气界面间的摩擦力。其中压力差和水、气界面摩擦力相比于重力、管壁摩擦力很小，可忽略不计。

对图 2-1-2 所示的微小长度水膜柱应用牛顿第二定律：

$$F = ma = m(\mathrm{d}u/\mathrm{d}t) = W - P \tag{2-1}$$

$$W = Q\rho\Delta tg \tag{2-2}$$

$$P = \tau\pi d_{\mathrm{j}}\Delta L \tag{2-3}$$

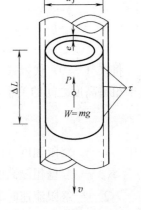

图 2-1-2　排水立管终限流速分析

式中　m——在 t 时间间隔内通过立管断面的水流质量（kg）；

　　　W——水流重力（N）；

　　　P——水膜与立管管壁间的摩擦力（N）；

　　　Q——立管中下落的水流流量（$\mathrm{m^3/s}$）；

　　　ρ——水的密度（$\mathrm{kg/m^3}$）；

　　　t——时间（s）；

　　　g——重力加速度（$\mathrm{m/s^2}$）；

　　　τ——水流与立管管壁的切应力（$\mathrm{N/m^2}$）；

　　　d_{j}——立管内径（m）；

　　　ΔL——分离体长度，即中空圆柱水膜体的单元长度（m）。

紊流状态下：

$$\tau = \frac{\lambda}{8}\rho u^2 \tag{2-4}$$

$$\lambda = 0.1212\left(\frac{K_{\mathrm{P}}}{e}\right)^{1/3} \tag{2-5}$$

式中　λ——沿程阻力系数，λ 值的大小与管壁粗糙高度 K_{P}（m）和水膜厚度 e（m）有关；

　　　K_{P}——管壁粗糙高度（m）；

　　　e——水膜厚度（m）；

　　　u——分离体下降速度（m/s）。

将式（2-2）~式（2-5）代入式（2-1），并假设在终限流速区，流速匀速下降，即 $u = \left(\dfrac{\Delta L}{\Delta t}\right)$，整理后：

$$\frac{m}{\rho t}\frac{\mathrm{d}u}{\mathrm{d}t} = Qg - \frac{0.1212\pi}{8}\left(\frac{K_p}{e}\right)^{1/3} u^3 d_j \tag{2-6}$$

对于恒定流，有 $\mathrm{d}u/\mathrm{d}t=0$，水流下降终限速度为 u_t，水膜厚度为 e_t，流量为 Q_t。则根据式（2-6），终限速度：

$$u_t = \sqrt[3]{21g\frac{Q_t}{d_j}\left(\frac{e_t}{K_p}\right)^{\frac{1}{3}}} \tag{2-7}$$

此时的排水流量：

$$Q_t = u_t\left[d_j^2 - (d_j - 2e_t)^2\right]\frac{\pi}{4} \tag{2-8}$$

忽略 e_t^2，则式（2-8）：

$$Q_t = \pi d_j e_t u_t \tag{2-9}$$

$$e_t = \frac{Q_t}{\pi d_j u_t} \tag{2-10}$$

将式（2-10）代入式（2-7），并取 $g=9.81\mathrm{m/s}^2$，可以得出终限速度与流量、管径和管壁粗糙高度之间的关系：

$$u_t = 4.4\left(\frac{1}{K_p}\right)^{1/10}\left(\frac{Q_t}{d_j}\right)^{2/5} \tag{2-11}$$

式中　u_t——终限速度（m/s）；

　　　K_p——管壁粗糙高度（m）；

　　　Q_t——终限流速时的流量（m³/s）；

　　　d_j——管道内径（m）。

2.1.3　数学模型分析

从数学模型式（2-11）可以看出：立管中的终限流速与流量、管内径、管壁粗糙高度有关。在其他条件一定时，流量越大、管径越小，则终限流速越大；管壁越粗糙，则终限流速越小。塑料管内壁光滑，其终限流速要比铸铁管的大。

从式（2-11）还可以看出：立管中的终限流速与立管的高度无关。不论超高层建筑和普通高层建筑，排水立管内的终限流速是一样的。这个现象可通过式（2-3）和式（2-4）进行较直观的解释：管壁与水膜间的摩擦力 P 与水流速度的平方成正比，流速增加，则摩擦力 P 迅速增大；当摩擦力增大到和水膜重力相等时，则水膜保持匀速运动下落。

从上文水流运动的受力分析中还可以看出：立管内的压力因素与水流重力或管壁摩擦力相比很小而被忽略不计。也就是说，立管中的压力对水流运动不产生影响。可见，生活排水立管内的水流运动可忽略压力的影响，因此属于无压流。对排水系统加强通气，改善的只是管内压力，而不会改善水流运动状态。

还需要指出，以上公式中的水膜流速指的是水膜断面上的平均流速。实际上，水膜断面上的流速沿水膜厚度方向是处处不相等的，在水、气界面处最大，在管壁处最小，趋近于零。在水、气界面处的流速大于水膜断面上的平均流速，即大于式（2-11）的值。

2.2　气流运动规律及立管内压力

2.2.1　排水立管内压力模型

排水立管中附壁环状水膜中空部分的空气核可以近似看作连续的气流柱，对该气流柱应用动量方程和能量方程进行分析。取伸顶通气管顶部空气入口处为基准面 0-0，另一断面 1-1 选在立管的任意一个断面处（图 2-2-1）。

针对两端面列出空气流能量方程并整理，可得到 1-1 断面处的空气压力：

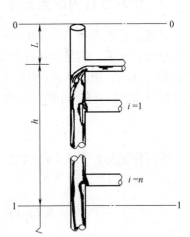

$$p_1 = 4h \frac{\tau_a}{d_a} - \rho(1 + \xi + \lambda \frac{L}{d_j} + \sum_{i=1}^{n} K_i) \frac{v_1^2}{2}$$

$$(2\text{-}12)$$

式中　p_1——1-1 断面处空气相对压力（Pa）；

　　　h——有水流管段（湿管）长度（m）；

　　　τ_a——气流与水流间的平均（在 h 段上）切应力（N/m²）；

　　　d_a——空气核直径（立管直径减去水膜厚度）（m）；

　　　ρ——空气的平均密度（kg/m³），或者忽略空气密度变化（因为气压的变化范围只有几百帕）；

图 2-2-1　立管内压力分析示意

　　　ξ——管顶空气入口处的局部阻力系数，一般取 0.5；

　　　λ——无水流管壁对空气的摩擦系数；

　　　L——无水流管段（干燥管）长度（m）；

　　　d_j——立管内径（m）；

　　　K_i——第 i 个水舌的局部阻力系数；

　　　v_1——1-1 断面处空气流速（m/s）。

式（2-12）右端第一项是气流在两个断面间获取的能量，由水流通过剪切力输入给气流；右端第二项是气流损耗的能量及形成的动能。当第一项小于第二项时，立管内呈现负压；反之，则呈现正压。气流从立管顶部运动到水舌下方损耗的能量大于从水膜流获取的能量时，将呈现负压；气流到达立管下部时，若流动中获取的能量大于损耗的能量，将逐渐呈现正压。特别是立管底端（排出管起始端），气流受阻，速度明显小于水流速度，气、水界面摩擦力增大，气流获取的能量迅速增加，使立管中的压力达到最大（最大正压）。

试验表明，在正常条件下，立管内最大负压的绝对值一般大于立管底部的正压值。

2.2.2　空气流速

对图 2-1-2 环状水膜中心的微小长度 ΔL 气流柱进行受力分析，这个微小长度的气流柱在向下运动过程中，同时受到向下的水、气界面剪切力、重力和向上的压力差（梯度）。

其中，重力相对于上下端面的压力差、界面剪切力很小，可忽略不计。这样，微小气流柱在界面剪切力和压力梯度的作用下随水流向下运动。

水、气界面的剪切力源自于界面处水流速度和气核流速的速度差。速度差越大，则剪切力越大。当气流速度趋近于水流速度时，剪切力趋近于零。

对于排水立管中心的气流柱，压力因素对气流运动产生影响，而空气重力影响很小，可以忽略不计。所以，排水立管内气流为有压流，加强通气将改善立管内气流的运动状态。

2.2.3 排水立管内最大负压

排水立管最不利工况发生在排入水量集中的最顶部几层。在这里，气流穿过各横支管排水形成的水舌，能量损耗达到最大，而从水流获得的能量还很少，由此形成最小压力，又称最大负压。把图 2-2-1 中的 1-1 断面选在顶部几层水舌下方的最大负压处，并忽略式 (2-12) 右端第一项，可得立管内最大负压表达式：

$$p_1 = -\rho\left(1 + \xi + \lambda\frac{L}{d_j} + \sum_{i=1}^{n} K_i\right)\frac{v_1^2}{2} \tag{2-13}$$

为简化起见，令 1-1 断面处的气流速度 v_1 与水膜的终限流速 u_t 近似相等，并把式 (2-11) 代入式 (2-13)：

$$P_1 = -9.68\rho\left(1 + \zeta + \lambda\frac{L}{d_j} + \sum_{i=1}^{n} K_i\right)\left(\frac{1}{K_p}\right)^{1/5} \cdot \left(\frac{Q_t}{d_j}\right)^{4/5} \tag{2-14}$$

在普通单立管排水系统中，$\left(1 + \xi + \lambda\dfrac{L}{d_j}\right)$ 与水舌阻力系数 $\sum\limits_{i=1}^{n} K_i$ 相比很小，可忽略不计，则式 (2-14) 可简化：

$$P_1 = -9.68\rho\sum_{i=1}^{n} K_i \left(\frac{1}{K_p}\right)^{1/5} \cdot \left(\frac{Q_t}{d_j}\right)^{4/5} \tag{2-15}$$

从式 (2-15) 可见，排水立管内最大负压值与排水流量、管径、水舌局部阻力系数、管壁粗糙高度有关。流量越大、水舌局部阻力系数越大，则负压值越大；管径越大、管壁粗糙高度越大，则负压值越小。

塑料排水立管内壁光滑，管壁粗糙高度比铸铁管小，因此在同等条件下，塑料排水立管管内的最大负压值大。内螺旋管也会增加水流阻力，减小水流垂直下落的速度，从而减小管内负压。

2.2.4 水舌局部阻力系数

在横支管水排入立管的过程中，进水在其流动方向上充塞立管断面，成水舌状（图 2-2-2）。水舌两侧有气孔作为空气流动通路。这两个气孔的断面面积远比水舌上方立管内的气流断面面积小，空气流过时，断面突然大幅缩小，造成气流能量损失很大。水舌局部阻力系数用于表示水舌的阻力损失性能。

水舌局部阻力系数主要由气孔的断面面积决定。气孔面积大，局部阻力系数就小；气孔面积小，阻力系数就大。横支管与立管连接的配件构造或几何形状、支管与立管的管径比例、支管进入立管的水量都将影响气孔的形状或面积，从而影响水舌局部阻力系数。比

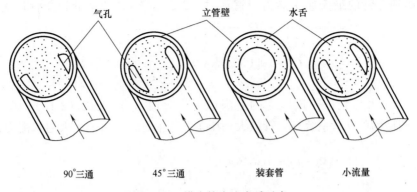

图 2-2-2　横支管水流水舌示意

如，其他条件一定时，45°三通比 90°三通形成的气孔面积大（图 2-2-2），因此 45°三通水舌局部阻力系数较小。三通接头保持不变，设置一小直径短管穿越水舌（图 2-2-2），强制扩大气流通路面积（图 2-2-3），则水舌局部阻力系数和压力降显著减小。图 2-2-4 表示水舌下方管道中同一点的负压值，下方曲线是水舌气孔用套管扩充后的某点负压值，比原先的压力值（上方曲线）显著减小。

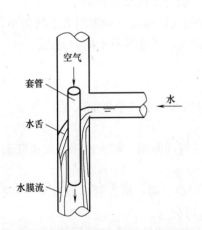

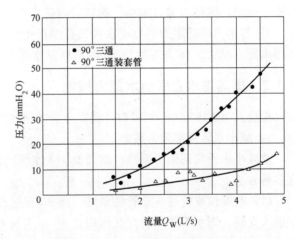

图 2-2-3　加套管扩充水舌气孔面积　　　　图 2-2-4　水舌气孔扩充前后

特殊单立管的接头配件，不论是支管从立管侧向进水还是在接头立管部位加旋流叶片，都是削弱水舌、扩大气流通路面积，从而减小气流局部阻力损失和管内负压。

2.3　立管最大通水能力理论

2.3.1　单立管系统立管最大通水能力

设有水封的排水系统，排水时产生的压力值需要限制，因此立管的排水能力应该满足允许的压力限制值。当立管最大压力的绝对值上升到水封允许作用压力的上限值时，则排水负荷就不应再增大，这时，立管中的排水流量就是立管的最大排水能力。

试验证实，立管中正压区的最大正压一般小于负压区的最大负压（绝对值），故限制负压值可得到立管的最大通水能力。整理式（2-15），得立管流量和立管最大负压的关系式：

$$Q_t = 0.059 d_j K_P^{1/4} \left[\frac{-P_1}{\rho \sum\limits_{i=1}^{n} K_i} \right]^{5/4} \quad (2-16)$$

令 P_m 表示水封允许作用压力的上限值（绝对值），代入式（2-16）中，即，令 $-P_1 = P_m$，则得到单立管系统在立管最大负压条件约束下，立管的最大通水能力：

$$Q = 0.059 d_j K_P^{1/4} \left[\frac{P_m}{\rho \sum\limits_{i=1}^{n} K_i} \right]^{5/4} \quad (2-17)$$

式（2-17）便是单立管排水系统立管通水能力的表达式。从式（2-17）可见，立管的最大通水能力与下列因素相关：

1）与系统允许的最大压力（绝对值）P_m 相关。允许压力值越大，则排水能力越大；反之就小。允许压力值取 250Pa（25mmH$_2$O）和 400Pa（40mmH$_2$O），单立管的排水能力会明显不同。立管内允许压力值如何选取详见 2.4.3 节论述。

2）与立管的管径、管壁粗糙高度相关。管径越大、管壁越粗糙，则排水能力越大；管壁越光滑，则排水能力越小。塑料管内壁光滑，其排水能力要比铸铁管的小。

3）与水舌局部阻力系数或水舌气孔面积相关。水舌的气孔越大、局部阻力系数越小，则排水能力越大。45°斜三通比 90°顺三通的水舌气孔面积大，因此其通水能力更大。

2.3.2 提高排水立管通水能力措施

根据式（2-16）、式（2-17），提高立管的排水能力可以从以下几个方面入手：

1）减小水舌局部阻力系数

欲减小水舌局部阻力系数，就需要扩大水舌处的空气流通断面。扩大水舌处气流断面有多种方法：

（1）改变横支管接入立管的角度。把 90°三通改为 45°斜三通，横支管水流以 45°斜向下进入立管，则水舌两侧的气孔面积比 90°垂直进入立管时更大。

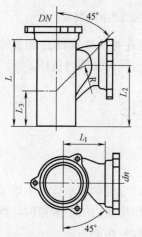

图 2-3-1　侧向进水三通

（2）横管接入立管的三通或四通等管件采用侧向进水型管件，使横支管排出的水流沿立管断面切线方向进入立管，避开立管中心的气流通路（图 2-3-1）。

（3）横管接入立管的三通或四通等管件内设置导流叶片，使横支管排水流向偏转，沿立管管壁进入，如旋流器。

（4）在横支管与立管连接处的立管内设置挡板，使横支管排出的水流被挡板挡住，不会射到立管对面形成水舌，如苏维托。

（5）设置专用通气管和结合通气管，使空气流不经过水舌，而通过结合通气管从排水立管的侧壁进入水流中心，如专用通气立管。

2）改善存水弯水封构造，提高允许最大压力值。

存水弯结构类似于 U 形管，保持存水弯水封深度不变，把水封出水侧管道断面加大，则水封抵抗负压和正压的能力增强，即正压作用时需要更大的压力穿透水封，负压作用时需要更大的负压（绝对值）把 25mm 剩余水封上方的水量抽吸走。如果系统中水封最不利器具的存水弯结构得到如上改善，则水封面及立管中允许的最大作用压力就可提高。

3）增加管壁粗糙高度

管壁越粗糙，则排水能力越大；管壁越光滑，则排水能力越小。增加管壁粗糙高度的主要措施：

（1）改变管道材质，如铸铁管比塑料管的管壁粗糙度大。

（2）在立管内壁上设置凸起的螺旋条纹，使水流沿管壁旋流而下，垂直向下的速度得到减缓，起到管道粗糙高度增加的效果。

4）改善立管与底部横干管连接处的水流状态

采取上述减小水舌局部阻力系数的措施后，立管的通水能力增加。但根据式（2-12），立管底部正压会随流量（流速）的增加而增大，这样，需要在立管底部采取措施减小正压。减小底部正压的主要措施：

（1）在立管底部采用曲率半径大于或等于立管公称直径 4 倍的大曲率半径弯头，提高水流进入底部横干管时的水平初速度，避免水跃现象的发生，改善通气效果。

（2）在立管底部设泄压管，通过管路把水跃上下游的气流贯通，使气流顺利进入下游。

（3）把立管底部横干管的管径放大一级，同时加大连接弯头曲率。管径放大可增加气流断面，使立管底端的空气顺利流走。

（4）在立管底部采用曲率半径大于或等于立管公称直径 3 倍的大曲率半径变径弯头，可增加底部横干管的水流速度，避免水跃现象的发生；扩大气流断面，消除立管底部正压。

2.3.3　与传统通水能力理论关系

传统理论中，立管的最大通水能力按如下确定：当立管内的水流断面充满立管断面近 1/3 时，所对应的流量为立管的最大通水能力。根据立管直径，可计算出 1/3 断面面积所对应的水膜厚度，把水膜厚度代入式（2-10），再和式（2-11）联立求解，就得到立管的最大通水能力。

同时，立管内的负压 h（mmH$_2$O）按式（2-18）计算（详见 V. T. Manas, *National Plumbing Code Handbook*）：

$$h=-r_a\left(1.5+f\frac{l}{d}\right)\frac{v^2}{2g} \tag{2-18}$$

式中　r_a——气、水密度比；

f、l、d——分别为通气管的管壁摩擦系数、长度、直径；

v——空气流速。

本书中的特殊单立管排水系统，如果把横支管与立管的连接配件，即特殊接头做得足够先进，以至于水舌完全消除，其水舌局部阻力系数 $\sum_{i=1}^{n} K_i$ 趋于零，则由式（2-13）

可得：

$$p_1 = -\rho\left(1 + \xi + \lambda\frac{L}{d_j}\right)\frac{v_1^2}{2}$$

把伸顶通气管口的局部阻力系数 $\xi = 0.5$ 代入：

$$p_1 = -\rho\left(1.5 + \lambda\frac{L}{d_j}\right)\frac{v_1^2}{2} \qquad (2-19)$$

式（2-19）和式（2-18）几乎完全一致，只是负压值的单位不同，式（2-18）为 mmH_2O；式（2-19）为 Pa。

根据式（2-19），重复式（2-14）～式（2-17）的推导过程：

$$Q = 0.059d_j K_P^{1/4}\left[\frac{P_m}{\rho\left(1.5 + \lambda\frac{L}{d_j}\right)}\right]^{5/4} \qquad (2-20)$$

式（2-20）便是水舌消除后的立管通水能力表达式。由于水舌局部阻力系数趋于零，所以式（2-20）中 Q 将变得很大，但其最大极限值不应超过传统理论中的最大通水能力值，因为流量超过该值时，立管中的气流已经被水塞隔断，不再连续，其基础——式（2-13）就不再适用，从而式（2-20）也不再适用。

由上可见，传统理论中的最大通水能力是本书通水能力理论中的一个特例，是水舌局部阻力系数趋于零条件下的立管通水能力。

2.4　水封破坏理论

2.4.1　水封作用

水封是利用 U 形弯管内存有一定高度的水柱，阻隔排水管内有害物及有害气体进入室内的措施。在水封发明之前，室内空气和排水管道内的空气贯通，曾引起严重的流行病灾难。在 2003 年"非典"期间，水封失效曾造成了生命损失。

水封通常由存水弯实现，常用的管式存水弯有 P 形和 S 形两种（图 2-4-1）。存水弯中的水柱高度 h 称为水封深度。存水弯靠排水本身的水流来达到自净作用。建筑内部各种卫生器具的水封深度一般为 $50\sim100mm$。水封深度过大，抵抗管道内压力的能力相对较强，但自净作用减小，水中的固体杂质不易顺利排入排水管道；水封深度过小，固体杂质不易沉积，但抵抗管内压力的能力相对较差。

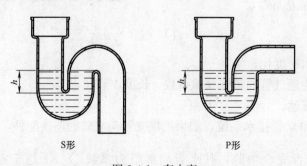

S形　　　　　　　　　　P形

图 2-4-1　存水弯

为增强水封性能，存水弯形式不断被改进，出现很多新型存水弯，如管式存水弯、瓶式存水弯、筒式存水弯、钟罩式存水弯、间壁式存水弯、阀式存水弯等。

形成水封的弯管也往往构建在卫生器具本体中，如自带水封的便器、化验盆、地漏等。这些起水封作用的弯管和上述存水弯可统称为水封装置。

2.4.2　水封损失

水封中的水常常因各种原因造成损失。水封损失主要有自虹吸损失、诱导虹吸损失、蒸发损失、毛细现象损失等。

1）自虹吸损失

卫生器具在瞬时大量排水的情况下，存水弯进口、出口端的管道充满水，排水结束时，存水弯内水流在惯性作用下运动而形成虹吸，虹吸结束后，剩余的水封深度低于存水弯的构造水封深度，造成自虹吸水封损失。

卫生器具在排水时几乎都存在自虹吸现象，但自虹吸损失大小与卫生器具底部形状有关。当底部较平缓时，排水会缓慢结束，形成尾流，排水尾流会把自虹吸损失的水封填补上，存水弯存水被再充满，几乎不形成水封损失，如浴缸、拖布池等。而对于底部较陡的器具，如洗脸盆，其底部呈漏斗状，存水弯和排水管径又小，排水结束时流量迅速减小到零，几乎没有尾流把自虹吸造成的水封损失填充，水封损失明显。虹吸式坐便器虽然会形成强烈的自虹吸，以致虹吸结束时存水弯所剩水量很少，但水箱中的延时供水尾流会把水封重新填满。

洗脸盆存水弯水封的自虹吸损失量与存水弯深度、排水横支管的坡度、管径和长度等因素有关。英国学者 F. E. Wise 根据图 2-4-2 所示装置做了大量试验，整理出自虹吸损失的经验公式：

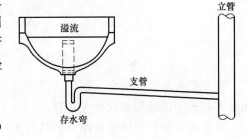
图 2-4-2　洗脸盆排水

$$S = 0.75H + 0.011Z - 10 - 300e^{-0.011Z}$$

(2-21)

式中　S——自虹吸损失（mm）；

　　　H——存水弯深度（mm）；

　　　Z——排水结束时，水塞从存水弯开始到消失所运行的距离（mm）；

　　　e——自然常数。

应对自虹吸损失破坏水封的措施通常有两种，一种是加大存水弯水封深度，使剩余水封深度满足要求，如把洗脸盆存水弯深度增加到 75mm；另一种是制造排水尾流，使存水弯排水结束时损失的水封能得到补充，如虹吸式坐便器。

2）诱导虹吸损失

诱导虹吸损失是指卫生器具不排水时，因管道系统内其他卫生器具排水而在该卫生器具水封出口水面上形成负压，使水封入口水面下降，造成水封深度减少，形成水封损失。

诱导虹吸水封损失大小与作用于水封出口端面上的负压值有关。负压绝对值越大，则诱导虹吸水封损失越大；反之，水封损失就小。此外，负压值的脉动，包括脉动的频率和振幅，会加大水封损失。如管径均匀不变的存水弯，当出口端水封面上作用 40mmH$_2$O

的负压后，水封损失可按 20mm 计，如果考虑到压力脉动，则水封损失将大于 20mm。

诱导虹吸水封损失大小还与存水弯构造有关。对于管径均匀不变的存水弯，水封损失约是负压值（mmH$_2$O）的一半；对于流出侧存水体积大于流入侧存水体积的存水弯，负压消失后向流入侧回补的水量就多，水封损失就小，少于负压值的一半；对于流入侧存水体积大于流出侧存水体积的存水弯，水封损失就大于负压值的一半，如虹吸式坐便器。

应对诱导虹吸损失的措施之一是控制管道中的压力。此外，优化水封构造也可减小诱导虹吸损失，如某些水封强度较大的地漏。

3）蒸发损失

水封的入口端和出口端分别暴露于室内空间和管道内的空间中，水面产生蒸发，损失水封水量。水封蒸发损失与室内温度、室内空气湿度和卫生器具的排水间隔密切相关。气候干燥地区和北方采暖地区，蒸发损失非常突出；卫生器具排水时间间隔越长，则水封水量损失越大。图 2-4-3 是在北京采暖期对一个模拟水封的蒸发损失观测记录：从 12 日到 25 日，水位从 41mm 下降到 15mm，14d 损失了 26mm。

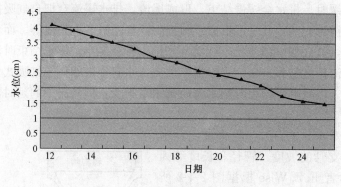

图 2-4-3　水位因蒸发逐日降低

蒸发损失能使存水弯干涸，使排水管网中的污染空气和室内空气连通。这种现象在中国各类建筑中的地漏水封处大量存在。

应对蒸发损失的措施是保持器具每次排水结束后或虹吸损失发生后存水弯中留有足够深度的水封，抵抗蒸发损失破坏水封。另外，改造水封结构也可抑制水封的蒸发损失。

4）毛细现象损失

在存水弯的流出端和流入端，往往会在管壁上积存较长的纤维或毛发，产生毛细作用造成水量损失。这类损失往往难以单独实测，可和蒸发损失合并处理。

2.4.3　水封破坏

水封破坏的结果是排水管道内的空气通过存水弯进入室内。空气通过存水弯进入室内的途径有两种：第一种，在管道内正压的作用下，空气穿透水封被压入室内；第二种，水封全部消失、干涸，存水弯进、出口的空气贯通，管道内空气流入室内（图 2-4-4）。

前已述及，排水系统存在正压区和负压区。在正压区发生的水封破坏主要是第一种，在负压区发生的水封破坏主要是第二种。

1）水封蒸发损失限定值

水封消失的主要因素之一是水封蒸发。水封蒸发损失限定值用剩余水封深度体现，一

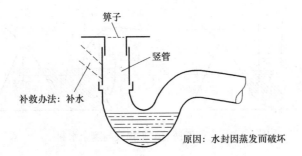

图 2-4-4　水封因蒸发失效

般取 25mm，用于补充约 2 星期的蒸发损失和毛细损失等。水封装置中的水是卫生器具排水形成并保持的，在卫生器具长时间不使用、无排水的情况下，水封便会因蒸发和毛细等损失而消失（图 2-4-3），如学校假期、住宅居民较长时间外出度假等都会使水封消失；设于不经常排水部位的地漏也会水封消失。25mm 的剩余水封无法满足这类排水的蒸发损失。蒸发损失限定值的应对情况：卫生器具或地漏连续 2 次排水的最大时间间隔约为 2 星期所产生的蒸发损失，这个间隔对于住宅居民的正常度假和公共建筑的假期（学校除外）应该是足够的。

处于负压区的水封经虹吸损失后的剩余水封深度少于 25mm 时，则不够补充其后约 2 星期的蒸发损失，若遇最大排水间隔工况，水封就会干涸破坏。

2）负压区水封允许作用压力

在负压区，水封允许作用压力是指这样一个压力：在该压力作用下产生诱导虹吸水封损失后，剩余的水封深度为 25mm。由于水封构造影响诱导虹吸水封损失值，所以形成 25mm 剩余水封的负压值将依水封构造不同而变化。

排水系统中有多种卫生器具和地漏，其存水弯或卫生器具本体中的水封装置，相互间构造差异很大。有的构造好，允许施加较大的负压；有的构造不利，只允许施加较小的负压。从偏安全角度考虑，确定水封允许作用压力应以系统中最不利的水封装置为基准。

坐便器特别是虹吸式坐便器，存水弯进水侧的存水量明显比出水侧的大，且水封深度为低限值 50mm，施加较小的负压值就能使水封剩余 25mm。所以，可把虹吸式坐便器作为排水系统中较为不利的卫生器具，以其存水弯为基准确定水封允许作用负压。

坐便器水封允许作用负压值需要通过试验确定。市场上的虹吸式坐便器有许多种，其水封装置构造不尽相同，因此剩余 25mm 水封时所对应的作用负压值也不一致。要确定出合适的压力值需要做大量的试验统计分析。中国尚未开展此项研究，目前暂借鉴日本数据，取－400Pa（－40mmH$_2$O）。这个数值对于市场上部分坐便器是不安全的(图 2-4-5)。图 2-4-5 中，当作用负压值为－375Pa（－37.5mmH$_2$O）时，便损失了 25mm 水封，还剩余 25mm 水封。当负压为－400Pa 时，则剩余水封将少于 25mm，少于蒸发损失限值。如果再考虑压力值的脉动影响，剩余水封量将更低。因此，400Pa 的负压值对于某些虹吸式坐便器是偏大的，应该减小；但在得到合理数值之前，目前暂采用－400Pa。

3）正压区水封允许作用压力

处于正压区的水封，经蒸发而损失 25mm 时，剩余水封为 25mm，该剩余水封所能承受的最大正压就是水封允许作用压力。同负压区的道理相类似，正压区的水封允许作用压

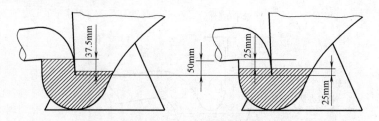

图 2-4-5　坐便器诱导虹吸损失与剩余水封

力也随水封构造而变化。对于管径均匀不变的存水弯，25mm 剩余水封可承受最大 50mmH$_2$O 的正压；对于图 2-4-5 所示的坐便器存水弯，由于进水侧的存水量大于出水侧的存水量，25mm 剩余水封所能承受的最大正压就小于 50mmH$_2$O。同负压区一样，在正压区，虹吸式坐便器也是一种较为不利的卫生器具，以其存水弯为基准确定水封允许作用正压力。对于不同的坐便器，25mm 剩余水封所承受的最大正压值并不一致，需要做大量的试验统计分析才能确定出合理的压力值。本书暂采用 400Pa。

4）水封破坏判别标准

水封破坏的判别需要有量化的标准。在负压区，当虹吸损失发生后，剩余的水封深度小于蒸发损失限定值 25mm 时便可认为水封破坏，与此相对应的管道内负压约为（准确地说少于）−400Pa。因此，管道内最大负压绝对值大于 400Pa 时，可判定为水封破坏；正压区，当管道内最大正压值大于 400Pa 时，可判定为水封破坏。

在排水系统设计中，应限制排水系统内最大正、负压，使其绝对值不超过 400Pa。采取的措施包括设置专用通气管道、采用立管特殊接头、限制管道的设计秒流量等。

从防止水封破坏的角度考虑，管道内压力绝对值越小越好；但从经济性角度考虑，管道内允许压力值越大越好，这样可使立管的通水能力增大（式 2-17），管道系统尺寸减小，并且少占用建筑空间。

2.4.4　水封装置性能

水封装置（或简称存水弯）的水封性能可用两个重要指标衡量，即水封深度和水封强度。保持其他条件不变，水封深度越大，则越不容易破坏，抗破坏能力越强，性能越好。但深度太大会削弱存水弯的自净能力，容易被沉积的杂质堵塞，同时又占用较大空间。故水封深度应有低限值和高限值，一般取 50～100mm。水封强度是指在水封深度固定不变的前提下，水封装置构造变化导致的水封性能变化。水封强度又可称为水封比。

1）水封强度概念

不同构造的存水弯出水端在相同负压作用后，剩余水封有的深，有的浅；或者出水端在相同正压作用下，受压水面下降有的大，有的小。对于进水侧和出水侧管径相等、过水断面面积相同的存水弯，诱导虹吸损失的水封深度是静止负压值的 1/2（图 2-4-6）。图 2-4-6 中，静止负压 20mmH$_2$O，损失水封深度 10mm。同理，当管道内 20mmH$_2$O 静止正压作用于水封面时，水面下降深度为 10mm，是正压值的 1/2。

对于进水侧存水量大于出水侧的存水弯，诱导虹吸损失的水封深度就会大于静止负压值的 1/2（图 2-4-6）。图 2-4-6 中，当存水弯在 37.5mmH$_2$O 管内静止负压作用后，水封损失为 25mm，大于负压值的 1/2。同理，当管内正压作用于图 2-4-6 右侧存水弯中的水封面时，若把水封面下压 25mm 至水封底端，所需静止正压值就不到 50mmH$_2$O，即水面下降深度大于正压值的 1/2。

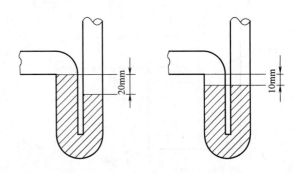

图 2-4-6 进、出水侧管径相等的存水弯

对于进水侧存水量小于出水侧的存水弯，诱导虹吸损失的水封深度就会小于静止负压值的 1/2，管内正压作用时的水封面下降深度也小于静止正压值的 1/2。

负压作用后的剩余水封深度越大，或者正压作用下的水封面下降越少，则说明水封装置越不容易被破坏，水封性能越好；反之，则水封性能越差。可见，水封深度相同而构造不同的存水弯，抗负压或正压破坏的能力并不相同。除水封深度外，还存在另一个因素影响水封装置性能，这就是水封强度。

2）水封强度指标

水封强度用 U 形弯的出水侧存水量和进水侧贮水量之比近似表示：

$$n = W_e / W_{in} \tag{2-22}$$

式中　n——水封强度；

　　　W_e——存水弯出水侧存水量；

　　　W_{in}——存水弯进水侧存水量。

当进、出水侧的存水量相等时，则水封强度为 1（图 2-4-6）；当进水侧存水量或断面面积大于出水侧时，则水封强度小于 1，水封性能变差（图 2-4-5）；当进水侧存水量或断面面积小于出水侧时，则水封强度大于 1，水封性能转强。

负压作用后的水封剩余深度与水封强度有关（图 2-4-7）：

$$(F_e + F_{in}) h_0 - F_{in} P = (F_e + F_{in}) h \tag{2-23}$$

式中　h_0——存水弯水封深度（mm）；

　　　h——存水弯负压作用后的剩余水封深度（mm）；

　　　P——水封面上作用的静止负压值（mmH$_2$O）；

　　　F_e——存水弯出水侧断面面积；

　　　F_{in}——存水弯进水侧断面面积。

整理式（2-23）：

$$h = h_0 - \frac{F_{in}}{F_e + F_{in}} P$$

$$h = h_0 - \frac{1}{F_e / F_{in} + 1} P$$

令 $F_e / F_{in} = h_0 F_e / h_0 F_{in} = W_e / W_{in} = n$，则：

$$h = h_0 - \frac{P}{n+1} \tag{2-24}$$

由式（2-24），得

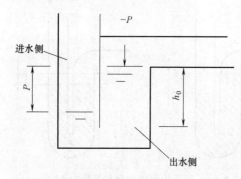

图 2-4-7　存水弯在负压作用下的水封损失

当 $n=1$ 时，$h=h_0-\dfrac{1}{2}P$

当 $n=0.5$ 时，$h=h_0-\dfrac{2}{3}P$

当 $n=2$ 时，$h=h_0-\dfrac{1}{3}P$

可见，水封强度 n 越大，诱导虹吸之后的剩余水封深度越大，即负压造成的水封损失越小，水封越不容易被破坏；反之，水封强度越小，水封越容易被负压破坏。

同理也可推导出，水封强度越大，管道中使气体穿透水封所需要的压力值越大，即水封越不容易被破坏。

水封强度和水封深度共同决定着水封装置抵抗压力破坏水封的性能，二者缺一不可。仅水封强度足够，水封深度不够，水封是不安全的；同样，仅水封深度足够，水封强度不够，水封也是不安全的。

水封强度大于 1，说明水封性能较好。对于坐便器存水弯，水封强度小于 1，特别是传统的虹吸式坐便器，水封强度甚至只有 0.6 或 0.5 左右，抗诱导虹吸的能力和抗正压的能力较差，这是排水系统中的薄弱环节。另外，目前市场上有些地漏，出水侧存水量比进水侧小很多，水封强度很小，虽然水封深度达到 50mm，但也很容易被破坏。

对于图 2-4-6 所示的 U 形弯，进水侧或出水侧的过水断面规整，上下一致，通过测量进水侧和出水侧的管径就可得到存水量之比，即水封强度。但排水器具中大部分 U 形弯并不是这样，其过水断面沿竖向变化，如坐便器，这样，其水封强度就很难通过尺寸测量而得到。这就需要通过标准的测量方法确定其水封强度。测量方法：出水端水面施加规定的负压或正压，测量其水封剩余深度或水面受压下降深度，即可得到水封强度。

2.5　建筑特殊单立管排水系统立管水流形态探讨

随着流量的增加，一些文献中将排水立管内的水流形态分为附壁流、水膜流、水塞流三个阶段，并从经济、安全、卫生等方面综合考虑，选用水膜流作为确定排水立管设计流量的依据。但由于受一些条件限制，在实际使用中甚或在试验中，通常较难得到非常理想的水膜流形态。当仅在顶部进水、排水立管高度有限的情况下，较理想的水膜流形态能够在实验室里模拟得到；但在模拟每层进水的情况下，由于横支管水流的扰动影响，形成水膜流的条件可能会发生变化，也就可能难以得到较为理想的结果。用终限流速法推导出的普通单立管排水能力与实际测试结果之间的差距也对此提供了佐证。

但是终限流速法中提到的减少排水立管内气压波动有助于提高排水立管排水能力的基本原理，一直在提高排水立管排水能力的探索中起着重要的指导作用。换言之，在排水系统中，只要能采取措施减少水流对排水管道中的气压影响，就可能提升排水立管的流量，这些措施包括对水流和气流的有效疏导、对管道内气压波动的有效补偿等。

依据近几年在湖南大学进行的有关特殊单立管排水系统测试所得到的数据，已证实了之前通过理论分析进行的这方面预测是正确的。

在此借助于湖南大学在特殊单立管排水系统测试中所得到的数据进行分析，一方面原因是要用于分析的诸多系统都是在条件、设施、方式等基本相同的条件下进行测试的，具有可比性；另一方面的原因在于湖南大学测试所采取的方法是在综合考虑日本测试法和欧洲测试法的基础上，结合中国国情制定的更为严格的测试方法。

湖南大学测试基本条件：测试塔高度 34m；顶部放水，自上而下放水，每层最大放水流量为 2.5L/s，放水量按 0.25L/s 递减；放水为长流水，恒定流；压力变送器精度为 $1mmH_2O$；压力采集器按 0.5s 和 0.05s 两种时间间隔采集；玻璃转子流量计精度等级不低于 1.5 级；伸顶通气管和通气帽型式符合现行国家标准《建筑给水排水设计规范》GB 50015—2003 要求；排水系统气密性能严格控制；存水弯水封深度为 50mm；管系内正、负压按 $\pm40mmH_2O$、水封破坏值按 25mm 控制；测试成果自动记录等。相关系统测试结果，如表 2-5-1 所示。

测试结果（L/s）　　　　　　　　　　　表 2-5-1

序号	系统名称		系统配置简况	数据采集时间间隔（ms）	
				500	50
1	铸铁双立管		与通气管隔层连接、排出管 DN100	6.0	6.0
2			与通气管每层连接、排出管 DN150	9.0	9.0
3			与通气管隔层连接、排出管 DN150	6.5	6.5
4	PVC-U 单立管		排出管 dn110	2.5	—
5	PVC-U 双立管		与通气管每层连接、排出管 dn160	6.0	6.0
6			与通气管隔层连接、排出管 dn160	6.0	5.5
7	漩流降噪特殊单立管排水系统		漩流降噪管件、普通 PVC-U 管、排出管 dn160	6.0	6.0
8			漩流降噪管件、加强型内螺旋 PVC-U 管、排出管 dn160	10.0	10.0
9	加强型旋流器特殊单立管排水系统	CHT 型	无扩容旋流器、普通 PVC-U 管、排出管 dn160	6.0	6.0
10			大扩容旋流器、普通 PVC-U 管、排出管 dn160	7.5	7.5
11			小扩容旋流器、铸铁管、排出管 DN150、大曲率底部异径弯头	6.5	6.5
12			小扩容旋流器、铸铁管、排出管 DN150	6.0	5.5
13			小扩容旋流器、普通内螺旋 PVC-U 管、排出管 dn160、大曲率底部异径弯头	5.0	5.0
14			小扩容旋流器、普通内螺旋 PVC-U 管、排出管 dn160	5.0	4.5
15			大扩容旋流器、铸铁管、排出管 DN150、大曲率底部异径弯头	9.5	9.0
16			大扩容旋流器、普通内螺旋 PVC-U 管、排出管 dn160、大曲率底部异径弯头	7.5	7.0
17		GY 型	旋流器、铸铁管、排出管 DN150	10.0	10.0
18		SUNS 型	旋流器、铸铁管、排出管 DN150	8.0	8.0
19		XTN 型	旋流器、铸铁管、排出管 DN150	9.0	8.5
20		WAB 型	旋流器、铸铁管、排出管 DN150	8.5	8.0
21		3S 型	旋流器、加强型内螺旋 PVC-U 管、排出管 dn160	10.0	10.0

续表

序号	系统名称	系统配置简况	数据采集时间间隔（ms）	
			500	50
22	苏维托特殊单立管排水系统	GY 型、苏维托、铸铁管、排出管 DN100	6.5	6.5
23		GY 型、苏维托、铸铁管、排出管 DN150	7.5	7.5
24		XTN 型、苏维托、PVC-U 管、排出管 dn125	6.0	6.0
25		SUNS 型、苏维托、铸铁管、排出管 DN150	6.5	6.0
26	主动通气排水系统	普通 PVC-U 管、每层设吸气阀、正压衰减器(1 层和 7 层)、排出管 dn160	8.5	8.0

从表 2-5-1 中可看到，不同类型的特殊单立管排水系统都具有较大的实测排水流量，但这些系统所采用的特殊管件在构造上都不尽相同，甚至差别较大。本节依据其中几个有代表性系统的测试数据，对排水立管中的水、气流形态进行比较探讨。

为便于探讨，本节先暂时将所推测的、排水立管中可能存在的几种水流形态分别取一个名字。相应解释如下：

传统流——未采用特殊管件的普通单立管排水系统或双立管排水系统的排水立管内的水流形态，苏维托单立管排水系统中位于两个苏维托管件之间排水立管段的水流形态也归于此类。

加强附壁流（或加强膜流）——排水立管中的水流在特殊管件、管材或二者共同的加强作用下，在不受横支管水流影响的立管段，水流清晰地贴管壁旋转向下流动，无明显厚薄不均或明显集中水流的水流形态。

附壁束流——排水立管中的水流在特殊管件的加强作用下，在不受横支管水流影响的立管段，虽然水流仍然主要贴附立管管壁旋转向下流动，但具有明显厚薄不均情况或在贴壁水流中伴有较为集中水流的水流形态。

束流——排水立管中的水流在特殊管件的作用下，在不受横支管水流影响的排水立管段，虽然可能也有少量水流贴附立管管壁旋转向下流动，但排水立管的主要排水水流明显集中，类似于柱状或束状，集中水流可能贴附立管管壁或不贴附立管管壁向下流动的水流形态。

还要说明的是，本节所提到的特殊管件均指用于连接排水立管与排水横支管的特殊管件，或能起到与该管件对排水立管内、气水流态类似作用但未设排水横支管接口的特殊管件，即本书所称的上部特殊管件。

1）漩流降噪特殊单立管排水系统

管件、管材均为 PVC-U 材质，当特殊管件与加强型内螺旋管配合使用时，立管排水流量达到最大，在 10L/s 以上。以其三通型特殊管件为例，在特殊管件的渐缩段设有多个导流叶片，这些导流叶片在同一高度沿环向均匀设置。同时横支管接入立管处设有导流挡板，避免立管水流与横支管水流的互相影响，同时也起到对气流的导流作用。这些导流叶片设置较为均匀，无特定加强方向，立管水流受导流叶片影响，形成较为均匀附壁水流，加强型内螺旋立管上的螺旋肋与导流叶片一样，也无特定的加强方向，经过良好匹配，二者协同加强附壁水流形态，这也就是上述的加强附壁流（或加强膜流）形态，在这种水流形态下，立管中的气流与水流得到良好组织，二者分界相对较为清晰，所以能很大程度地提升排水立管的排水能力。

2）加强型旋流器 CHT 型特殊单立管排水系统

特殊管件与光壁管配合使用时，立管排水流量可达到最大；但与内螺旋管配合使用时，立管排水能力反而降低。以三通型特殊管件为例，特殊管件内的导流叶片为上下设置，上下导流叶片的形状基本相同，大小差异不大，上部导流叶片的设置高度在横支管入口附近，下部导流叶片设于特殊管件的渐缩段，沿管件的立管轴线方向看，上、下导流叶片处于基本相对的环向位置。上部导流叶片同时具有避免立管气、水流态与横支管气、水流态相互影响的作用。立管水流经过特殊管件时，虽然也会被导流成附壁流，但由于局部或特定位置导流叶片的强化作用，也可能会在附壁流中存在相对其他部分较为集中的水流，在此将这种可能的水流形态暂定为附壁束流。虽然对气、水流态组织的不像加强附壁流那样均匀，但在测试条件下也能做到对气流、水流的有效疏导，因此该系统的排水能力也很大。

3）加强型旋流器 GY 型特殊单立管排水系统

特殊管件与光壁排水立管结合使用时，测试的立管排水能力可达到最大，在 10L/s 以上；但与内螺旋排水立管结合使用时，测试的立管排水能力反而降低。该系统虽也被归于加强型旋流器特殊单立管排水系统，但其特殊管件的内部构造与其他类型的加强型旋流器明显不同。也以三通型特殊管件为例，特殊管件内的导流叶片为上下设置，上部叶片的设置高度在横支管入口附近，下部叶片设于特殊管件的渐缩段，沿管件的立管轴线方向看，上、下导流叶片基本处于相同的环向位置，与其他类型的加强型旋流器相比，这两个导流叶片的外形尺寸也较大。上部导流叶片同时具有避免立管气、水流态与横支管气、水流态相互影响的作用。排水立管内水流经过特殊管件时，更多是通过导流叶片的作用，将气流、水流有效分离，使水流沿特定方向进入下部排水立管，虽然也仍然会在排水立管段形成附壁流，但立管水流在经过特殊管件时，更多被组织为集中水流，此种可能的水流形态暂定为束流。通过对排水立管水流的强力整合，使得特殊管件处的水流、气流被有效疏导，同时当距下一个特殊管件距离不超过一个楼层高度时，经过上部特殊管件整流的束流也仍会以束流的形态到达下一个特殊管件，从而被接力整合并维护束流的继续，在此情况下，当流量在一定范围时，排水立管中水流与气流也能得到有效组织。GY 系统在某种程度上结合了苏维托特殊管件的优点，故能在测试条件下获得很大的排水能力。

4）普通双立管排水系统

从表 2-5-1 中测试数据可以看出，通气立管与排水立管每层连接的双立管排水系统比通气立管与排水立管隔层连接的双立管排水系统的通水能力要大。按终限流速法推算，当普通排水立管内的水量增加到一定程度时，就会形成水塞流，对排水系统管道内的气压产生较大影响。由于边界条件基本相同，双立管排水系统中排水立管内的水、气流形态也可能如此。在存在水塞的情况下，双立管排水系统中的通气立管可起到对排水系统中局部管段内气压的补压或释压作用，实现对局部管段内气压值波动的控制。随着通气措施的加强，通气立管与排水立管每层连接的双立管排水系统比通气立管与排水立管隔层连接的双立管排水系统更能有效地控制排水系统中局部管段内的气压波动，也就很容易理解所得到的测试结果。

由于双立管排水系统是在不考虑任何对排水立管内气、水流态进行疏导条件下，通过增加通气设施的方式实现对排水系统中局部管段内气压波动的控制，因此排水横支管的各种水流形态对排水立管排水能力的影响相对于特殊单立管排水系统而言，也较为次要。

5）苏维托特殊单立管排水系统

对于苏维托特殊单立管排水系统，当排水立管内的水流进入苏维托特殊管件时，沿乙字管段向下，在特殊管件内用挡板将立管水流与横支管水流分开，避免二者之间相互影响，同时在挡板上方设有空气通道，用以疏导特殊管件部位的气压波动。对于苏维托特殊管件之间的排水立管段，没有采取使立管内气、水流态有效疏导措施的要求，而苏维托特殊管件也没有对排水立管气、水流态进行有效分别疏导的构造。根据终限流速法推算，当水量增加到一定程度时，两个苏维托特殊管件之间的排水立管段内也很可能形成水塞流。另外，由于苏维托特殊管件的乙字管作用，可能还会在局部出现水舌、壅水、水塞等现象。因此排水立管段的气流导通很可能会存在一定问题，两个苏维托特殊管件之间排水立管内的气、水流态甚至可能不如普通单立管或普通双立管排水系统。但苏维托特殊管件的特殊构造和较大内腔，也确实起到了减少排水横支管内气压波动的作用，这可能有些类似于调节缓冲气囊的作用。

6）主动通气排水系统

无论是在国外，还是在国内，吸气阀和正压衰减器在实际工程中都有诸多应用，实际工程案例已经证明质量良好的吸气阀和正压衰减器可以起到非常好的效果。吸气阀和正压衰减器在排水系统中的作用类似于双立管排水系统中的专用通气立管或苏维托特殊单立管排水系统中的特殊管件，但因其设置的灵活性，在控制排水横支管内气压波动、防止水封破坏和正压喷溅等方面可能更优于双立管排水系统中的专用通气立管或苏维托特殊单立管排水系统中的特殊管件。只是吸气阀和正压衰减器是以机械原理来实现这些功能的，所以才会引发部分专业人士对其在安全、卫生等方面的疑虑。

排水设施的水封保护措施是影响系统排水性能的关键因素之一，设置器具通气管也是一种非常有效的措施，如能与通气立管或能保证气流畅通的排水管道进行恰当配置，而不是仅仅关注于只将通气立管与排水立管隔层或每层连接的简单措施，就可以更好的利用排水系统内有效气体空间的缓冲调节作用，缓解、减少排水系统内气压波动对排水设施水封的影响，使系统的排水性能得到更大幅度的提升。

苏维托特殊单立管排水系统与旋流器特殊单立管排水系统（表 2-5-1 中序号 7～21 的系统）相比较，虽然二者都采取了防止横支管水流与立管气、水流态相互影响及导气的措施，但二者的区别在于：首先，苏维托特殊管件的乙字管段改变了排水立管中心轴线方向，而旋流器特殊单立管排水系统排水立管的中心轴线并没有方向上的改变；其次，相对于旋流器特殊单立管排水系统排水立管中的有效旋流和明显的气、水通道，苏维托特殊单立管排水系统并没有采取能有效疏导上部排水立管段水、气流态的措施。由于苏维托特殊管件的特殊构造，苏维托系统上部排水立管部分的水、气流态与普通单立管相近，当流量较大时，立管段可能会产生水塞流，也可能会因为乙字管段的转向导致水塞甚或壅水现象的发生，而旋流器特殊单立管排水系统无此现象，因为旋流器特殊管件在对排水立管内的水流进行导流、整流时，并未形成可引起局部立管内气压较大波动的壅水或水塞现象。这也可能是在测试条件下，苏维托特殊单立管排水系统的排水能力低于旋流器特殊单立管排水系统的原因之一。但也正是因为采用的是立管轴线转向措施且未对苏维托管件之间立管段内的气、水流态进行疏导，苏维托特殊单立管排水系统对排水立管内水流的消能作用可能会优于旋流器特殊单立管排水系统，影响排水能力稳定性的因素也可能相对较少。

对于结构相似的特殊管件，排水系统内气流对阻碍其流动的局部水膜的冲破或穿透情况、横支管水流对排水立管内气流通道的影响等都可能是造成各不同系统排水能力存在差异的影响因素。

根据对有代表性的几种特殊单立管排水系统情况的分析，可以看到其中一些系统虽然没有改变排水立管内的气、水流态，但却通过采取能有效抵消可引起水封破坏的气压波动的措施，从而大大提高了排水立管的通水能力；而另一些系统是通过对系统内水、气流态的有效组织来获得这一结果的。说明只要能有效减少排水系统内气压波动对排水横支管或其他部位水封的影响，就能提高系统的排水能力。当然，排水立管中更优的水、气流形态将更有利于系统排水性能的进一步提升，特别是当这些措施有效组合时，效果可能会更好。

第3章　建筑特殊单立管排水系统设计

建筑特殊单立管排水系统设计在很大程度上决定了其在投入使用后的排水性能，且直接关系到室内空气卫生环境质量。设计内容包括建筑排水体制选择、排水方式选择（同层排水或异层排水）、选用系统类型、系统组成、水力计算、管材选择、管道布置、特殊情况下需要采取的技术措施等。目前，涉及建筑特殊单立管排水系统设计的规范、规程已有多本，这些标准都为保证建筑特殊单立管排水系统设计的规范性提供了技术层面的支撑。

本章将建筑特殊单立管排水系统在设计阶段应注意的若干问题集中编写，既有直接用于指导建筑特殊单立管排水系统工程设计的技术措施，也有关于建筑特殊单立管排水系统在流量测试、流量值选用等方面的一些内容，以期使工程设计人员正确、合理设计建筑特殊单立管排水系统。

3.1　建筑特殊单立管排水系统适用范围

在设计建筑特殊单立管排水系统时，应按排水立管的排水能力、管材类别、管道井布置、防火要求、接入横支管条件、消能及降噪要求、接口方式、工程造价等因素，选用相应的特殊单立管排水系统。

特殊单立管排水系统宜在下列情况下采用：

1) 排水立管设计排水流量大于普通单立管排水系统排水立管的最大排水能力；

2) 建筑标准要求较高、要求降低排水水流噪声和改善排水水力工况的高层和多层住宅。特别适用于居住类建筑的小卫生间，不适用于公共建筑的多厕位卫生间；另外，还应注意使用场所的楼层排水横支管管径应小于或等于 $DN100$（$dn110$）；

3) 同层接入排水立管的横支管数较多的排水系统（普通型旋流器除外）；

4) 卫生间或管道井面积较小，难以设置通气立管（专用通气立管、主通气立管或副通气立管）的建筑；

5) 需设置环形通气管或器具通气管，但不设置通气立管的建筑。

值得一提的是，当排水立管设计排水流量小于普通单立管排水系统排水立管的最大排水能力时，根据需要也可采用特殊单立管排水系统。

3.2　建筑特殊单立管排水系统组成

特殊单立管排水系统可分为管件特殊单立管排水系统、管材特殊单立管排水系统和管件与管材均特殊单立管排水系统三大类别。

3.2.1　管件特殊单立管排水系统

　　管件特殊单立管排水系统由上部特殊管件、下部特殊管件、普通光壁排水管材和普通排水管件组成。管件特殊单立管排水系统的排水立管管件应采用特殊管件，包括上部特殊管件和下部特殊管件。上部特殊管件与下部特殊管件应配套。当立管底部设置泄压管时，可不配置下部特殊管件。管件特殊单立管排水系统的管材为普通光壁排水管材。

　　管件特殊单立管排水系统的特殊管件有多种，应根据不同需求选择。例如，管件特殊单立管排水系统的上部特殊管件包括苏维托（图 3-2-1）或加强型旋流器（图 3-2-2）。加强型旋流器在构造上的主要特点表现为局部扩容和内设导流叶片，导流叶片可采用并列设置或上下设置等。苏维托特殊单立管排水系统和加强型旋流器特殊单立管排水系统在系统上的差异主要在于排水立管底部的区别，前者在立管底部设置泄压管（图 3-2-3），后者在立管底部采用大曲率异径弯头（图 3-2-4）。

高密度聚乙烯(HDPE)苏维托　　　　　　铸铁苏维托

图 3-2-1　苏维托管件外形

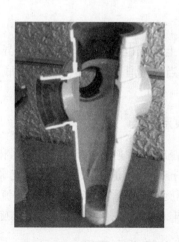

铸铁加强型旋流器　　　　　铸铁加强型旋流器内部构造　　　　　塑料加强型旋流器

图 3-2-2　加强型旋流器外形

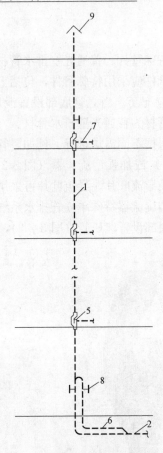 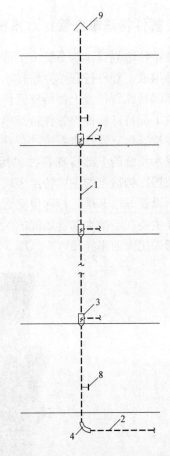

图 3-2-3　苏维托特殊单立管排水系统
1—排水立管；2—排出管；
5—苏维托管件；6—泄压管；
7—排水横支管；
8—立管检查口；9—通气帽

图 3-2-4　加强型旋流器特殊单立管排水系统
1—排水立管；2—排出管；3—加强型旋流器；
4—底部大曲率异径弯头；
7—排水横支管；8—立管检查口；
9—通气帽

　　管件特殊单立管排水系统的下部特殊管件有异径弯头、大曲率弯头、角笛式弯头、异形断面弯头等。实际选用时，以上型式也可以组合使用，如异径弯头和大曲率弯头组合而成大曲率异径弯头（图 3-2-5）。当采用泄压管时，排水立管底部和泄压管底部均可采用普通弯头。

3.2.2　管材特殊单立管排水系统

　　管材特殊单立管排水系统由普通内螺旋管、普通型旋流器和普通光壁排水管材、普通排水管件等组成。管材特殊单立管排水系统的排水立管管材应采用普通型 PVC-U 内螺旋管（图 3-2-6）或中空壁 PVC-U 内螺旋管，并配套采用普通型旋流器。但管材特殊单立管排水系统的排水横管应采用普通光壁排水管材。普通型旋流器又称旋转进水型管件（图 3-2-7）。

3.2.3　管件与管材均特殊单立管排水系统

　　管件与管材均特殊单立管排水系统由上部特殊管件、下部特殊管件、加强型内螺旋管、

铸铁大曲率异径弯头

塑料大曲率异径弯头

图 3-2-5　底部大曲率异径弯头外形

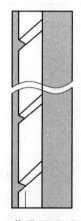

图 3-2-6　普通 PVC-U 内螺旋管

图 3-2-7　普通型旋流器外形

普通光壁排水管材和普通排水管件等组成。管件与管材均特殊单立管排水系统的排水立管应采用加强型内螺旋管（图 3-2-8），系统中的特殊管件包括上部特殊管件和下部特殊管件。管件与管材均特殊单立管排水系统的排水横管应采用普通排水管件、普通光壁排水管材。

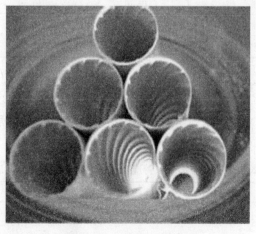

图 3-2-8　加强型内螺旋管

3.3　建筑特殊单立管排水系统水力计算

建筑特殊单立管排水系统的水力计算与一般建筑排水系统相同，主要计算内容包括计算排水立管设计秒流量，确定排水立管管径，确定排水横干管和排出管的坡度及管径等。

3.3.1　常用卫生器具排水流量、当量和排水管管径

根据现行国家标准《建筑给水排水设计规范》GB 50015—2003（2009 年版），建筑特殊单立管排水系统常用卫生器具的排水流量、当量及排水管管径的规定，如表 3-3-1 所示。

卫生器具排水的流量、当量和排水管的管径　　　　　　　　　　　表 3-3-1

序号	卫生器具名称	排水流量(L/s)	当量	排水管管径(mm)
1	洗涤盆、污水盆(池)	0.33	1.00	50
2	餐厅、厨房洗菜盆(池)			
	单格洗涤盆(池)	0.67	2.00	50
	双格洗涤盆(池)	1.00	3.00	50
3	洗手盆	0.10	0.30	32～50
4	洗脸盆	0.25	0.75	32～50
5	浴盆	1.00	3.00	50
6	淋浴器	0.15	0.45	50
7	大便器			
	冲洗水箱	1.50	4.50	100
	自闭式冲洗阀	1.20	3.60	100
8	小便器			
	自闭式冲洗阀	0.10	0.30	40～50
	感应式冲洗阀	0.10	0.30	40～50
9	净身器	0.10	0.30	40～50
10	饮水器	0.05	0.15	25～50
11	家用洗衣机	0.50	1.50	50

3.3.2　建筑物内生活排水管道坡度和设计充满度规定

在设计建筑特殊单立管排水系统时，应根据所选用排水管材质种类，确定排水横管的坡度及充满度，具体要求如表 3-3-2、表 3-3-3 所示。

建筑物内生活排水铸铁管道的最小坡度和最大设计充满度　　　　表 3-3-2

管径(mm)	通用坡度	最小坡度	最大设计充满度
50	0.035	0.025	0.5
75	0.025	0.015	

续表

管径(mm)	通用坡度	最小坡度	最大设计充满度
100	0.020	0.012	0.5
125	0.015	0.010	
150	0.010	0.007	0.6
200	0.008	0.005	

建筑排水塑料横管的最小坡度、通用坡度和最大设计充满度　　　表 3-3-3

外径(mm)	通用坡度	最小坡度	最大设计充满度
50	0.025	0.0120	0.5
75	0.015	0.0070	
110	0.012	0.0040	
125	0.010	0.0035	
160	0.007	0.0030	
200	0.005	0.0030	0.6
250	0.005	0.0030	
315	0.005	0.0030	

表 3-3-3 规定的建筑排水塑料横管的最小坡度和通用坡度仅适用于胶圈密封连接的排水塑料管。对于粘接、熔接连接的排水塑料横支管应采用标准坡度 0.026。这是因为，粘接、熔接连接的排水塑料横支管标准坡度由管件三通和弯头连接的管轴线夹角 88.5°决定，换算成坡度为 0.026，粘接系列承口的锥度只有 30′，相当于坡度 0.0087，硬性调坡会影响接口质量。而胶圈密封的接口允许有 2°的角度偏转，相当于坡度 0.0349，故可以调坡。横干管如按配件的轴线夹角而定，势必造成横干管坡度过大，在技术层布置困难，为此横干管可采用胶圈密封调整坡度。表 3-3-3 中补充了 $dn50$、$dn75$、$dn250$、$dn315$ 的横管的最小坡度、最大设计充满度；同时增加了各种管径的通用坡度，这些参数摘自现行国家标准《建筑给水排水及采暖工程施工质量验收规范》GB 50242—2002。

3.3.3　建筑生活排水管道设计秒流量计算

现行国家标准《建筑给水排水设计规范》GB 50015—2003（2009 年版）规定了下列居住类建筑生活排水管道设计秒流量的计算方法。

1）住宅、宿舍（Ⅰ、Ⅱ类）、旅馆、宾馆、酒店式公寓、医院、疗养院、养老院等建筑生活排水管道设计秒流量，应按下式计算：

$$q_P = 0.12\alpha \sqrt{N_P} + q_{max}$$ (3-1)

式中　q_P——计算管段排水设计秒流量（L/s）；

N_P——计算管段的卫生器具排水当量总数；

α——根据建筑物用途而定的系数，可按表 3-3-4 确定；

q_{max}——计算管段上最大一个卫生器具的排水流量（L/s）。

根据建筑物用途而定的系数 α 值 3-3-4

建筑物名称	宿舍（Ⅰ、Ⅱ类）、住宅、宾馆、酒店式公寓、医院、疗养院、幼儿园、养老院的卫生间	旅馆和其他公共建筑的盥洗室和厕所间
α 值	1.5	2.0～2.5

注：当计算所得流量值大于该管段上按卫生器具排水流量累加值时，应按卫生器具排水流量累加值计。

2）设有单独卫生间的Ⅲ类宿舍的生活排水管道设计秒流量计算：

$$q_P = \sum q_0 n_0 b \tag{3-2}$$

式中　q_0——同类型的一个卫生器具排水流量（L/s）；

　　　n_0——同类型卫生器具数；

　　　b——卫生器具的同时排水百分数，按表 3-3-5 采用。

注：当计算排水流量小于一个大便器排水流量时，应按一个大便器的排水流量计算。

设有单独卫生间的Ⅲ类宿舍的卫生器具同时排水百分数（%） 表 3-3-5

卫生器具数量 卫生器具名称	1～30	31～50	51～100	101～250	251～500	501～1000	1001～3000	＞3000
洗脸盆、盥洗槽水嘴	60～100	45～60	35～45	25～35	20～25	17～20	15～17	5～15
有间隔淋浴器	60～80	45～60	35～45	25～35	20～25	17～20	15～17	5～15
大便器冲洗水箱	60～70	40～60	30～40	22～30	18～22	15～18	11～15	5～11

3.3.4　排水横管水力计算

根据现行国家标准《建筑给水排水设计规范》GB 50015—2003（2009 年版）的规定，排水横管的水力计算应按下式进行：

$$q_P = Av \tag{3-3}$$

$$v = \frac{1}{n} R^{2/3} I^{1/2} \tag{3-4}$$

式中　A——管道在设计充满度的过水断面（m²）；

　　　v——速度（m/s）；

　　　R——水力半径（m）；

　　　I——水力坡度，采用排水管的坡度；

　　　n——粗糙系数，铸铁管为 0.013；塑料管为 0.009。

由于排水横管的水力计算为明渠流计算公式，需确定的参数较多，除应满足管道自清流速的要求（排水流速不小于 0.6m/s）外，还应满足充满度和排水坡度的要求。为满足表 3-3-2、表 3-3-3 的规定，根据不同管材粗糙系数、不同坡度下排水横管最大充满度可达到的排水流量，即为该排水管在该坡度下所能达到的最大排水流量。在确定排水横管管径和坡度时，可根据排水横管计算出的排水流量对照表 3-3-6～表 3-3-8 选用，所计算出的排水流量不应超过所选管径和坡度下的最大充满度排水流量。

3.3.5　生活排水立管最大设计排水能力

现行国家标准《建筑给水排水设计规范》GB 50015—2003（2009 年版）对不同生活

排水柔性接口铸铁横管（或出户管）水力计算

表 3-3-6

坡度	充满度（h/d=0.5） DN50		DN75		DN100		DN125		充满度（h/d=0.6） DN150		DN200	
	流速 (m/s)	流量 (L/s)	流速 (m/s)	流量 (L/s)	流速 (m/s)	流量 (L/s)	流速 (m/s)	流量 (L/s)	流速 (m/s)	流量 (L/s)	流速 (m/s)	流量 (L/s)
0.005	—	—	—	—	—	—	—	—	—	—	0.79	15.58
0.007	—	—	—	—	—	—	—	—	0.77	8.56	0.94	18.44
0.008	—	—	—	—	—	—	—	—	0.83	9.15	1.00	19.71
0.009	—	—	—	—	—	—	—	—	0.88	9.71	1.06	20.90
0.010	—	—	—	—	—	—	0.76	4.68	0.92	10.23	1.12	22.04
0.012	—	—	—	—	0.72	2.83	0.84	5.13	1.01	11.20	1.23	24.14
0.015	—	—	0.66	1.47	0.81	3.16	0.93	5.74	1.13	12.53	1.37	26.99
0.020	—	—	0.77	1.70	0.93	3.65	1.08	6.62	1.31	14.47	1.58	31.16
0.025	0.66	0.64	0.86	1.90	1.04	4.08	1.21	7.40	1.46	16.18	1.77	34.84
0.030	0.72	0.70	0.94	2.08	1.14	4.47	1.32	8.11	1.60	17.72	1.94	38.17
0.035	0.78	0.76	1.02	2.24	1.23	4.83	1.43	8.76	1.73	19.14	2.09	41.22
0.040	0.83	0.81	1.09	2.40	1.32	5.17	1.53	9.37	1.85	20.46	2.24	44.07
0.045	0.88	0.86	1.15	2.54	1.40	5.48	1.62	9.93	1.96	21.70	2.38	46.74
0.050	0.93	0.91	1.21	2.68	1.47	5.78	1.71	10.47	2.07	22.88	2.50	49.27
0.055	0.97	0.95	1.27	2.81	1.54	6.06	1.79	10.98	2.17	24.00	2.63	51.68
0.060	1.01	1.00	1.33	2.94	1.61	6.33	1.87	11.47	2.26	25.06	2.74	53.97
0.065	1.06	1.04	1.38	3.06	1.68	6.58	1.95	11.94	2.36	26.09	2.85	56.18
0.070	1.10	1.08	1.44	3.17	1.74	6.83	2.02	12.39	2.45	27.07	2.96	58.30
0.075	1.13	1.11	1.49	3.28	1.80	7.07	2.09	12.82	2.53	28.02	3.07	60.35
0.080	1.17	1.15	1.54	3.39	1.86	7.31	2.16	13.24	2.61	28.94	3.17	62.32

注：1. 排水铸铁管粗糙系数为 0.013。

2. 排水铸铁管计算内径（A 型 B 级）：管径 50mm 取 50mm，管径 75mm 取 75mm，管径 100mm 取 100mm，管径 125mm 取 125mm，管径 150mm 取 150mm，管径 200mm 取 200mm。

3. 排水铸铁管坡度：管径 50mm，最小坡度 0.025，通用坡度 0.035；管径 75mm，通用坡度 0.025，最小坡度 0.015；管径 100mm，通用坡度 0.020，最小坡度 0.010；管径 125mm，通用坡度 0.015，最小坡度 0.010；管径 150mm，通用坡度 0.010，最小坡度 0.007；管径 200mm，最小坡度为 0.005，通用坡度为 0.008。

表 3-3-7

排水硬聚氯乙烯（PVC-U）横管（或出户管）水力计算

坡度	充满度 (h/d=0.5) DN50 流速(m/s)	DN50 流量(L/s)	DN75 流速(m/s)	DN75 流量(L/s)	DN110 流速(m/s)	DN110 流量(L/s)	DN125 流速(m/s)	DN125 流量(L/s)	充满度 (h/d=0.6) DN160 流速(m/s)	DN160 流量(L/s)	DN200 流速(m/s)	DN200 流量(L/s)
0.003	—	—	—	—	—	—	—	—	0.74	8.38	0.86	15.20
0.0035	—	—	—	—	—	—	0.63	3.48	0.80	9.06	0.92	16.42
0.004	—	—	—	—	0.62	2.59	0.67	3.72	0.85	9.68	0.99	17.56
0.005	—	—	—	—	0.69	2.90	0.75	4.16	0.95	10.82	1.10	19.63
0.006	—	—	—	—	0.75	3.18	0.82	4.55	1.04	11.86	1.21	21.50
0.007	—	—	0.63	1.22	0.81	3.43	0.89	4.92	1.13	12.81	1.31	23.23
0.008	—	—	0.67	1.31	0.87	3.67	0.95	5.26	1.20	13.69	1.40	24.83
0.009	—	—	0.71	1.39	0.92	3.89	1.01	5.58	1.28	14.52	1.48	26.33
0.010	—	—	0.75	1.46	0.97	4.10	1.06	5.88	1.35	15.31	1.56	27.76
0.012	0.62	0.52	0.82	1.60	1.07	4.49	1.17	6.44	1.48	16.77	1.71	30.41
0.015	0.69	0.58	0.92	1.79	1.19	5.02	1.30	7.20	1.65	18.75	1.91	34.00
0.020	0.80	0.67	1.06	2.07	1.38	5.80	1.51	8.31	1.90	21.65	2.21	39.26
0.025	0.90	0.74	1.19	2.31	1.54	6.48	1.68	9.30	2.13	24.20	2.47	43.89
0.026	0.91	0.76	1.21	2.36	1.57	6.61	1.72	9.48	2.17	24.68	2.52	44.76
0.030	0.98	0.81	1.30	2.53	1.68	7.10	1.84	10.18	2.33	26.51	2.71	48.08
0.035	1.06	0.88	1.41	2.74	1.82	7.67	1.99	11.00	2.52	28.64	2.92	51.93
0.040	1.13	0.94	1.50	2.92	1.95	8.20	2.13	11.76	2.69	30.62	3.13	55.52
0.045	1.20	1.00	1.59	3.10	2.06	8.70	2.26	12.47	2.86	32.47	3.32	58.89
0.050	1.27	1.05	1.68	3.27	2.17	9.17	2.38	13.15	3.01	34.23	3.49	62.07
0.055	1.33	1.10	1.76	3.43	2.28	9.61	2.50	13.79	3.16	35.90	3.67	65.10
0.060	1.39	1.15	1.84	3.58	2.38	10.04	2.61	14.40	3.30	37.50	3.83	68.00

注：1. 排水PVC-U管粗糙系数为0.009。

2. 排水PVC-U管计算内径：
外径50mm取46mm、外径75mm取70.4mm、外径110mm取103.6mm、外径125mm取118.6mm、外径160mm取152mm、外径200mm取190mm。

3. 排水PVC-U管坡度：标准坡度0.026。
外径50mm，最小坡度0.012，通用坡度0.025；外径75mm，最小坡度0.007，通用坡度0.015；外径110mm，最小坡度0.004，通用坡度0.007；外径125mm，最小坡度0.0035，通用坡度0.007；外径160mm，最小坡度0.003，通用坡度0.004；外径200mm，最小坡度0.003，通用坡度0.005。
外径50mm，最小坡度0.0035，通用坡度0.010；外径160mm，通用坡度0.003，最小坡度0.003，通用坡度0.005。

排水高密度聚乙烯（HDPE）横管（或出户管）水力计算

表 3-3-8

坡度	充满度 (h/d=0.5)								充满度 (h/d=0.6)			
	DN50		DN75		DN110		DN125		DN160		DN200	
	流速 (m/s)	流量 (L/s)	流速 (m/s)	流量 (L/s)	流速 (m/s)	流量 (L/s)	流速 (m/s)	流量 (L/s)	流速 (m/s)	流量 (L/s)	流速 (m/s)	流量 (L/s)
0.003	—	—	—	—	—	—	—	—	0.72	7.75	0.84	14.08
0.0035	—	—	—	—	—	—	0.62	3.23	0.78	8.38	0.91	15.21
0.004	—	—	—	—	0.61	2.46	0.66	3.46	0.84	8.95	0.97	16.26
0.005	—	—	—	—	0.68	2.75	0.74	3.86	0.93	10.01	1.08	18.18
0.006	—	—	—	—	0.74	3.01	0.81	4.23	1.02	10.97	1.19	19.91
0.007	0.60	0.46	0.62	1.16	0.80	3.26	0.87	4.57	1.11	11.84	1.28	21.51
0.008	0.67	0.51	0.66	1.24	0.86	3.48	0.93	4.89	1.18	12.66	1.37	22.99
0.009	0.78	0.59	0.70	1.32	0.91	3.69	0.99	5.18	1.25	13.43	1.45	24.39
0.010	0.87	0.66	0.74	1.39	0.96	3.89	1.05	5.46	1.32	14.16	1.53	25.71
0.012	0.89	0.67	0.81	1.52	1.05	4.26	1.15	5.99	1.45	15.51	1.68	28.16
0.015	0.95	0.72	0.91	1.70	1.18	4.77	1.28	6.69	1.62	17.34	1.88	31.48
0.020	1.03	0.78	1.05	1.96	1.36	5.50	1.48	7.73	1.87	20.02	2.17	36.35
0.025	1.10	0.84	1.17	2.19	1.52	6.15	1.65	8.64	2.09	22.38	2.42	40.64
0.026	1.17	0.89	1.20	2.24	1.55	6.27	1.69	8.81	2.13	22.83	2.47	41.45
0.030	1.23	0.93	1.28	2.40	1.66	6.74	1.81	9.46	2.29	24.52	2.66	44.52
0.035	1.29	0.98	1.39	2.59	1.80	7.28	1.96	10.22	2.47	26.48	2.87	48.09
0.040	1.35	1.02	1.48	2.77	1.92	7.78	2.09	10.93	2.64	28.31	3.07	51.41
0.045			1.57	2.94	2.04	8.25	2.22	11.59	2.80	30.03	3.25	54.53
0.050			1.66	3.10	2.15	8.70	2.34	12.22	2.95	31.66	3.43	57.48
0.055			1.74	3.25	2.25	9.12	2.45	12.82	3.10	33.20	3.60	60.28
0.060			1.82	3.40	2.35	9.53	2.56	13.38	3.24	34.68	3.76	62.96

注：1. 排水 HDPE 管粗糙系数为 0.009。
2. 排水 HDPE 管计算内径：
外径 50mm 取 44mm，外径 75mm 取 69mm，外径 110mm 取 101.6mm，外径 125mm 取 115.4mm，外径 160mm 取 147.6mm，外径 200mm 取 184.6mm。
3. 排水 HDPE 管坡度：标准坡度 0.026；
外径 50mm，最小坡度 0.025，通用坡度 0.012；外径 75mm，通用坡度 0.003；外径 110mm，通用坡度 0.012；外径 125mm，最小坡度 0.012；外径 160mm，通用坡度 0.004，外径 200mm，最小坡度 0.005。
0.0035，通用坡度 0.010，外径 160mm，通用坡度 0.007，外径 200mm，通用坡度 0.003，最小坡度 0.005。

排水系统立管的最大设计排水能力作出规定，也对相关类型特殊单立管排水系统的立管排水能力作出规定，如表 3-3-9 所示。

生活排水立管最大设计排水能力 表 3-3-9

排水立管系统类型			最大设计排水能力（L/s）				
			排水立管管径（mm）				
			50	75	100 (110)	125	150 (160)
伸顶通气	立管与横支管连接配件	90°顺水三通	0.8	1.3	3.2	4.0	5.7
		45°斜三通	1.0	1.7	4.0	5.2	7.4
专用通气	专用通气管 75mm	结合通气管每层连接	—	—	5.5	—	—
		结合通气管隔层连接	—	3.0	4.4	—	—
	专用通气管 100mm	结合通气管每层连接	—	—	8.8	—	—
		结合通气管隔层连接	—	—	4.8	—	—
	主、副通气立管＋环形通气管				11.5		
自循环通气	专用通气形式				4.4		
	环形通气形式				5.9		
特殊单立管	混合器				4.5		
	内螺旋管＋旋流器	普通型	—	1.7	3.5	—	8.0
		加强型			6.3		

注：排水层数在 15 层以上时，宜乘 0.9 系数。

立管的最大设计排水能力主要取决于排水系统的通气效果和管材、管件的内部构造。

在设计高层建筑排水系统时，应特别注意表 3-3-9 中规定：排水层数在 15 层以上时，宜乘以 0.9 系数。即排水层数在 15 层以上时，按表 3-3-9 所选择排水系统的立管最大设计排水能力应适当减少。这已被国内外排水测试塔实验得以验证，即排水层数增高，系统的排水能力降低。

为便于快速查找排水系统立管的设计排水流量，本书根据排水设计秒流量公式，计算卫生器具不同组合方式的常见卫生间及不同楼层数排水立管的设计排水流量，如表 3-3-10～表 3-3-12 所示。

3.3.6 建筑特殊单立管排水系统立管最大排水能力

现行国家标准《建筑给水排水设计规范》GB 50015—2003（2009 年版）对加强型旋流器特殊单立管排水系统仅给出 6.3L/s 的最大设计排水能力。在实际测试中，中国许多厂家生产的特殊单立管排水系统都远远大于 6.3L/s，因此，可依据相关标准所给出的不同厂家产品排水能力数据或湖南大学实测数据，如表 3-3-13 所示，对特殊单立管排水系统进行设计。

不同卫生器具组合卫生间的立管排水流量 （α=1.5）

表 3-3-10

卫生间卫生器具组合	排水当量	立管排水流量（L/s）											
		5层	10层	15层	20层	25层	30层	35层	40层	45层	50层	55层	60层
淋浴器+大便器	5.70	2.46	2.86	3.16	3.42	3.65	3.85	4.04	4.22	4.38	4.54	4.69	4.83
淋浴器+洗脸盆+大便器+净身器	6.00	2.49	2.89	3.21	3.47	3.70	3.91	4.11	4.29	4.46	4.62	4.77	4.92
淋浴器+洗脸盆+大便器+洗衣机	7.20	2.58	3.03	3.37	3.66	3.91	4.15	4.36	4.55	4.74	4.92	5.08	5.24
淋浴器+洗脸盆+大便器+净身器+洗衣机	7.50	2.60	3.06	3.41	3.70	3.96	4.20	4.42	4.62	4.81	4.99	5.16	5.32
浴盆+洗脸盆+大便器	8.25	2.66	3.13	3.50	3.81	4.09	4.33	4.56	4.77	4.97	5.16	5.33	5.50
浴盆+洗脸盆+大便器+净身器	8.55	2.68	3.16	3.54	3.85	4.13	4.38	4.61	4.83	5.03	5.22	5.40	5.58
浴盆+洗脸盆+大便器+洗衣机	9.75	2.76	3.28	3.68	4.01	4.31	4.58	4.83	5.05	5.27	5.47	5.67	5.85
浴盆+洗脸盆+大便器+净身器+洗衣机	10.05	2.78	3.30	3.71	4.05	4.35	4.63	4.88	5.11	5.33	5.53	5.73	5.92

卫生间卫生器具组合	排水当量	立管排水流量（L/s）											
		65层	70层	75层	80层	85层	90层	95层	100层	105层	110层	115层	120层
淋浴器+大便器	5.70	4.96	5.10	5.22	5.34	5.46	5.58	5.69	5.80	5.90	6.01	6.11	6.21
淋浴器+洗脸盆+大便器+净身器	6.00	5.05	5.19	5.32	5.44	5.56	5.68	5.80	5.91	6.02	6.12	6.23	6.33
淋浴器+洗脸盆+大便器+洗衣机	7.20	5.39	5.54	5.68	5.82	5.95	6.08	6.21	6.33	6.45	6.57	6.68	6.79
淋浴器+洗脸盆+大便器+净身器+洗衣机	7.50	5.47	5.62	5.77	5.91	6.04	6.18	6.30	6.43	6.55	6.67	6.79	6.90
浴盆+洗脸盆+大便器	8.25	5.67	5.83	5.98	6.12	6.27	6.40	6.54	6.67	6.80	6.92	7.04	7.16
浴盆+洗脸盆+大便器+净身器	8.55	5.74	5.90	6.06	6.21	6.35	6.49	6.63	6.76	6.89	7.02	7.14	7.27
浴盆+洗脸盆+大便器+洗衣机	9.75	6.03	6.20	6.37	6.53	6.68	6.83	6.98	7.12	7.26	7.39	7.53	7.66
浴盆+洗脸盆+大便器+净身器+洗衣机	10.05	6.10	6.27	6.44	6.60	6.76	6.91	7.06	7.21	7.35	7.48	7.62	7.75

注：1. 本表中排水设计秒流量计算公式：$q_p=0.12\alpha\sqrt{N_p}+q_{max}$。
2. 本表所指大便器采用冲洗水箱式，按每层一个卫生间计算。
3. 卫生器具计算排水当量：淋浴器，0.45；洗脸盆，0.75；大便器，3.00；浴盆，4.50；净身器，0.30；洗衣机，1.50。

表3-3-11

不同卫生器具组合卫生间的立管排水流量（α＝2.0）

卫生间卫生器具组合	排水当量	立管排水流量 (L/s)											
		5层	10层	15层	20层	25层	30层	35层	40层	45层	50层	55层	60层
淋浴器＋浴盆＋洗脸盆＋净身器	4.50	2.14	2.61	2.97	3.28	3.55	3.79	4.01	4.22	4.42	4.60	4.78	4.94
大便器	4.50	2.64	3.11	3.47	3.78	4.05	4.29	4.51	4.72	4.92	5.10	5.28	5.44
淋浴器＋洗脸盆＋大便器	5.70	2.78	3.31	3.72	4.06	4.36	4.64	4.89	5.12	5.34	5.55	5.75	5.94
淋浴器＋洗脸盆＋大便器＋净身器	6.00	2.81	3.36	3.78	4.13	4.44	4.72	4.98	5.22	5.44	5.66	5.86	6.05
浴盆＋洗脸盆＋大便器	8.25	3.04	3.68	4.17	4.58	4.95	5.28	5.58	5.86	6.12	6.37	6.61	6.84
浴盆＋洗脸盆＋大便器＋净身器	8.55	3.07	3.72	4.22	4.64	5.01	5.34	5.65	5.94	6.21	6.46	6.70	6.94
淋浴器＋浴盆＋洗脸盆＋大便器	8.70	3.08	3.74	4.24	4.67	5.04	5.38	5.69	5.98	6.25	6.51	6.75	6.98
淋浴器＋浴盆＋洗脸盆＋净身器＋大便器	9.00	3.11	3.78	4.29	4.72	5.10	5.44	5.76	6.05	6.33	6.59	6.84	7.08

卫生间卫生器具组合	排水当量	立管排水流量 (L/s)											
		65层	70层	75层	80层	85层	90层	95层	100层	105层	110层	115层	120层
淋浴器＋浴盆＋洗脸盆＋净身器	4.50	5.10	5.26	5.41	5.55	5.69	5.83	5.96	6.09	6.22	6.34	6.46	6.58
大便器	4.50	5.60	5.76	5.91	6.05	6.19	6.33	6.46	6.59	6.72	6.84	6.96	7.08
淋浴器＋洗脸盆＋大便器	5.70	6.12	6.29	6.46	6.62	6.78	6.94	7.08	7.23	7.37	7.51	7.64	7.78
淋浴器＋洗脸盆＋大便器＋净身器	6.00	6.24	6.42	6.59	6.76	6.92	7.08	7.23	7.38	7.52	7.67	7.80	7.94
浴盆＋洗脸盆＋大便器	8.25	7.06	7.27	7.47	7.67	7.86	8.04	8.22	8.39	8.56	8.73	8.89	9.05
浴盆＋洗脸盆＋大便器＋净身器	8.55	7.16	7.37	7.58	7.78	7.97	8.16	8.34	8.52	8.69	8.86	9.03	9.19
淋浴器＋浴盆＋洗脸盆＋大便器	8.70	7.21	7.42	7.63	7.83	8.03	8.22	8.40	8.58	8.75	8.92	9.09	9.25
淋浴器＋浴盆＋洗脸盆＋净身器＋大便器	9.00	7.30	7.52	7.74	7.94	8.14	8.33	8.52	8.70	8.88	9.05	9.22	9.39

注：1. 本表中排水设计秒流量计算公式：$q_p=0.12\alpha\sqrt{N_p}+q_{max}$。
2. 本表所指大便器采用冲洗水箱式，按每层一个卫生间计算。
3. 卫生器具计算排水当量：淋浴器、0.75；洗脸盆、0.45；浴盆、3.00；大便器、4.50；净身器、0.30。

表3-3-12

不同卫生器具组合卫生间的立管排水流量 （α=2.5）

卫生间卫生器具组合	排水当量	立管排水流量（L/s）											
		5层	10层	15层	20层	25层	30层	35层	40层	45层	50层	55层	60层
淋浴器＋浴盆＋洗脸盆＋净身器	4.50	2.42	3.01	3.46	3.85	4.18	4.49	4.76	5.02	5.27	5.50	5.72	5.93
大便器	4.50	2.92	3.51	3.96	4.35	4.68	4.99	5.26	5.52	5.77	6.00	6.22	6.43
淋浴器＋洗脸盆＋大便器	5.70	3.10	3.76	4.27	4.70	5.08	5.42	5.74	6.03	6.30	6.56	6.81	7.05
淋浴器＋洗脸盆＋大便器＋净身器	6.00	3.14	3.82	4.35	4.79	5.17	5.52	5.85	6.15	6.43	6.70	6.95	7.19
浴盆＋洗脸盆＋大便器	8.25	3.43	4.22	4.84	5.35	5.81	6.22	6.60	6.95	7.28	7.59	7.89	8.17
浴盆＋洗脸盆＋大便器＋净身器	8.55	3.46	4.27	4.90	5.42	5.89	6.30	6.69	7.05	7.38	7.70	8.01	8.29
淋浴器＋浴盆＋洗脸盆＋大便器	8.70	3.48	4.30	4.93	5.46	5.92	6.35	6.73	7.10	7.44	7.76	8.06	8.35
淋浴器＋浴盆＋洗脸盆＋净身器＋大便器	9.00	3.51	4.35	4.99	5.52	6.00	6.43	6.82	7.19	7.54	7.86	8.17	8.47

卫生间卫生器具组合	排水当量	立管排水流量（L/s）											
		65层	70层	75层	80层	85层	90层	95层	100层	105层	110层	115层	120层
淋浴器＋浴盆＋洗脸盆＋净身器	4.50	6.13	6.32	6.51	6.69	6.87	7.04	7.20	7.36	7.52	7.67	7.82	7.97
大便器	4.50	6.63	6.82	7.01	7.19	7.37	7.54	7.70	7.86	8.02	8.17	8.32	8.47
淋浴器＋洗脸盆＋大便器	5.70	7.27	7.49	7.70	7.91	8.10	8.29	8.48	8.66	8.84	9.01	9.18	9.35
淋浴器＋洗脸盆＋大便器＋净身器	6.00	7.42	7.65	7.86	8.07	8.27	8.47	8.66	8.85	9.03	9.21	9.38	9.55
浴盆＋洗脸盆＋大便器	8.25	8.45	8.71	8.96	9.21	9.44	9.67	9.90	10.12	10.33	10.54	10.74	10.94
浴盆＋洗脸盆＋大便器＋净身器	8.55	8.57	8.84	9.10	9.35	9.59	9.82	10.05	10.27	10.49	10.70	10.91	11.11
淋浴器＋浴盆＋洗脸盆＋大便器	8.70	8.63	8.90	9.16	9.41	9.66	9.89	10.12	10.35	10.57	10.78	10.99	11.19
淋浴器＋浴盆＋洗脸盆＋净身器＋大便器	9.00	8.76	9.03	9.29	9.55	9.80	10.04	10.27	10.50	10.72	10.94	11.15	11.36

注：1. 本表中排水设计秒流量计算公式：$q_p = 0.12\alpha \sqrt{N_p} + q_{max}$。
2. 本表所指大便器采用冲洗水箱式，按每层一个卫生间计算。
3. 卫生器具计算排水当量：淋浴器，0.45；洗脸盆，0.75；浴盆，3.00；大便器，4.50；净身器，0.30。

特殊单立管排水系统立管最大排水能力（L/s）   表 3-3-13

系统类型		立管管材	排水立管公称尺寸	排水层数（层）	
				≤15	15～35
WAB	Ⅰ型	铸铁管		8.5	8.0
		塑料管		7.5	6.5
	Ⅱ型	铸铁管		7.5	6.5
		塑料管		6.5	6.0
SUNS		铸铁管		8.0	7.5
GB(GY)		铸铁管		10.0	9.0
		塑料管		8.5	8.0
XTN		铸铁管		8.5	8.0
GH	Ⅰ型	光壁塑料管		6.0	5.4
	Ⅱ型	加强型内螺旋管		10.0	9.0
CHT		铸铁管	$DN100$ ($dn110$)	9.5	8.5
		光壁塑料管		7.5	6.5
		加强型内螺旋管		8.0	7.5
AD		加强型内螺旋复合管		7.5	7.0
CJW		铸铁管		8.5	8.0
HPS		加强型内螺旋管		9.5	8.5
RDL		铸铁管		10.0	9.0
HTPP		加强型内螺旋管		8.5	8.0
RBS		加强型内螺旋管		9.5	8.5
3S		加强型内螺旋管		10.0	9.0
苏维托		高密度聚乙烯管		7.5	6.5

3.4 建筑特殊单立管排水系统管道设置

3.4.1 系统管道设置基本要求

1）排水立管宜尽量靠近排水量最大的排水点，随着 3/6L 坐便器甚至"一杯水"坐便器等节水型卫生器具的推广应用，坐便器一次冲水量不断减小，将排水立管尽可能靠近坐便器、蹲便器等排水量较大的卫生器具设置，有利于污物快速排出。

2）对于住宅建筑，厨房和卫生间的排水立管在户内应分别设置。

3）排水立管不得穿越卧室、住宅客厅、餐厅、病房等对卫生、安静有较高要求的房间；有条件时，也尽量不要靠近与卧室相邻的内墙。

4）排水管道不宜穿越橱窗、壁柜等。

5）排水横管不得敷设在厨房主副食操作及烹调、备餐等部位的上方。

6）排水管道不得敷设在生活饮用水池（水箱）的上方。

7）排水管道不得穿越建筑物沉降缝、伸缩缝、抗震缝、烟道和风道等，并不得敷设在通风小室、电气机房和电梯机房内；当排水管道必须穿过沉降缝、伸缩缝和抗震缝时，应采取相应技术措施。

8）特殊单立管排水系统中的硬聚氯乙烯（PVC-U）、高密度聚乙烯（HDPE）、聚丙烯（PP）等塑料排水立管应避免布置在热源附近；如不能避免，且管道表面受热温度有可能大于60℃时，应采取相应的隔热措施；此外，排水立管与家用灶具边缘净距不得小于0.4m。

9）当排水管外壁有可能结露，且会对建筑物的使用造成不利影响时，应根据建筑物的使用性质和使用要求，采取相应的防结露措施。

10）对于廉租房、公租房等小户型居住建筑，卫生间面积较小，卫生器具布置更加紧凑，在确定排水立管楼板预留孔洞时，应结合卫生器具的平面布置位置、排水管道管件的安装尺寸和住户二次装修时墙面抹灰、贴墙砖的厚度等因素综合考虑。

3.4.2　系统排水立管偏置基本做法

1）特殊单立管排水系统，排水立管不宜偏置。

2）当排水立管受结构专业承重构件竖向变截面、建筑专业使用功能限制等因素确需偏置时，可采用下列相应技术措施：

（1）偏置距离不大于1.0m时，可采用45°弯头连接（图3-4-1）；

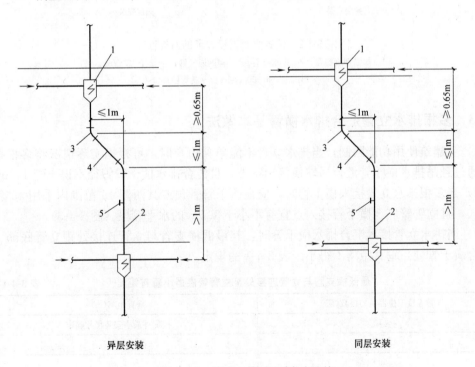

异层安装　　　　　　　　　　　同层安装

图 3-4-1　偏置立管用 45°弯头连接

1—加强型旋流器；2—排水立管；3—45°弯头；4—直管段；5—立管检查口

（2）偏置距离大于1.0m时，可在偏置后的立管上部设置辅助通气管（图3-4-2）。当水中污物较多或含有洗衣粉泡沫时，辅助通气管管径应为 $DN100$。

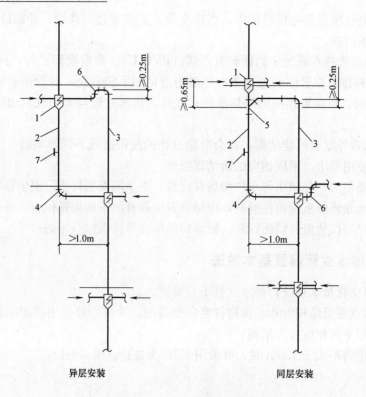

异层安装　　　　　　同层安装

图 3-4-2　偏置立管需设置辅助通气管

1—加强型旋流器；2—排水立管；3—辅助通气管；4—2 个 45°弯头；
5—Y 形三通；6—90°弯头；7—立管检查口

3.4.3　多根排水立管汇合排水横管基本做法

1）受建筑使用功能限制，当排水立管不能单独出户时，可根据实际情况将多根排水立管通过悬吊排水横干管汇合后转换接出室外，且汇合排水横干管管径不得小于 150mm。

2）当多根排水立管接入横干管时，应在横干管管顶或其两侧 45°范围内采用 45°斜三通接入，且立管管底至横干管接入点宜有不小于 1.5m 的水平管段（图 3-4-3）。

3）当排水立管接入汇合排水横干管时，其最低横支管与立管连接处距立管底部（接入汇合横干管处）垂直距离不得小于表 3-4-1 的规定。

最低横支管与立管连接处至立管管底最小垂直距离　　　　　表 3-4-1

立管连接卫生器具的层数（层）	垂直距离（m）
≤12	按配件最小安装尺寸确定
13～19	0.75
≥20	1.20

4）接入汇合排水横干管的排水立管，当最低横支管与立管连接处距立管底部（接入汇合横干管处）垂直距离不满足表 3-4-1 要求时，可以将相应楼层生活污水单独排放，也可以排水横支管形式接入汇合排水横干管，但接入点距立管接入点下游水平距离不得小于 1.5m。

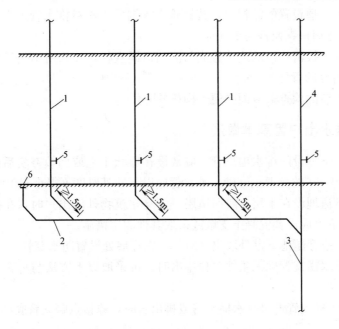

图 3-4-3　多根排水立管接入横干管连接示意

1—排水立管（汇合前）；2—排水横干管；3—排水立管（汇合后）；

4—通气立管；5—立管检查口；6—横干管清扫口

3.4.4　系统检查口与清扫口设置

1）异层排水系统可按现行国家标准《建筑给水排水设计规范》GB 50015—2003（2009 年版）第 4.5.12 条 1 款要求设置检查口；同层排水系统为便于施工验收灌水试验，宜在每层排水立管上设置检查口（铸铁排水管系统推荐采用如图 10-2-2 所示的闭水检查口）。立管检查口中心距所在楼层地面高度宜为 1.0m。

2）当立管偏置距离大于 8.0m 时，应在排水横干管转弯处下部立管的顶端设置清扫口。

3）在最冷月平均气温低于−13℃的地区，应在最高层立管距屋顶 0.5m 处设置用于除霜的检查口。

4）在水流偏转角大于 45°的排水横干管上，应设置检查口或清扫口。

5）排水横干管直线管段上检查口或清扫口之间的最大距离，应符合表 3-4-2 的规定。

排水横干管直线管段上检查口或清扫口之间的最大距离　　　　表 3-4-2

管道公称直径 (mm)	检查口或清扫口	最大距离（m）	
		生活废水	生活污水
100～150	检查口	20	15
	清扫口	15	10
200	检查口	25	20

6）在排水横干管上设置清扫口，宜将清扫口设置在楼板或地面上，顶面与完成地面相平；横干管起端清扫口与其端部墙面距离不宜小于 0.2m。

7）铸铁排水管道设置的清扫口，其材质应为铜质；塑料排水管道设置的清扫口应与管道材质相同。清扫口直径宜为 100mm。

8）排水横管连接清扫口的连接管应与清扫口同直径，并采用 45°斜三通和 45°弯头或由两个 45°弯头组合的管件。

9）立管检查口的检查盖应面向便于操作的方位。

3.4.5 底层排水出户管基本做法

1）在地坪以下埋设的排水出户管，应敷设在原状土上或回填夯实后的沟槽内；管道基础宜采用不小于 90°的弧形土（砂）基，管底以下砂基厚度不得小于 100mm。

2）当排水管道埋设在土层（或回填层）内穿建筑物外墙出户时，在排水立管底部与排出管连接弯头下方应设置混凝土支墩或采取其他固定措施。

3）当排水管道穿越地下室外墙出户时，应在穿墙处设置防水套管。

4）当底层排水横支管确无条件单独排出时，可采取以下方法与特殊单立管排水系统相连接：

（1）底层排水横支管连接排水横干管或排出管时，连接点距立管底部下游水平距离不得小于 1.5m；

（2）底层排水横支管接入横干管竖直转向管段时，连接点距转向处以下不得小于 0.6m。

3.4.6 通气管设置基本要求

1）特殊单立管排水系统通常情况下只需设置伸顶通气管，并安装通气帽。通气管应伸出屋面，并与大气相通。

2）非上人屋面，通气管伸出屋面高度不应小于 300mm，且应比屋面最大积雪厚度高出 300mm；经常上人屋面，通气管伸出屋面高度不应低于 2.0m。

3）在最冷月平均气温低于 −13℃ 的地区，应在室内平顶或吊顶以下 0.3m 处将伸顶通气管管径放大一级。

4）伸顶通气管管径不得小于排水立管管径。当伸顶通气管不允许或不可能单独伸出屋面时，可设置汇合通气管。汇合通气管管径应按最大一根通气管断面面积加其余通气管断面面积之和的 0.25 倍确定。

3.4.7 塑料排水管系统伸缩节设置要求

当特殊单立管排水系统采用硬聚氯乙烯（PVC-U）、高密度聚乙烯（HDPE）、聚丙烯（PP）等塑料排水管材时，应按下列规定设置伸缩节：

1）层高小于或等于 4.0m 的排水立管层间管段可不设置伸缩节，层高大于 4.0m 且小于或等于 6.0m 的排水立管层间管段宜在该层立管中部设置一个伸缩节；

2）排水横支管、排水横干管、卫生器具通气管、环形通气管和汇合通气管上无汇合管件的直线管段大于 2.0m 时，应设置伸缩节，且伸缩节的间距不得大于 4.0m；

3）横管上的伸缩节应设置在水流汇合管件的上游端，并采用横管专用伸缩节；

4）当排水管道采用橡胶密封配件或排水管道埋地时，可不设置伸缩节。

3.4.8　塑料排水管系统防火技术措施

当高层建筑中的特殊单立管排水系统采用硬聚氯乙烯（PVC-U）、高密度聚乙烯（HDPE）、聚丙烯（PP）等塑料排水管材时，在下列情况下应采取设置阻火圈、阻火胶带等防止火势贯穿的措施：

1）异层排水系统的明设立管，或管道井楼板、管窿楼板为隔层防火封堵的暗设立管穿越楼板部位；

2）明设，且其管径为 $dn110$ 的排水横支管穿越管道井壁、管窿壁接入立管，且管道井楼板、管窿楼板为隔层防火封堵时；

3）排水横干管穿越防火墙时的墙体两侧。

第4章 管件特殊单立管排水系统

管件特殊单立管排水系统中，排水立管管材均为光壁管。

管件特殊单立管排水系统主要包括苏维托特殊单立管排水系统和加强型旋流器特殊单立管排水系统两大类。

4.1 苏维托特殊单立管排水系统

苏维托特殊单立管排水系统由上部特殊管件、排水立管、排水横支管、卫生器具、立管检查口、下部特殊管件、泄压支管、透气帽、伸顶排气立管、排水横干管及各种管件等组成（图4-1-1）。系统中具代表特征的为上部特殊管件，也称苏维托；下部特殊管件为跑气器。经过改进，目前实际工程中的跑气器已被通用三通管件和泄压管所代替。

1）苏维托特殊单立管排水系统各主要部件作用如下：

（1）上部特殊管件，也称苏维托特制配件，用于排水立管与排水横支管连接的特殊管件，具有气、水混合、减缓立管中水流速度和消除水舌、水封虹吸现象的功能；

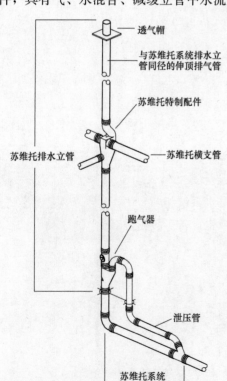

图4-1-1 苏维托特殊单立管排水系统组成

（2）排水立管，用于连接各楼层苏维托特殊管件，具有排水及通气功能；立管管材应采用光壁管；

（3）跑气器，用于系统排水立管底部的特殊管件，也可用普通三通管件和泄压管代替；具有消能、气、水混合、减缓立管中水流速度和排出泄压支管气体的功能；

（4）排水横干管，用于苏维托排水系统立管底部横向排水干管；

（5）泄压管，用于跑气器排气接口与排水横干管末端排气管件接口之间的连接；具有沟通排水立管与横干管的气流、减缓系统内压力波动的功能；

（6）透气帽及排气立管，用于系统排气、平衡系统内气压，并降低系统内压力波动。

2）作为系统关键组件的苏维托特制配件（图4-1-2）应具有以下主要特征和功能：

（1）带乙字管，其内径不应小于立管内径；可有效限制立管水流速度，起到消能作用；

（2）内设挡板，挡板上部应有空气通道；

（3）内部空间应分为立管水流腔和横支管水流腔两部分，立管水流腔过水断面尺寸不得小于立管内径；可将立管水塞与横支管水舌分隔，有效减少立管水流和横支管水流的相互干扰；

（4）上下连接立管接口的轴线应为同一垂直线，立管中心线与横支管接口中心线相互垂直且在同一平面；

（5）苏维托下部斜坡与竖直线夹角应为30°。

不带乙字管的苏维托配件应另配乙字管（图 4-1-3）。

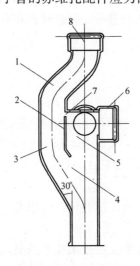

图 4-1-2　带乙字管的苏维托配件构造

1—乙字管；2—挡板；3—立管水流腔；4—横支管水流腔；

5—混合区；6—横支管预留接口；7—缝隙；8—立管中心线

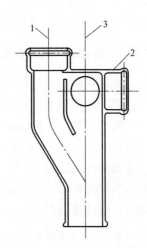

图 4-1-3　不带乙字管的苏维托配件构造

1—立管接口；2—横支管接口；3—立管中心线

按制造苏维托的材质划分，目前主要有高密度聚乙烯（HDPE）苏维托特殊单立管排水系统和铸铁苏维托特殊单立管排水系统。

4.1.1　HDPE 苏维托特殊单立管排水系统

目前常见的 HDPE 苏维托特殊单立管排水系统在系统原理和产品形式等方面基本与传统苏维托特殊单立管排水系统相同。其中具有代表性的生产企业有上海吉博力房屋卫生设备工程技术有限公司、浙江伟星新型建材股份有限公司等。上海吉博力房屋卫生设备工程技术有限公司生产的 HDPE 苏维托有 6个排水横支管接口（图 4-1-4），浙江伟星新型建材股份有限公司生产的 HDPE 苏维托有 3 个排水横支管接口。

HDPE 材质具有便于注塑、切割、焊接的特性。HDPE 苏维托特殊单立管排水系统具备以下主要优点：

1）HDPE 苏维托一般只需有一种规格，且能在三个方向共预留 3 个或 6 个排水横支管接口；这些排水横支管接口在出厂前一般均为封堵形式，现场安装时可根据具体情况，将所需

图 4-1-4　HDPE 苏维托外形

要接口的封堵切割掉，不仅可降低模具及库存备品备件方面的成本，也使现场的安装选择更为灵活；

2）HDPE苏维托采用热熔焊接方式与排水立管、排水横支管连接，可有效避免管道连接处的漏水隐患，为管道暗装提供可靠保障；

3）HDPE苏维托质量相对较轻，有利于减轻劳动强度，提高安装效率。

在设计、安装HDPE苏维托特殊单立管排水系统时，应充分考虑HDPE材质具有伸缩性、HDPE苏维托横断面可塑性较大等特点，特别是在HDPE苏维托穿楼板安装时，应注意采取有效措施对穿楼板处可能出现的渗、漏水现象进行妥善处理。在高层建筑中应用时，穿楼板处还应采取有效的阻火措施。

4.1.2 铸铁苏维托特殊单立管排水系统

目前，中国铸铁苏维托特殊单立管排水系统产品的生产企业主要有河北省徐水县兴华铸造有限公司、河南省禹州市新光铸造有限公司等。这些企业生产的铸铁苏维托特殊单立管排水系统配套管件，一般都具有现行国家标准《排水用柔性接口铸铁管、管件及附件》GB/T 12772—2008中规定的W型、A型及B型管件接口形式，可满足各种接口形式的铸铁排水管及管件的连接。

铸铁苏维托特殊单立管排水系统具有强度高、耐腐蚀、抗老化、使用寿命长、水流噪声低、防火、耐热性能好等特点。

其中，徐水县兴华铸造有限公司在传统苏维托特殊单立管排水技术的基础上进行大胆改进，其研制生产的GY型旋流式铸铁苏维托（图4-1-5），在其上部立管进口处不仅保留了传统苏维托乙字管对排水立管水流的改向作用，更增加了旋流作用，因而性能更加优越。经湖南大学2010年3月29日测试，系统最大排水能力为7.5L/s。

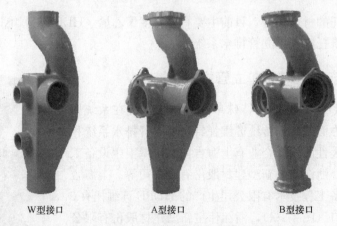

| W型接口 | A型接口 | B型接口 |

图4-1-5　GY型旋流式铸铁苏维托外形

GY型旋流式铸铁苏维托是在保留原有传统苏维托结构特点的基础上，对上部立管接口部位的结构形式进行改进，采用螺旋形乙字管接口形式，由立管接口、螺旋形乙字管、设有空气通道的分离挡板、横支管接口及混合室组成（图4-1-6）。

1）GY型旋流式铸铁苏维托主要构造特点及相关作用：

（1）螺旋形乙字管，当水流从上部立管进入到螺旋形乙字管，其流向被导为螺旋形态，中间随即形成一个连续的空气芯，使立管接口段的通气状况大为改善，有效限制立管水流速度，起到消能作用，降低排水立管的压力波动；

（2）分离挡板，具有隔离立管水流和横支管水流的作用，避免立管水流受到横支管水流的冲击和干扰；消除水舌现象对立管空气通道的阻塞；分离挡板上部的缝隙起到连通立管水流腔和横支管水流腔气流、平衡两侧气压的作用，有效防止水封虹吸现象的产生；

（3）横支管接口，多个横支管接口便于不同卫生器具排水可单独接入立管，避免多个排水器具采用同一排水横支管出现污水反流现象；尤其适用于同层排水系统；

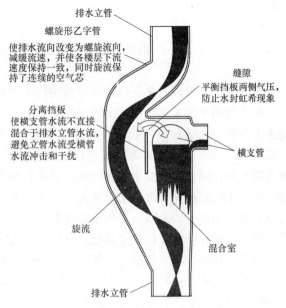

图 4-1-6　GY 型旋流式铸铁苏维托内部水流工况

（4）混合室，具有增大横支管与立管汇合处的通气截面面积、减小通气阻力、降低系统压力波动的独特作用。

在湖南大学进行的测试中，GY 型旋流式铸铁苏维托特殊单立管排水系统排水能力超过 7.5L/s。在相同测试条件下，此测试排水能力是目前国内外苏维托特殊单立管排水系统中的最佳数值。

2）GY 型旋流式铸铁苏维托特殊单立管排水系统除具备普通苏维托系统及抗震柔性排水铸铁管系统的基本特点以外，还具有以下优点：

（1）缩小管井面积，节省安装空间

GY 型旋流式铸铁苏维托特殊管件同时具有坐便器及其他卫生器具排水管接口，是一种多接口组合管件；尺寸紧凑，占用安装空间减少。

（2）静音效果更好

GY 型旋流式铸铁苏维托特殊单立管排水系统由其铸铁材质片状石墨组织结构，使其能吸收水流产生的振动和噪声，加之内外壁环氧树脂涂层厚达 $200 \sim 500 \mu m$，具有更好的消声效果，使其排水水流噪声低于 46dB（A）（PVC-U 排水管噪声为 58dB）。

（3）耐冲蚀性能好，不易结垢，自洁能力强

GY 型旋流式铸铁苏维托特殊单立管排水系统管材及管件内外壁均采用环氧树脂静电粉末喷涂，耐冲蚀，不生锈，不易结垢，具有良好的管道自洁能力。

（4）抗震性能好

GY 型旋流式铸铁苏维托特殊单立管排水系统采用橡胶圈法兰压盖或不锈钢卡箍柔性连接，能满足建筑物较大水平和轴向位移的抗震要求。根据管道横向抗震挠曲模拟试验，刚性接口管道在挠曲值为 $\pm 1.2mm$ 时就开始漏水，而橡胶圈法兰压盖或不锈钢卡箍柔性接口铸铁管的横向振动挠曲值可达 $\pm(31.5 \sim 43.5)mm$、轴向位移达到 $\pm 35mm$ 时而保持管道不渗不漏。根据国家有关管道抗震规范计算，柔性接口排水铸铁管可用于 9 度抗震设

防地区。

4.2 加强型旋流器特殊单立管排水系统

加强型旋流器特殊单立管排水系统中的上部特殊管件是加强型旋流器。

旋流器在中国最早应用于天津水泥设计院办公楼工程，其构造为横支管水流从切线方向进入管件，形成旋流。后来在《建筑排水用硬聚氯乙烯内螺旋管管道工程技术规程》CECS 94：2002 中称为侧向进水型管件和旋转进水型管件。由于该管件只对横支管水流形成旋流有作用，而且旋流力度较弱，故也称为普通型旋流器。与之相对应的还有加强型旋流器，不仅对横支管水流形成旋流有作用，对立管水流形成旋流也起作用。在湖南大学进行的多次测试实验表明，普通型旋流器基本不能有效提升系统的排水能力，只有采用加强型旋流器的特殊单立管排水系统，才具有良好的排水性能。

与苏维托特殊单立管排水系统相比，中国以加强型旋流器作为上部特殊管件的特殊单立管排水系统种类相对较多。制造加强型旋流器的材料有铸铁、硬聚氯乙烯（PVC-U）、聚丙烯（PP）、高密度聚乙烯（HDPE）等。

CHT 型、GY 型、SUNS 型、XTN 型等铸铁材质的加强型旋流器内外全部采用环氧树脂粉末静电喷涂工艺进行防腐处理，管材、管件之间的接口均采用柔性橡胶密封圈或不锈钢卡箍柔性连接，除具有加强型旋流器的良好水力共性外，还具有以下显著特点：

1）强度高，耐腐蚀性能好，抗老化，使用寿命长；

2）耐热性好，可连续排放 90℃以下、间歇排放 120℃以下高温污、废水；

3）经过静电喷塑、具有铸铁材质片状石墨组织结构的加强型旋流器，结合内外壁 $200\sim300\mu m$ 厚环氧树脂涂层，能有效吸收水流产生的振动和噪声，在标准测试条件下，水流噪声不超过 46dB（A），具有良好的降噪消声效果；

4）经过静电喷塑处理的铸铁加强型旋流器，内壁光洁，不易挂污物，耐冲蚀，不易结垢；

5）铸铁加强型旋流器特殊单立管排水系统中的管材、管件采用橡胶圈法兰压盖或不锈钢卡箍柔性连接，能满足建筑物较大水平和轴向位移的抗震要求，具有良好的抗震性能。按国家有关管道抗震规范计算，柔性接口排水铸铁管可用于 9 度抗震设防地区；

6）铸铁加强型旋流器特殊单立管排水系统管件均采用现行国家标准《排水用柔性接口铸铁管、管件及附件》GB/T 12772—2016 中规定的 W 型、A 型及 B 型管件接口形式，便于施工，安全可靠。

影响加强型旋流器特殊单立管排水系统排水性能的主要因素在于加强型旋流器的内部构造。虽然外观上，各种类型加强型旋流器一般都具有扩容、导流叶片等基本构造特征，但在导流叶片的设置位置、叶片大小、叶片数量及横支管进水形式等细节上，不同类型的加强型旋流器之间都有所不同。

4.2.1 CHT 型特殊单立管排水系统

CHT 型特殊单立管排水系统从日本引进，它的技术核心是立管附壁旋流，系统中的上部特殊管件就是 CHT 型加强型旋流器。青岛嘉泓建材有限公司结合中国国情，根据中国居民的生活用水习惯，对已在日本使用多年的 CHT 特殊管件在材质、型式等方面进行若干改进，使其系统整体技术性能又有了新的提升。其主要特点包括：

1) 有铸铁、硬聚氯乙烯（PVC-U）塑料、复合材料等多种材质的加强型旋流器及配套的特殊管件；

2) CHT 型加强型旋流器具有汇流段为小扩容的 N 型和汇流段为大扩容的 S 型两种规格产品（小扩容为局部扩容，大扩容为整体扩容）；

3) CHT 型加强型旋流器的排水横支管接口为正向进水形式；

4) 为大扩容 S 型加强型旋流器开发与之配套的 S4S 型稳流接头和曲率半径为 4 倍立管直径的 LLS 型立管底部 90°大曲率异径弯头。

汇流段扩容后的 CA4N（T）、CB4N（T）、CD4N（T）、CW4N（T）、CB4N（P）、CB4N（F）、CA4S（T）、CB4S（T）型加强型旋流器为 CHT 上部特殊管件。它们内置有 2～4 片逆向导流叶片，能使立管水流和各层横支管汇入水流快速形成附壁旋流，保持管内空气畅通，平衡立管水流压力波动，有效改善系统水力工况，大大增加立管通水能力。

S4S 型稳流接头、LL 型底部异径弯头和 LLS 型大曲率底部异径弯头为 CHT 下部特殊管件。S4S 型稳流接头能将立管旋转水流往附壁直流方向调整，有效降低立管底部的正压波动，促进横管气、水分离，提高横管水流速度。LL 型底部异径弯头和 LLS 型大曲率底部异径弯头能进一步改善系统水力工况，有效缓解或消除排水横干管或排出管起端出现的壅水现象，避免管道堵塞。

CHT 型特殊单立管排水系统由 CHT 特殊管件、排水管材、立管检查口、通气帽、伸顶通气立管及普通排水管件等组成。系统中的排水立管应采用机制柔性接口排水铸铁管、硬聚氯乙烯（PVC-U）排水管或高密度聚乙烯（HDPE）排水管等排水管材；排水横干管（或排出管）、排水横支管宜采用机制柔性接口排水铸铁管、硬聚氯乙烯（PVC-U）排水管或高密度聚乙烯（HDPE）排水管等光壁排水管材。系统中的 CHT 特殊管件应采用 CHT 旋流接头、S4S 型稳流接头、LLS 型大曲率底部异径弯头或 LL 型底部异径弯头，并按表 4-2-1 的规定配置选用。

CHT 系统特殊管件选用配置及测试流量　　　　　　表 4-2-1

立管上部特殊管件	立管管材	立管下部特殊管件			测试流量（L/s）
CHT 旋流接头		S4S 型稳流接头	LL 型底部异径弯头	LLS 型大曲率底部异径弯头	
CA4N(T) CB4N(T)	铸铁管	—	LL-100×150（≤18 层采用）	LLS-100×150（>18 层采用）	7.5
CD4N(T) CW4N(T)	普通塑料管				7.0
CB4N(P)	普通塑料管				7.5
CB4N(F)					
CA4S(T)	铸铁管	S4S-100（>18 层采用）	—	LLS-100×150	9.5
CB4S(T)	普通塑料管				7.5

CHT 型特殊单立管排水系统经实际测试，以往国内工程中使用过的普通长螺距内螺旋塑料排水管对进一步改善 CHT 型特殊单立管排水系统的水力工况、增大立管排水能力

无明显效果，故不推荐普通长螺距内螺旋塑料排水管在 CHT 型特殊单立管排水系统中采用。

相应的工程建设标准有《旋流加强（CHT）型特殊单立管排水系统技术规程》CECS 271：2013。

4.2.2 GY 型特殊单立管排水系统

GY 型特殊单立管排水系统由加强型旋流器、排水立管、排水横支管、立管检查口、底部整流器、大曲率底部异径弯头、排水横干管或排出管、透气帽、伸顶排气立管及各种普通排水管件等组成（图 4-2-1），研发企业为河北徐水兴华铸造有限公司。

W型接口加强型旋流器　　A型接口加强型旋流器　　B型接口加强型旋流器　　　大曲率底部异径弯头

图 4-2-1　部分 GY 加强型旋流器及特制配件外形

GY 型特殊单立管排水系统采用符合现行国家标准《排水用柔性接口铸铁管、管件及附件》GB/T 12772—2016 中规定的 W 型、A 型及 B 型管件接口形式，其中 GY 加强型旋流器和大曲率底部异径弯头已作为铸铁加强型旋流器排水系统国标定型产品（GB 型）列入新修订的国家标准《排水用柔性接口铸铁管、管件及附件》GB/T 12772—2016 中。

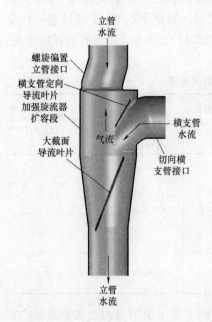

图 4-2-2　GY 加强型旋流器

1）体现 GY 型特殊单立管排水系统独有关键技术的 GY 加强型旋流器具有螺旋形偏置立管接口、内部横支管切向水流定向叶片及扩容段大截面导流叶片的独特结构（图 4-2-2），其结构特点及功能作用如下：

（1）螺旋形偏置立管接口

加强型旋流器上部立管接口以螺旋短管形式从旋流器上方偏置接入旋流器。

作用一：螺旋形偏置立管接口具有减缓上部立管水流速度，消减水流能量的功效。

作用二：采用偏置立管接口，使立管水流沿切向贴壁进入旋流器扩容段，有效避免水沫团的形成，降低系统内空气密度，保证气流畅通。

作用三：螺旋形偏置立管接口位置的设置与导流叶片相呼应，引导立管水流最大限度地落在导流叶片上，使上部立管已逐渐衰减的螺旋水流形态得到加强，从而使加强型旋流器在用于高层或超高层建筑时其存在的螺旋水流流态不够稳定的问题得以解决。

作用四：经过螺旋短管的偏移，螺旋水流与管内气流各行其道，避免相互间干扰，保证管内气流畅通和系统压力稳定。

（2）切向进水的横支管接口及定向导流叶片

GY加强型旋流器的横支管接口与旋流器扩容段采取切向连接，并在接管一侧设置切向挡板；同时在旋流器内横支管入口处设置与扩容段大截面导流叶片角度、形状、位置相呼应的定向导流叶片（图4-2-3）。

作用一：设有切向挡板的切向横支管接口可强制横支管水流沿切线方向进入加强型旋流器扩容段内壁，利用水流动能产生的离心力，形成具有中心"空气柱"的带状螺旋形水流。有效消除水舌现象，增大附壁水流厚度，同时降低水流速度，减小系统空气阻力和压力波动。

作用二：定向导流叶片可引导横支管水流沿着特定的下落角度流向扩容段大截面导流叶片上，与立管水流同步汇合，起到强化带状螺旋水流的效果。

作用三：定向导流叶片可阻隔立管水流和横支管水流的相互冲击，有效避免带状螺旋水流形态被破坏。

作用四：由于横支管水流沿着一侧切向流入加强型旋流器及定向导流叶片上方设置的排气缝隙，使加强型旋流器最大限度地获得通气空间，降低横支管水流入口处的气压波动。

（3）大截面导流叶片

在加强型旋流器扩容段下锥体内一侧设置与螺旋形偏置立管接口及定向导流叶片相对应的大截面导流叶片（图4-2-4）。

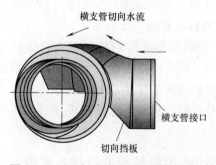

图 4-2-3 GY加或型旋流器横支管接口

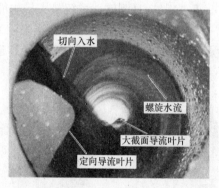

图 4-2-4 GY加强型旋流器导流叶片

作用一：大截面导流叶片使经过螺旋形偏置立管接口引导的绝大部分上部立管水流和切向进入的横支管水流得到有效拦截，利用水流的动能，迫使其改变方向，使带状螺旋水流形态得到进一步强化。

作用二：与定向导流叶片同侧设置，使绝大部分上部水流偏移在加强型旋流器一侧流下，确保相对一侧具有足够的通气空间。有效克服以往导流叶片对置或多叶片分置容易造成通气截面过小、空气阻力过大的问题。

作用三：增加水流阻力，减缓水流速度，消能效果显著。

在湖南大学进行的多次测试中，GY型特殊单立管排水系统的排水能力超过了湖南大学实验塔自身 10L/s 的最大测试排水流量；并被后来泫氏实验塔 12L/s 的测试结果所证实。此测试排水能力不仅是目前国内外特殊单立管系统中的最好数值，也远远超过了同管径普通铸铁双立管排水系统的排水能力。

2）GY 型特殊单立管排水系统不仅具有超强的排水能力及特殊单立管排水系统所共有的特点，还具有以下优势：

（1）GY 型特殊单立管排水系统所具有的消能作用和较小的压力波动，使其更适宜在高层、超高层建筑中采用；

（2）GY 加强型旋流器的导流叶片采用锐角结构，经过静电喷塑处理后，内壁光滑，不易挂污物，耐冲蚀，不易生锈，不易结垢；

（3）专用于无降板建筑结构卫生间同层排水安装的 GY 加强型旋流器对称设置有 2 个 DN50 横支管接口，以适应不同方向排水横支管连接，未使用的横支管接口可采用法兰盲板封堵；

（4）GY 型特殊单立管排水系统的柔性丝扣管箍具有连接密封性能好、耐腐蚀、外形尺寸紧凑等优点，可用于沿墙敷设的同层排水安装和降板回填层内的横支管连接，符合现行国家标准《建筑给水排水设计规范》GB 50015—2003（2009 年版）的相关要求。

4.2.3 WAB 型特殊单立管排水系统

WAB 型特殊单立管排水系统由 WAB 加强型旋流器、WAB 底部异径弯头、排水立管、排水横支管及普通排水管件、通气帽、伸顶通气立管、立管检查口等组成，研发企业为昆明群之英科技有限公司。该系统是国内最早研发成功的加强型旋流器特殊单立管排水系统之一，也是目前国内在实际工程中应用最多的特殊单立管排水系统之一。经湖南大学 2009 年 12 月 3 日测试，系统最大排水能力为 8.5L/s。

随着各种新产品的不断创新研发，WAB 型特殊单立管排水系统又增加了 WAB 建筑同层检修特殊单立管排水系统和 WAB 建筑同层检修排水系统。

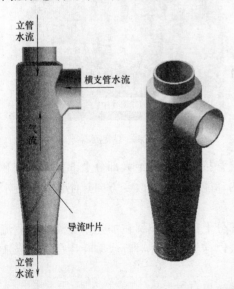

图 4-2-5 SUNS 加强型旋流器外形

WAB 加强型旋流器的排水横支管接口为切向进水形式。排水横支管敷设可采用沿墙敷设同层排水、降板式同层排水或异层排水方式。系统设计时应符合的要求及有关注意事项详见本书第 8 章。

4.2.4 SUNS 型特殊单立管排水系统

SUNS 型特殊单立管排水系统由加强型旋流器（图 4-2-5）、排水立管、大曲率底部异径弯头、立管检查口、通气帽、伸顶通气立管、排水横支管及各种普通排水管件等组成，研发企业为山西泫氏实业集团有限公司。加强型旋流器采用符合现行国家标准《排水用柔性接口铸铁管、管件及附件》GB/T 12772—2016 中规定的 W 型、W1 型、BⅡ型等橡胶圈不锈钢卡箍或法兰压盖柔性连接的接口型式。经湖南大学 2010 年 4 月 10 日测试，排水能力达 8.0L/s。

SUNS 型特殊单立管排水系统的基本特征：

1）SUNS 加强型旋流器的排水横支管接口为切向进水形式，同时横支管与立管相贯处向下扩径，这一结构特点最大程度的减小对横支管水流和污杂物的阻滞，有利于横支管排水通畅和污物清除；

2）SUNS 加强型旋流器在锥形管段设置有一组 180° 并列布置的 2 个导流叶片，导流叶片向下一直延伸到锥形管段的末端截面，在起到良好的上部水流承接及旋流加强作用的同时，还可避免对附壁水流的二次干扰，使水流进入下层光壁立管后继续维持良好的附壁螺旋流态，消除立管水塞、水舌现象，在立管中形成贯通的空气通道；

3）导流叶片与加强型旋流器本体一体化铸造成型，叶片外形有如细长圆润的柳叶，没有直角、钝角，流畅顺滑，避免阻滞、粘挂隐患；

4）SUNS 大曲率底部加长异径弯头从入口端到出口端的过渡区横截面为下小上大、沿水流方向逐渐增大的蛋形截面（图 4-2-6），曲率半径 $R=460$mm，可有效消除立管水流纵落转向横排后的水跃和壅水现象，同时也有利于消除因管径扩大、流速降低导致的横管小流量淤塞隐患。

4.2.5　XTN 型特殊单立管排水系统

XTN 型特殊单立管排水系统由加强型旋流器、排水立管、立管检查口、底部整流器、大曲率底面异径弯头、透气帽、伸顶通气立管、排水横支管、排水横干管（或排出管）及普通排水管件等组成，研发企业为河南省禹州市新光铸造有限公司。

XTN 加强型旋流器采用便于安装的汇

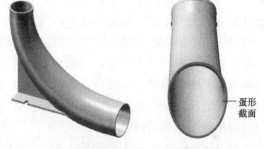

图 4-2-6　SUNS 大曲率加长异径弯头外形

蛋形截面

流扩容段较短的局部扩容方式，内置上、下各 1 片大面积导流叶片，横支管水流切向接入，强化带状螺旋水流，减缓立管水流下落速度，增强消能降噪效果，气流通道畅通。

XTN 加强型旋流器分为 Ⅰ 型和 Ⅱ 型两种，与 Ⅰ 型相比，Ⅱ 型适当缩短上部结构尺寸，减小异层排水所需的安装空间，增加汇流扩容段的长度，调整导流叶片的形状和角度，使系统排水能力得到进一步提高，排水性能更加优越，经湖南大学 2011 年 9 月 5 日测试，排水能力达 8.5L/s。

XTN 型特殊单立管排水系统 B 型接口管件采用现行国家标准《排水用柔性接口铸铁管、管件及附件》GB/T 12772—2016 中规定的 BI 型承口型式尺寸，使接口部位的连接强度、密封性能及抗震性能更加优越。

4.2.6　HPS 型特殊单立管排水系统

HPS 型特殊单立管排水系统由辽宁金禾实业有限公司研发生产。排水立管中的特制配件采用 HPS 加强型旋流器，立管管材采用机制柔性接口铸铁排水管或塑料排水管等普通排水管材。经湖南大学 2011 年 10 月 14 日测试，系统最大排水能力为 9.5L/s。

系统上部特殊管件——HPS 加强型旋流器有 HPS-A、HPS-B 两种。HPS-A 加强型旋流器材质为塑料（PVC-U），上端为承口，下端为插口，内有 2 片位于相同高度、相对设置的柳叶形逆向导流叶片，汇流扩容段较短，可连接 1～3 根排水横支管；HPS-B 加强型旋流器材质为铸铁（HT200），上、下两端均为承口，内有 2 片上下或相对设置的柳叶形逆向导流叶片，汇流扩容段较长，也可连接 1～3 根排水横支管或不连接排水横支管（直通管件）。另外，在内部构造上，HPS-A 加强型旋流器的排水横支管接入口处有防逆流挡片；而 HPS-B 加强型旋流器无此挡片。

HPS 型特殊单立管排水系统中用于连接排水立管与排水横干管或排出管的下部特制配件包括 Z 型稳流接头、L 型底部异径弯头和 LS 型大曲率底部异径弯头。Z 型稳流接头的上、下端均为承口，接头内对称布置有 4 条竖向导流叶片；L 型底部 90°异径弯头的进、出口端均为承口，出口端比进口端管径放大 1～2 级，弯曲半径约为 2 倍立管管径，与 HPS-A、HPS-B 型旋流接头配套使用。

HPS 型特殊单立管排水系统有如下技术特点：

1）HPS 加强型旋流器的立管进水口部位设有嵌入式导流设施，可有效减少上部立管旋转下行水流与横支管水流之间的相互干扰，有助于降低立管内的气压波动及水流噪声；铸铁材质系统 32.10dB（A），PVC-U 材质系统 40.50dB（A）；

2）HPS 加强型旋流器采用独有的"水膜开口装置"设计，国内现有特殊单立管旋流设计原理，大多依据"膜流"理论，当立管中旋转下行的水流流量较大时，在立管内部会短暂形成一个中空的水柱，即"水膜流"，使横支管与立管空气产生隔离，容易导致立管与横支管内气流产生压力差，进而破坏卫生器具的水封，使有害气体弥漫在室内；为避免这种现象出现，采用"水膜开口装置"设计可以在横支管接口处将"水膜"打开，使横支管与立管之间的空气通道保持畅通，保证气压相对平衡，削除管道内气压波动，实现卫生器具的水封平稳和不被破坏；

3）HPS 加强型旋流器采用微侧旋、直进水方式，有利于降低坐便器的冲洗水量，使横支管的污水能更顺捷地排入立管，减少横支管堵塞隐患；

4）立管底部采用可调整水流旋转方向的 Z 型整流接头及过渡段为蛋形截面的底部异径弯头。

HPS-A 加强型旋流器（图 4-2-7）的连接方式为粘接，其排水横支管入口处设置的防逆流挡片，可以有效阻挡立管中的水流进入横支管（图 4-2-8）。

HPS-A旋流进水加强型旋流器　　　HPS-A直流进水加强型旋流器

图 4-2-7　HPS-A 加强型旋流器外形

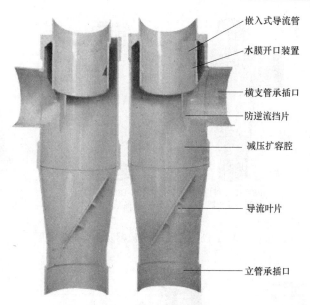

图 4-2-8　HPS-A 加强型旋流器构造

　　HPS-B（B 型接口）加强型旋流器由嵌入式导流管、水膜开口装置、减压扩容腔、导流叶片和微侧旋流进水接口等组成（图 4-2-9、图 4-2-10）。

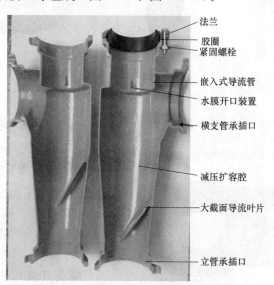

图 4-2-9　HPS-B 三通加强型旋流器构造

4.2.7　CJW 型特殊单立管排水系统

　　重庆长江管道泵阀有限公司研发生产的 CJW 加强型旋流器有铸铁材质和硬聚氯乙烯（PVC-U）材质两种形式。CJW 型铸铁材质特殊单立管排水系统所要求的立管管材为光壁管，属于特殊管件单立管排水系统，经湖南大学 2012 年 7 月 7 日测试，系统的最大排水能力为 8.5L/s。系统组件包括加强型旋流器、排水立管、立管检查口、底部缓旋器、底部异径弯头、排水横干管或排出管、排水横支管、透气帽、伸顶通气立管及普通排水管件

HPS-B(W型接口)
加强型旋流器

HPS-B(A型接口)
加强型旋流器

HPS-B(B型接口)
加强型旋流器

HPS-B型大曲率
底部异径弯头

图 4-2-10　HPS-B 加强型旋流器及主要配件外形

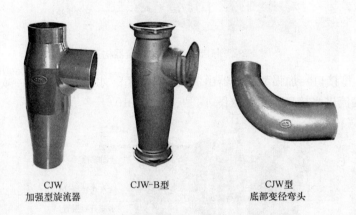

CJW
加强型旋流器　　　CJW-B型　　　　CJW型
　　　　　　　　　　　　　　　　　底部变径弯头

图 4-2-11　CJW 铸铁材质加强型旋流器及底部异径弯头外形

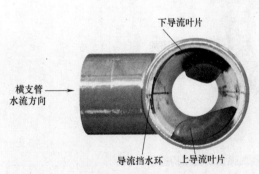

下导流叶片

横支管
水流方向 →

导流挡水环　　上导流叶片

图 4-2-12　CJW 铸铁材质加强型旋流器内部结构

等（图 4-2-11）。

CJW 铸铁材质加强型旋流器内部结构有如下特点（图 4-2-12）：

1）整体扩容，内设上、下 2 片导流叶片，下叶片置于上叶片旋转轨迹位置上，使旋转水流得到进一步强化；

2）横支管接口上方设置导流挡水环，引导立管旋转水流，使其不与横支管水流产生干扰。

4.2.8　GH-I 型漩流降噪特殊单立管排水系统

漩流降噪特殊单立管排水系统由浙江光华塑业有限公司自主研发，分为 GH-I 型和 GH-II 型。GH-II 型系统属于管件与管材均特殊单立管排水系统，详见本书第 6 章。GH-I 型系统由漩流降噪特殊管件和塑料排水光壁管材组成，其系统组件选用，如表 4-2-2 所示。

系统型号	漩流降噪特殊管件	立管管材	适用条件
GH—Ⅰ型	漩流三通、漩流左 90°四通、漩流右 90°四通、漩流 180°四通、漩流五通、漩流直通＋导流接头＋大曲率底部异径弯头	硬聚氯乙烯(PVC-U)排水管	排水层数 ≤18 层
		中空壁消音硬聚氯乙烯(PVC-U)排水管	
		高密度聚乙烯(HDPE)排水管	

GH-Ⅰ型漩流降噪特殊单立管排水系统组件选用　　　　表 4-2-2

　　漩流降噪特殊单立管排水系统立管上部特殊管件通过其上部设置的导流套、中部整体扩容段设置的横支管切线进水导流槽（漩流直通无横支管接口）及下部漏斗状导流套内设置的加强型导流螺旋肋，能使立管水流和横支管汇入水流快速形成附壁旋流，保持管内空气畅通，消除水舌现象，减缓立管水流速度，大幅度增加立管排水能力，降低立管水流噪声。

　　漩流降噪特殊单立管排水系统立管下部特殊管件导流接头能将上部立管中的附壁旋转水膜改变流态，使立管与横管中的气流贯通，有效降低底部管段的压力波动；大曲率底部异径弯头能进一步改善系统水力工况，有效缓解或消除排水横干管或排出管起端出现的壅水现象。

　　设于排水立管底部的导流接头是浙江光华塑业有限公司率先、自主研发的产品，其上端为承口，下端为插口，中部内壁设有"人"字型导流叶片，插口底部有三角形定位凹槽（与大曲率底部异径弯头 $dn110$ 承口端三角键匹配，图 4-2-13）。导流接头中部内壁上的"人"字型导流叶片能将立管中的旋流水膜划开，保证立管与横干管（或排出管）中的气流通道畅通，有效降低立管底部的压力波动。

导流接头(柔性连接)　　　导流接头(胶粘连接)

图 4-2-13　GH-Ⅰ型漩流降噪特殊单立管排水系统导流接头

　　2009 年 6 月，经湖南大学土木工程学院排水实验室 34m（12 层）高测试塔测试，GH-Ⅰ型漩流降噪特殊单立管排水系统的立管最大排水能力为 6.0L/s。当排水层数不超过 18 层时，采用 GH-Ⅰ型系统更为经济。

4.2.9　SPEC 加强型旋流器特殊单立管排水系统

　　由宁波世诺卫浴有限公司研发的 SPEC 加强型旋流器特殊单立管排水系统，组件包括加强型旋流器、排水立管、伸顶排气立管、透气帽、排水横支管、内塞式检查口、整流式大曲率异径弯头、排出管及各种标准通用排水管材和管件等。整个系统的管件和管材采用符合现行行业标准《建筑排水用高密度聚乙烯（HDPE）管材及管件》CJ/T250 的高密度聚乙烯（HDPE）材质制作，所允许的排水温度高，系统承压性能优越，抗冲击能力强，耐腐蚀性好，可采用焊接安装埋入混凝土中及回填层内。

　　SPEC 加强型旋流器和整流型大曲率异径弯头的接口，全部为光壁直接口形式，适合热板对焊或者电熔管箍焊接。其中，立管的接口应采用电熔管箍连接方式，横管接口可以采用热板焊接或者电熔管箍连接。

　　SPEC 加强型旋流器的基本特点如下：

　　SPEC 加强型旋流器中间设有扩容段，排水横支管接口设于扩容段，在扩容段内立管接口的排水横支管接口的上下方设有导流叶片，见图 4-2-14。所有的排水横支管接口均为切向接入旋流器，可避免发生产生水舌阻挡通气的中心通气柱，确保多根横支管同时进水时，不会影响立管中的空心通气柱的通气效果。

　　SPEC 加强型旋流器的导流叶片，均为双壁结构，其中一面为受水面而另外一面为支撑面。两壁的共同作用，极大地改善了单悬壁结构叶片的可靠性。因此，该旋流器具有极强的抗冲击性和超长的寿命，以确保在施工安装和实际使用过程中当遇有块状物体进入立管高速下落时不会对叶片产生任何损伤。

　　SPEC 加强型旋流器的立管接口均为 $dn110$，横支管接口有 $dn50$、$dn75$ 和 $dn110$ 等规格。也有支管不开口的情况；当所有的支管均不开口时，旋流器即为旋流直通。

　　SPEC 加强型旋流器分为 F 型和 S 型。当需要对 SPEC 加强型旋流器采取防火措施时，F 型加强旋流器可采用标准的 $dn110$ 的阻火圈，S 型加强旋流器可采用标准的 $dn160$ 的阻火圈。

　　SPEC 整流型大曲率异径弯头目前只有 L 型一种。该弯头的立管进水口为 $dn110$，出水口的规格为 $dn160$，弯头的曲率在排水管径的 3 倍以上，见图 4-2-15。

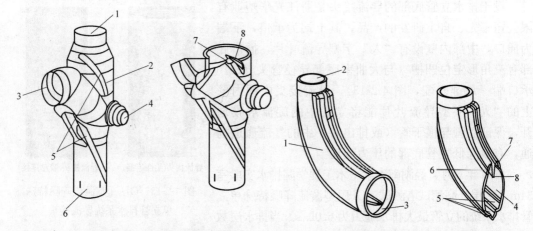

图 4-2-14　SPEC 加强型旋流器结构图　　　　图 4-2-15　SPEC 整流型大曲率异径弯头结构图

1—立管旋流器进水口；2—扩容段；3—排水横支管接口；　　　　1—整流段；2—立管进水口；3—出水口；

4—排水横支管接口；5—导流叶片；6—立管旋流器排水口；　　　　4—弯头内壁；5—导水槽；6—导气槽；

7—双壁导流叶片支撑面；8—双壁导流叶片受水面　　　　7—导气槽；8—止旋叶片

　　SPEC 整流型大曲率异径弯头的基本特点如下：

　　在底部弯头入口到出口的承受冲击面上设有全程导水槽。当立管旋转水流进入底部弯头时，导水槽将抑制水流的旋转与翻滚。

　　SPEC 整流型大曲率异径弯头设有采用双壁结构的止旋叶片。由立管进入弯头的水流在较大的曲率半径的作用下，减少了发生水跃的条件。但是，旋流的水仍然可能会发生旋转翻滚。当可能会产生翻滚的水流进入底部弯头后，在叶片的阻挡下，翻滚水的波峰受到抑制，而叶片的另一面通道得以连通出口与入口端的中心，从而消除水跃的影响。

　　SPEC 整流型大曲率异径弯头可以与其他型式加强型旋流器特殊单立管排水系统适配。

第5章 管材特殊单立管排水系统

排水立管管材特殊、管件普通的排水系统称为管材特殊单立管排水系统。由于排水立管与横支管连接部位配套采用的管件是普通型旋流器，20世纪八九十年代，中国也曾将其作为特殊单立管排水系统应用于实际工程中。后来，随着排水系统相关测试工作不断推进与完善，许多试验结果证明，该种型式的特殊单立管排水系统除在一定条件下具有较好的降噪效果外，排水流量的提升相对有限。

管材特殊单立管排水系统由普通内螺旋管、普通型旋流器和普通排水管材、普通排水管件等组成。排水立管为硬聚氯乙烯（PVC-U）普通内螺旋管（图5-0-1）或中空壁硬聚氯乙烯（PVC-U）内螺旋管，但系统中的排水横管应采用普通光壁排水管材。

普通型旋流器又称旋转进水型管件（图5-0-2）。

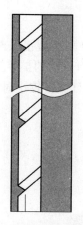

图5-0-1 PVC-U普通内螺旋管

图5-0-2 普通型旋流器外形

普通内螺旋管的内壁有数条凸出的三角形螺旋肋，其主要技术参数为螺旋肋数量、螺旋肋高度及螺距，如表5-0-1所示。

普通内螺旋管主要技术参数　　　　　　　　　　　　　　表5-0-1

公称外径 dn(mm)	75	110	160
螺旋肋数量	4	6	8
螺旋肋高度(mm)	2.3	3.0	3.8
螺距(mm)		1500~2500	

中空壁PVC-U内螺旋管有内、外2层管壁，中间为空气层，有利于降噪。

相应的工程建设标准有《建筑排水用硬聚氯乙烯内螺旋管管道工程技术规程》CECS 94：2002和《建筑排水中空壁消音硬聚氯乙烯管管道工程技术规程》CECS 185：2005。

第6章 管件与管材均特殊单立管排水系统

目前国内的管件与管材均特殊单立管排水系统，基本上都是以加强型旋流器作为上部特殊管件，排水立管管材也都是采用加强型内螺旋管。这种类型特殊单立管排水系统在排水性能、工程成本等方面均具有明显优势。

6.1 AD型特殊单立管排水系统

AD型特殊单立管排水系统是2003年从日本引进的新技术。立管上部特殊管件采用AD型接头，是中国最早使用的加强型旋流器；立管底部采用大曲率、变径、变截面弯头；立管管材采用加强型内螺旋管。AD系统也是中国在实际工程中使用的第一种加强型旋流器特殊单立管排水系统。

AD型特殊管件分上部特制配件和下部特制配件。

上部特制配件（加强型旋流器）有AD型细长接头和AD型小型接头两种型式（图6-1-1），均采用铸铁材质，外形呈漏斗型，有导流作用，内部有较大的扩容空间，内设导流叶片，同时可连接多个方向的排水横支管。当排水立管的设计流量较小时，可采用AD型小型接头以降低工程造价。

AD型细长接头

AD型小型接头

图6-1-1　AD加强型旋流器

下部特制配件包括AD型底部接头或AD型加长型底部接头。底部接头为变径弯头、铸铁材质、出水直径扩大、过流断面呈蛋形，可缓解横管水跃现象。

AD型特殊单立管排水系统的立管管材为加强型钢塑复合内螺旋管或PVC-U加强型内螺旋管。

需要注意的是，在实际采用时，当进行排水系统施工验收通球试验时，因为内部结构原因，AD 型特殊单立管排水系统不能按现行国家标准《建筑给水排水及采暖工程施工质量验收规范》GB 50242—2002 中"通球球径不小于排水管管径的 2/3"的要求执行，应采用《AD 型特殊单立管排水系统技术规程》CECS 233：2007（2011 年版）中规定的 50mm 通球球径。

AD 型特殊单立管排水系统的基本配置及性能，如表 6-1-1 所示。

AD 型特殊单立管排水系统基本配置及性能　　　　　　　　　　表 6-1-1

立管管材	上部特殊管件	下部特殊管件	立管管径 （mm）	立管最大 排水流量（L/s）
PVC-U 加强型内螺旋管 或加强型钢塑复合内螺 旋管	AD 型小型接头	AD 型底部接头或 AD 加长型底部接头	90	4.5
	AD 型小型接头		110	5.5
	AD 型细长接头		90	5.5
	AD 型细长接头		110	7.5

注：表中流量为协会标准《AD 型特殊单立管排水系统技术规程》CECS 233：2007（2011 年版）中的数据。

6.2　GH-Ⅱ型漩流降噪特殊单立管排水系统

漩流降噪特殊单立管排水系统水力工况好、排水能力强、立管水流噪声低，是浙江光华塑业有限公司自主研发的具有国际先进水平的建筑特殊单立管排水系统。采用国外发达国家还没有的特殊加工工艺制造的具有独特内部构造的硬聚氯乙烯（PVC-U）上部漩流降噪特殊管件是漩流降噪特殊单立管排水系统的技术核心，也是目前性能最为优异的加强型旋流器之一。

漩流降噪特殊单立管排水系统分为 GH-Ⅰ型和 GH-Ⅱ型。GH-Ⅰ型为特殊管件单立管排水系统，在本书第 4 章已作介绍，详见 4.2.8 节。GH-Ⅱ型漩流降噪特殊单立管排水系统立管管材为加强型内螺旋管，上部特殊管件为漩流降噪加强型旋流器，下部特殊管件为大曲率底部异径弯头。系统组件选用要求，如表 6-2-1 所示。

漩流降噪特殊单立管排水系统选用　　　　　　　　　　表 6-2-1

系统型号	漩流降噪特殊管件	立管管材
GH-Ⅱ型	漩流三通、漩流左 90°四通、漩流右 90°四通、漩流 180°四通、漩流 五通、漩流直通＋大曲率底部异径弯头	硬聚氯乙烯（PVC-U）加强型 内螺旋排水管

2008 年 9 月，经国家建筑材料监督检验测试中心检测，在声级计距排水立管 1.86m、距地面高度 1.2m、背景噪声 22.2dB（A）测试条件下，漩流降噪特殊单立管排水系统在排水流量为 5L/s 时的水流噪声值为 44.6dB（A），比普通硬聚氯乙烯（PVC-U）排水管系统水流噪声低 11dB（A）。

2009 年 6 月，经湖南大学土木工程学院排水实验室 34m（12 层）高测试塔测试，GH-Ⅱ型漩流降噪特殊单立管排水系统的立管最大排水能力为 8.5L/s。经过对漩流降噪上部特殊管件的进一步改进，2010 年 9 月 4 日在湖南大学重新测试，GH-Ⅱ型漩流降噪特殊单立管排水系统的立管最大排水能力提升到 10.0L/s。

漩流降噪特殊单立管排水系统立管上部特殊管件（漩流三通、漩流左 90°四通、漩流右 90°四通、漩流 180°四通、漩流五通和漩流直通，图 6-2-1）通过其上部设置的导流套、中部整体扩容段设置的横支管切线进水导流槽（漩流直通无横支管接口）和下部漏斗状导流套内设置的 6 条加强型导流螺旋肋，能使立管水流和横支管汇入水流快速形成附壁旋流，保持管内空气畅通，消除水舌现象，减缓立管水流速度，大幅度增加立管排水能力，降低立管水流噪声。

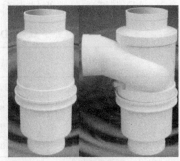

胶粘连接　　　　　　　　　柔性连接　　　　　　　　同层排水专用

图 6-2-1　漩流降噪特殊单立管排水系统上部特殊管件外形

　　漩流降噪特殊单立管排水系统立管下部大曲率底部异径弯头能进一步改善系统水力工况，有效缓解或消除排水横干管或排出管起端出现的壅水现象，避免立管底部产生水塞。

　　当系统排水立管必须偏置时，应采取相应技术措施。在立管偏置距离小于或等于 250mm 情况下，可采用 11.25°偏置弯头连接（图 6-2-2）。

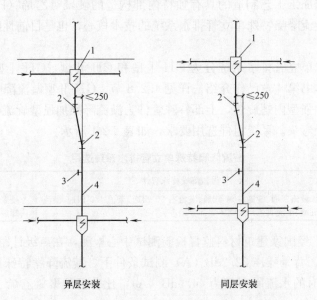

异层安装　　　　　　　　　　　同层安装

图 6-2-2　小偏置立管用 11.25°偏置弯连接
1—漩流降噪三通、四通、五通或直通接头；
2—11.25°偏置弯头；3—内塞检查口；4—排水立管

　　11.25°偏置弯头是漩流降噪特殊单立管排水系统的特有产品（图 6-2-3）。

　　漩流降噪特殊单立管排水系统性能优良。当底层排水横支管与立管连接处至立管管底

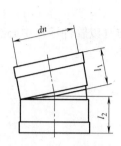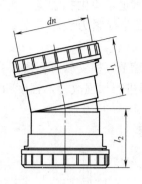

图 6-2-3　11.25°偏置弯头外形

的最小垂直距离可以满足下部特殊管件最小安装尺寸要求，且立管底部所连接的排水横干管（或排水出户管）仅担负本立管系统的排水负荷，并能确保底部排水横干管无积水时，底层排水横支管可接入排水立管，无需单独排出。

在同层排水技术应用方面，漩流降噪特殊单立管排水系统也配有多种具有特定构造的特殊配件，如同层防漏套、同层积水排除器、同层多通道地漏等。

当对排水系统有更高的噪声控制要求时，还可选用漩流降噪特殊单立管排水系统的三层降噪弯头等特制管件。

6.3　CHT 型特殊单立管排水系统

CHT 型特殊单立管排水系统上部特殊管件为 CB4N（P）型 PVC-U 材质加强型旋流器或 CB4N（F）型 PVC-U 材质、外部复合防火材料加强型旋流器，排水立管管材为 PVC-U 加强型内螺旋管。经湖南大学实际测试，系统最大排水能力为 8.0L/s。CHT 型特殊单立管排水系统组件选用配置，如表 6-3-1 所示。

CHT 系统特制配件选用配置　　　　　　　　　　　　　　表 6-3-1

上部特制配件	立管管材	立管下部特制配件	
CB4N（P）或 CB4N(F)加强型旋流器	PVC-U 加强型内螺旋管	LL 型底部异径弯头 LL—100×150（≤18 层采用）	LLS 型大曲率底部异径弯头 LLS—100×150（>18 层采用）

注：系统立管底部不设稳流接头。

相应的工程建设标准有《旋流加强（CHT）型特殊单立管排水系统技术规程》CECS 271：2013。

6.4　RBS 型特殊单立管排水系统

RBS 型特殊单立管排水系统由沈阳九日实业有限公司研发，其主要特征为 RBS 型漩流降噪管件（图 6-4-1）、导流降噪异径弯头及管道承口连接方式等。经湖南大学 2011 年 9 月 28 日测试，系统的最大排水能力为 9.5L/s。

RBS 型特殊单立管排水系统具有以下特点：

1）柔性连接，管道承口由扣紧盖、锁紧环和密封圈组成（图 6-4-2）。密封圈采用径向压缩密封，与扣紧盖锁紧力大小无关；锁紧环可保证密封圈圆周压缩量均匀，密封可靠。

2）系统免用伸缩节，横支管可实现 2°自由偏转（以管件承口中心线为轴线）；

3）PVC-U 材料进行加强改性，强度和韧性大幅度提高。

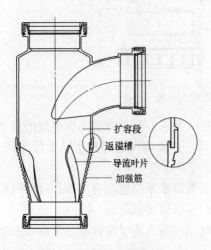
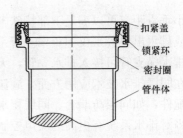

扩容段
返溢槽
导流叶片
加强筋

扣紧盖
锁紧环
密封圈
管件体

图 6-4-1　RBS 型漩流降噪管件结构　　　　图 6-4-2　管道承口结构

6.5　CJW 型特殊单立管排水系统

重庆长江管道泵阀有限公司研发生产的 CJW 型特殊单立管排水系统，其立管管材为硬聚氯乙烯（PVC-U）加强型内螺旋管。经湖南大学 2012 年 7 月 7 日测试，系统的最大排水能力为 8.5L/s。系统组件包括加强型旋流器（图 6-5-1）、排水立管、排水横支管、立管检查口、底部缓旋器、底部异径弯头、顶部透气帽、伸顶通气立管、排水横干管及普通排水管材和管件等。

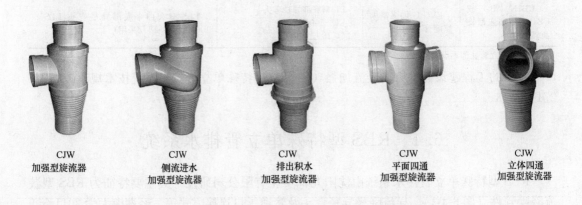

CJW 加强型旋流器　　CJW 侧流进水 加强型旋流器　　CJW 排出积水 加强型旋流器　　CJW 平面四通 加强型旋流器　　CJW 立体四通 加强型旋流器

图 6-5-1　CJW 硬聚氯乙烯（PVC-U）材质加强型旋流器

CJW 硬聚氯乙烯（PVC-U）材质加强型旋流器的结构特点：

1）整体扩容，在上部设置 5 条螺旋肋，下扩容段设有 5 条导流叶片，使旋转水流得到进一步强化（图 6-5-2）；

2）隐藏式下接口，解决同层排水阻火圈难以设置的问题，可安装标准阻火圈；

3）在穿越楼板处有 8～10 条凹凸环与水泥砂浆呈咬合状，增强结合力，防止渗、漏水；

4）在穿越楼板处设置环状积水排除装置，可有效排除降板同层排水的沉箱积水。

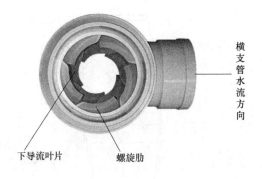

图 6-5-2　CJW 硬聚氯乙烯（PVC-U）材质加强型旋流器内部结构

6.6　HT 型特殊单立管排水系统

上海深海宏添建材有限公司是中国首家针对聚丙烯（PP）材质进行自主研发特殊单立管排水系统的企业。其产品的最大特点是降噪静音效果优于其他塑料管材，耐高温，可连续排放 90℃污、废水。经湖南大学测试，系统的最大排水能力为 8.5L/s。HT 型特殊单立管排水系统由 HTPP 加强型旋流器、PP 加强型内螺旋排水立管、立管检查口、大曲率底部异径弯头、排水横支管、排水横干管、顶部透气帽、伸顶通气立管及普通排水管材和管件等组成（图 6-6-1）。

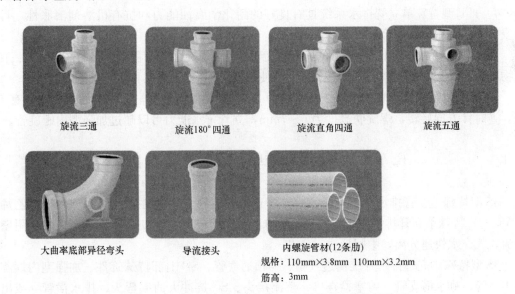

图 6-6-1　HTPP 加强型旋流器、PP 加强型内螺旋管外形

HT 型特殊单立管排水系统有如下显著特点：

1）加强型旋流器整体扩容，内设上乙字弯、下单导流叶片，下叶片置于上乙字弯的旋转轨迹下方位置，使立管旋转水流得到进一步强化（图 6-6-2）；

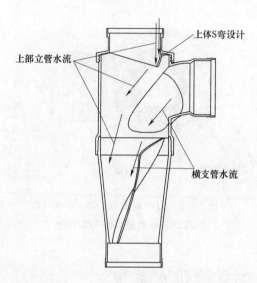

图 6-6-2　HTPP 加强型旋流器结构示意

2）加强型旋流器排水横支管接口上方设置偏置乙字弯，引导立管旋转水流使之不与横支管水流产生干扰；

3）立管下部导流接头内部设有数根导流肋，引导、梳理立管水流，使气、水分离后进入底部异径弯头排入横管，可稳定管道气流，大幅度提升管道通水能力；

4）PP 加强型内螺旋管采用更符合流体力学特性的内螺旋肋结构，使其排水能力显著提高，降低排水噪声；

5）采用国家专利技术原料配方，通过高分子弹性材料和高密度特殊分子结构材料的共同作用，吸收并阻隔声波传递，大大降低管道的排水噪声；按现行行业标准《建筑排水管道系统噪声测试方法》CJ/T 312—2009 规定测试，HT 型特殊单立管排水系统的排水噪声不大于 46dB（A）；如配合降板式 HTPP 同层排水管道设计，系统的排水噪声将降至更低；

6）HT 型特殊单立管排水系统的管材和管件以聚丙烯为基础材料，其维卡软化点高达 140℃以上，在常用建筑塑料管道产品中耐高温性能最好，可连续排放 90℃的污、废水；

7）HT 型特殊单立管排水系统具有良好的耐化学腐蚀能力和抗有机溶剂溶胀性，可耐受 pH2～pH12 的化学介质；

8）HT 型特殊单立管排水系统的原材料无毒、无害，在加工过程中不添加任何有毒、有害物质，生产全过程碳排放更低、更节能，在使用过程中不会对水质和环境造成二次污染；

9）HT 型特殊单立管排水系统还有一种 PP 单螺旋内螺旋管，管内壁的螺旋肋只有 1 根，逆时针方向旋转，螺旋肋高度为 6～7mm，立管排水能力可以超过加强型内螺旋管。

6.7　3S 型特殊单立管排水系统

3S 型特殊单立管排水系统是浙江中财管道股份有限公司潜心研发的新型硬聚氯乙烯（PVC-U）特殊单立管排水系统。它通过特殊配件及特殊管材，使立管水流形成增强附壁旋流，气、水快速分离，中间形成空气芯。

3S 型特殊单立管排水系统由透气帽、伸顶通气管、SC 上部特殊管件、加强型内螺旋排水立管、排水横支管、内塞检查口、整流接头、SC 抗冲大曲率弯头、排水横管（或出户管）等组成（图 6-7-1）。

SC 上部特殊管件包括 SC 三通、SC 立体四通、SC 平面四通、SC 左直角四通、SC 右直角四通以及相应的同层排水系列管件。

PVC-U 加强型内螺旋管为 16 条螺旋肋结构。

3S型特殊单立管排水系统既可用于异层排水，也可用于同层排水。

3S型特殊单立管排水系统具有如下特点：

1）系统排水流量大，经湖南大学 2015 年 5 月 26 日测试，3S型特殊单立管排水系统立管排水能力达 10L/s；

2）排水噪声小，依据现行行业标准《建筑排水管道系统噪声测试方法》CJ/T 312—2009，经国家权威机构检测，3S型特殊单立管排水系统排水噪声为 47dB（A），与铸铁管系统相当；

3）旋流叶片采用独特的 8 组凹槽形变螺距叶片设计，管件下部锥状内壁圆周均布 8 组导流叶片，其截面呈半圆形凹槽结构，交叉处导流叶片采用变螺距结构设计，螺距上大下小，这种结构相对传统的等螺距结构更能吻合立管水流的流态特点，使水流经过叶片后增加旋转能力的同时，大大减缓因流态不吻合造成的水花飞溅现象，既减小噪声的产生，也保证立管中心能够形成连续的空气芯，使上、下空气连通，保持气压平衡，保护系统中水封不被破坏；

4）立管底部异径抗冲大曲率弯头内壁采用一层橡胶衬垫，既可以减小水流冲击形成的噪声，也可以提高弯头的抗冲能力；

5）加强型内螺旋管具有与旋流叶片整倍数的螺旋肋。

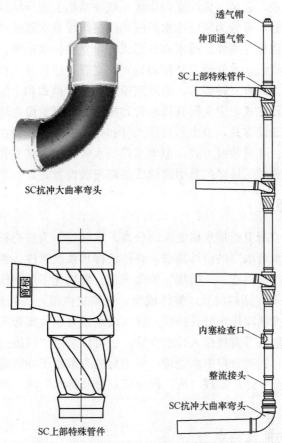

图 6-7-1　3S型特殊单立管排水系统结构

第7章 模块化特殊装置单立管排水系统

环流器特殊单立管排水系统、环旋器特殊单立管排水系统和侧流器特殊单立管排水系统这三种其他型式的特殊单立管排水系统在第1章中已有介绍，不再重复。在这里，本书占用篇幅简单介绍模块化特殊装置单立管排水系统，这是新纳入特殊单立管排水系统范畴的另一种其他型式的特殊单立管排水系统，只有一根排水立管；它没有特殊管件和特殊管材，但它有一个特殊装置——"模块"。从这个角度分析，把它纳入特殊单立管排水系统范畴，暂且作为特殊装置单立管排水系统。

7.1 特殊装置单立管排水系统（模块化排水系统）

特殊装置单立管排水系统是本书讨论分类以后的说法，就其实质应为同层排水方式的一种模式，即中国模式，它是对传统室内排水系统在结构上进行的改变和创新。模块化排水系统按使用功能划分，可分为同层排水系统和同层排水节水系统两种型式，同层排水系统是由模块、立管穿楼板专用件、排水立管组成的单立管排水系统；同层排水节水系统由节水模块、废水回用管道、水处理自动控制装置、立管穿楼板专用件和排水立管等组成。

目前，同层排水方式有三种模式，即欧洲模式、日本模式和中国模式。欧洲模式的同层排水方式：墙体敷设方式，卫生器具排水管和排水横支管敷设在墙体内；日本模式的同层排水方式：不降板敷设方式，卫生器具排水管和排水横支管敷设在地板架空层内；中国模式的同层排水方式：降板敷设方式，卫生器具排水管和排水横支管敷设在降板层内。在实际工程中，三种模式采用最多的是中国模式的降板敷设方式。

7.1.1 模块设计原理

以国家发明专利"厨卫给排水横支系统分离汇水装置"为核心技术，采用"集成模块化"和"分质分级排水节水"的设计理念，将传统排水系统管件、管段现场组装粘接拼管的施工模式，改变成"一横支、一模块"的集成化、模块化工厂制作的整体设备。模块采用硬聚氯乙烯（PVC-U）塑料材质，整体成型。在模块内部，洗衣机、洗脸盆、洗手盆、淋浴器等优质排水与大便器排水分管排放。优质废水重力流收集排入模块内部，模块内的污水根据用户用水需求，可直接排入排水立管；也可以采用"两级过滤、两级沉淀、一级消毒"的水处理模式，实现分户中水处理，处理后的废水用于冲厕循环使用；大便器污水直接通过排水立管排至室外，实现"废、污分流，分质排水"的二级排水理念（图7-1-1、图7-1-2）。

7.1.2 模块设计功能及特点

特殊装置单立管排水系统采用模块化集成组合，从设计源头解决"裂、渗、漏、臭"

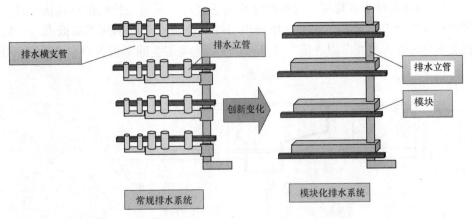

图 7-1-1　系统设计原理

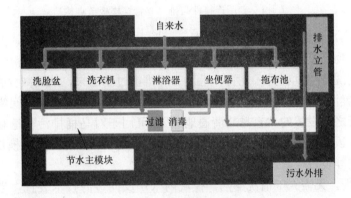

图 7-1-2　系统流程

等质量通病。

1）模块装置采用 5～8mm 厚 PVC-U 注塑成型，一个卫生间排水横支管系统为一个整体模块，中间没有管道接头，根治管道渗、漏隐患。

2）装置内部有 2 个完全隔离的排水横支管系统，室内废、污水分管、分流排放，地漏与大便器排水不直接连通，在废水排放管路与立管之间设有间接排水水封装置，水封深度大于 100mm。水封隐蔽敷设在模块内，室内任何一个用水点排水，都会补充水封，可有效根治地漏反臭（图 7-1-3）。

图 7-1-3　整体模块产品

3）模块装置在排水立管穿楼板处预埋专用连接件，采用独特的承口连接方式，根治降板区楼板积水渗、漏难题。立管穿楼板预埋件部位是整个卫生间的最低点，一旦有渗水，就能够及时排入预埋专用连接件并排入立管，避免卫生间降板内积水（图 7-1-4）。

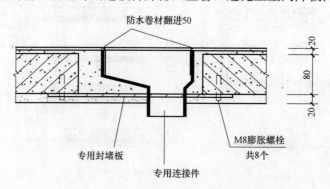

防水卷材翻进50

专用封堵板

专用连接件

M8膨胀螺栓
共8个

图 7-1-4　专用连接件与排水立管穿楼板节点构造

4）在模块内水封处设置毛发捕捉装置，洗脸盆、洗手盆、洗衣机、淋浴器排水中夹杂的毛发、纤维物长度超过 30mm 就会被捕捉在角落内。其他细小的粉尘等纤维会直接随着每一次的清洗排空过程排入立管，毛发、纤维被过滤出来，从而减少管道堵塞发生。

5）模块装置设置 2 个检修点，实现同层无破损检修，彻底杜绝户间维修干扰。在马桶排污管与立管之间设置的"直排兼清通地漏"，可用于对马桶排污管道和本层立管的清通排堵；在模块顶面设置的检修口，用于安装节水回用系统配件，及对模块储水区、水处理及溢流、排空等装置检修。

6）自动反洗，无需人工清洗滤网。模块内采用反向过滤技术装置，当过滤装置堵塞时就会形成虹吸，对过滤装置实现反向冲洗，并将杂质排入立管。反向冲洗保洁完全是依据过滤装置的堵塞程度自动进行，无需人工参与。

7）模块化同层排水节水系统是户内"三洗"优质废水收集、处理后，自家户内回用，没有共用管网，不存在户间交叉感染。模块内设置消毒盒、消毒管和水循环装置，在消毒盒内加入消毒缓释固体药剂，通过智能化控制，自动定时消毒；水循环装置还可定期将模块内过滤后的水进行循环消毒，确保水不变质、无异味、无致病菌。满足冲厕用水水质标准，节约冲厕用自来水。

8）自动定时排空设计，确保模块装置内部清洁卫生。模块内设有虹吸排空启动装置，通过自动控制器控制排空装置的开启，实现定时虹吸排空；在模块自动控制器设计中，采用排空消毒联动设计，每次排空功能启动，消毒功能同时启动，确保模块内的水边排空边消毒，保证箱壁和池底无污垢聚集。

9）空气隔断安全可靠，坐便器水箱内不存在虹吸回流引发的水质交叉污染。大便器水箱内自来水进水管和废水进水管均高于溢流管管口 $3D$（D 为水箱进水管管径），即使停水，大便器水箱内的水也无法形成回流。本系统通过自动化编程控制系统，实现与自来水系统防倒灌、防虹吸、防污染连接设计，当无足够回用废水冲厕时，则自动切换到自来水补水状态，保证冲厕用水。自来水自动补水系统设计，实现大便器水箱双水源供水。

10）特殊装置单立管排水系统具有较强的排水能力，2011 年 10 月，该系统在湖南大学实验塔进行试验测试。测试结果：采用 $dn110$ 加强型内螺旋塑料排水立管，最大排水能力为 10.0L/s。

特殊装置单立管排水系统相关工程建设标准为《模块化同层排水节水系统应用技术规程》CECS 320：2012。

7.2　模块化排水系统技术要求

7.2.1　设计要求

1）卫生间平面、卫生器具及管道布置应预留采用模块化节水系统的安装条件。

2）卫生间卫生器具及排水立管的布置，应符合协会标准《模块化同层排水节水系统应用技术规程》CECS320：2012 的要求。

3）卫生间设计时，应预留以下安装条件：（1）卫生间降板净深度不小于 300mm；（2）装置模块局部降板宽度：结构宽度宜为 550mm，抹灰后安装净尺寸不小于 500mm；（3）排水立管设置在管道井内的，侧面排出管穿墙留洞尺寸为 500mm（w）×180mm（h）；（4）当遇到剪力墙时，应按照结构设计要求进行洞口加固处理；当遇到填充墙时，洞口顶部应设过梁支撑。

4）当排水立管设置在卫生间内时，应预留排水立管穿楼板洞口。洞口尺寸不小于 500mm×500mm，洞口应按结构专业设计要求设置加固钢筋，洞口下部钢筋保留，上部钢筋切断或绕行。

5）坐便器后方墙体预留自控系统的穿线管和自控器保护盒，并预留电源接线条件。具体做法应符合协会标准《模块化同层排水节水系统应用技术规程》CECS 320：2012 的要求。

6）卫生间地面防水措施：局部降板卫生间，降板区宜做刚性防水；全降板卫生间，降板区应采取可靠的防水及排水措施，并在防水层上方做保护层。具体做法应符合协会标准《模块化同层排水节水系统应用技术规程》CECS 320：2012 的要求。

7）卫生间地面装修施工时，如遇到排水及中水回用管道接口，应采用节水模块专用配件连接。

8）每个卫生间节水模块的储水量宜为 80～120L，卫生间节水模块荷载应按 2kN 取值。

9）卫生间坐便器应选用出水口中心与墙面净距为 300mm 的产品。

10）卫生间节水模块自动控制器的配电线路，应设置剩余电流动作保护器，剩余动作电流不应超过 30mA。

11）安装在卫生间外管道井内的排水立管除按设计要求进行安装和固定外，尚应符合国家现行有关标准规范的要求。

7.2.2　施工要求

1）在建筑结构主体施工阶段，应按照设计要求预留安装节水模块装置的条件。

2）在建筑主体施工阶段应按照图纸要求，预留自控器穿线管槽，或预埋穿线管及保护盒。

3）节水模块进场应进行入场检验。入场检验方法应按照协会标准《模块化同层排水节水系统应用技术规程》CECS 320：2012 的要求进行。节水模块及其配件、组件符合设计要求，并附有产品质量合格证；供货方提交的检测报告、备案证书等齐全有效，与实际供货一致。

4）节水模块安装结构降板深度、宽度、长度均符合设计要求，墙体留洞或楼板留洞尺寸无误、位置正确，墙体预留槽或预埋穿线管、自控器保护盒位置正确，卫生间防水层闭水检验合格。

5）施工构造做法及回填要求等应按照协会标准《模块化同层排水节水系统应用技术规程》CECS 320：2012 的要求执行。

普通降板敷设的同层排水方式，排水管道与回填材料（炉渣或素混凝土）直接接触，而两者线膨胀系数有较大差异，由于管材与回填材料的线膨胀系数不同，因此会出现导致管道接口被拉脱而渗漏的问题，造成降板层积水。降板层积水不完全是管道接口渗漏所造成，也还有其他原因，如卫生间地面防水不符合要求；施工安装不符合要求，管道接口胶粘剂涂抹不均匀；管道堵塞后，清通机造成管道破损；降板层内的镀锌钢管锈蚀引起渗漏及其他原因等。在众多原因中，因排水管接口被拉开而导致渗漏是主要原因。目前，解决降板层积水问题有多种方法，除采用多接口特殊管件、双层管壁塑料管件、设置降板积水排除器排除积水等方法外，还有一种方法就是上文所介绍的模块化排水系统。

7.3　模块化排水系统户内水质卫生学安全评价

业内对排水节水模块的使用也有不同意见，主要担心水质能否保证，会不会造成污染，怎么能监控到位等。但根据山东聊城、河南洛阳、濮阳、北京等地的实际使用情况，还是收到较好的节水效果，得到用户欢迎。与此同时，排水节水模块减少了排水量、排污量，排水立管的排水能力加大了。为评价模块化同层排水节水系统在使用中遇到极限工况情况下水质微生物污染情况，及对卫生间室内空气环境有无健康危害以及现有中水系统消毒措施能否在极限工况下有效发挥消毒作用，2013 年 9 月，中国人民解放军疾病预防控制所卫生学评价研究中心对模块化同层排水节水系统水质进行了卫生学检测和评价。评价结论：

1）通过开展走访、调研和实验室模拟实验获得的现场极限工况和实验室模拟极限工况检测结果显示，模块化同层排水节水系统水样中未检测到相关健康危害因素，结合已经有 5～8 年的实际使用效果，未发现水质对户内环境及人体健康存在危害现象；

2）模块化同层排水节水系统设计的自动定时消毒功能及消毒措施，消毒效果能够满足水质安全性要求；

3）谱尼测试结果表明，模块化同层排水节水系统正常运行工况下，水质各项指标均能满足现行国家标准《城市污水再生利用　城市杂用水水质》GB/T 18920—2002 冲厕用水水质要求。

7.4　技术推广应用情况

从 1998 年中原石油勘探局勘察设计研究院和河南濮阳明锐建筑节能技术有限公司开

始共同研发模块化同层排水节水系统至今，该项技术经过不断完善改进，目前模块化同层排水节水系统已是第三代产品。2007 年被列为原建设部建设事业"十一五"《推广技术公告》推广项目；2009 年被评为精锐住宅科学技术奖"绿色优秀产品奖"；2012 年通过中国建材检验认证集团《绿色建筑选用产品导向目录》认证、《绿色建筑选用产品证明商标准用证》；2012 年编制中国工程建设标准化协会标准《模块化同层排水节水系统应用技术规程》CECS 320：2012，并且已有十多个城市或地区编制相关标准设计图集。多个省、市政府下发文件全面推广使用，目前约有近 5 万套模块化同层排水模块和模块化节水装置安装使用。如聊城市金柱·水城华府小区是聊城市首屈一指的高档社区，位于聊城市兴华路中段人民广场北侧，小区 3 号、4 号、5 号、6 号、7 号、8 号住宅楼，12 层，剪力墙结构，建筑面积 57239m²，计 288 户；小区 9 号、10 号、11 号、12 号、13 号住宅楼，21 层，剪力墙结构，建筑面积 85283m²，计 420 户，均全部采用模块化同层排水节水系统技术，该工程已于 2008 年 6 月竣工。金柱·水城华府小区自投入使用以来，模块化同层排水节水系统运行正常，每户每月平均节水 3m³ 以上，小区每月节水大于 2500m³，小区每月减少污水排放至少 2200m³。住户卫生间整洁美观，无一渗漏，使用功能良好，得到广大用户和社会各界的一致好评。

　　模块化同屋排水节水系统和排水节水模块的发明人是河南濮阳明锐建筑节能技术有限公司王凤蕊女士。

第8章 同层排水与同层检修特殊单立管排水系统

同层排水是指卫生器具排水管和排水横支管不穿越本层结构楼板到达下层空间，与卫生器具同层敷设并接入排水立管的排水系统。同层排水在欧美等发达国家已普遍应用，20世纪60年代中国就开始有应用同层排水的工程案例。"住宅的污水排水横管宜设于本层套内"最早出现在首都机场飞行员公寓和国家标准《住宅设计规范》GB 50096—1999中。

鉴于异层排水在卫生器具个性化布置、排水噪声、管道漏水检修、卫生条件、产权界定等方面存在的种种问题，促使同层排水技术在全国各地得到不同程度的推广和应用。可以预见的是，特殊单立管排水系统和同层排水系统将一道演绎建筑排水系统的发展趋势，将特殊单立管排水系统和同层排水结合应用已是大势所趋，因此，特殊单立管同层排水系统是特殊单立管排水系统的一个重要内容。

特殊单立管同层检修排水系统是在特殊单立管排水系统的基础上发展起来的，旨在致力于研究和解决卫生间反臭、卫生器具反流、管道堵塞后检修不便等传统建筑排水系统存在但尚无有效措施的一些问题，为丰富和扩展特殊单立管排水系统技术理念，推动建筑排水领域的发展提供有价值的途径和方法。

8.1 特殊单立管同层排水系统

特殊单立管排水系统比普通排水系统更加适用于同层排水，特殊单立管同层排水流态呈螺旋附壁流，也更加符合同层排水要求。

国内同层排水系统通常采用的是沿墙敷设和地面降板敷设两种安装方式。在此基础上，特殊单立管同层排水系统又衍生一种沿墙敷设与卫生间地面不降板或微降板相结合的敷设方式。

8.1.1 沿墙敷设方式

沿墙敷设同层排水系统，即排水横支管和卫生器具排水管暗敷在非承重墙或装饰墙内（图8-1-1），其墙体厚度或空间应满足排水管道和附件及特殊单立管系统特殊管件的敷设要求。当采用隐蔽式水箱（图8-1-2）时，还应满足水箱的安装要求。

卫生器具的布置应便于排水管道的连接，接入同一排水立管的卫生器具排水管和排水横支管宜沿同一墙面或相邻墙面敷设。

沿墙敷设方式的排水横支管和卫生器具排水管可采用暗敷或明装。暗敷时可埋设在非承重墙内或利用装饰墙隐蔽管道。非承重墙厚度或装饰墙空间应根据隐蔽式水箱、排水管管径等因素确定，宜为205~220mm。墙体高度应根据水箱冲洗按钮位置确定，顶按式宜为840~900mm，前按式不宜小于1140mm。

除卫生器具的安装支架外，墙体龙骨等构件应具有足够的强度和刚度，并应质轻防

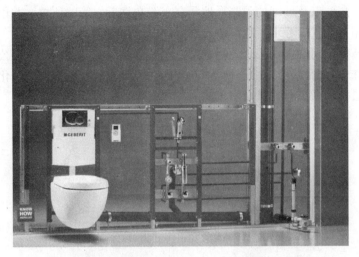

图 8-1-1　特殊单立管同层排水系统沿墙敷设安装示意

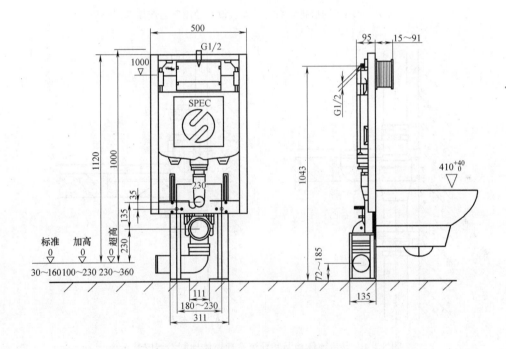

图 8-1-2　隐蔽式冲洗水箱安装示意

腐。墙体材料应耐压、抗冲击、防水，面层装饰材料应采用粘贴，具体要求应由建筑专业确定。

　　大便器应采用壁挂式坐便器或后排式坐（蹲）便器，壁挂式坐便器宜采用隐蔽式冲洗水箱。大便器宜靠近排水立管布置，其冲洗水箱应配套采用。沿墙敷设方式装饰墙体需占用部分卫生间空间，为节省面积推荐使用隐蔽式冲洗水箱。

　　如何合理设置地漏对于沿墙敷设同层排水系统至关重要。协会标准《建筑同层排水系统技术规程》CECS 247：2008 中规定：当沿墙敷设同层排水系统需设置地漏时，由于楼板高度和装饰层高度以及坡度的限制，地漏宜布置在靠近立管的位置，并单独接入排水立管，地漏宜采用直埋式内置水封地漏，且水封深度不得小于 50mm。

为解决沿墙敷设同层排水系统地漏的设置问题，昆明群之英科技有限公司成功研发一种带地漏的特殊单立管配件。该配件将地漏与加强型旋流器特制配件一体化设计，从而解决沿墙敷设同层排水系统地漏敷设困难的问题（图 8-1-3、图 8-1-4）。

8-1-3　应用于同层排水系统沿墙敷设的导流三通连体地漏外形

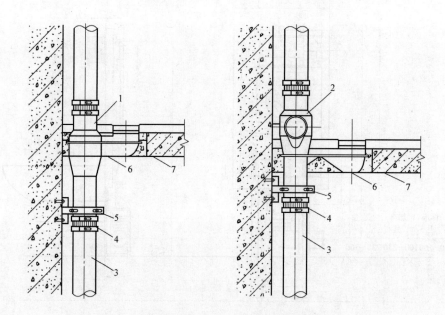

图 8-1-4　导流连体地漏和导流三通连体地漏沿墙安装示意
1—导流连体地漏；2—导流三通连体地漏；3—排水立管；
4—不锈钢卡箍；5—立管固定支架；6—地漏底部；7—楼板底面

8.1.2　地面降板敷设方式

地面降板敷设可采用局部降板或卫生间整体降板，在满足管道敷设、施工维修等要求的前提下宜尽量缩小降板区域（图 8-1-5）。

降板高度应根据卫生器具布置、降板区域大小、管材种类、管径、管道长度、接管要求等因素综合确定，住宅卫生间降板高度一般不宜小于 300mm（含建筑面层）；当采用排

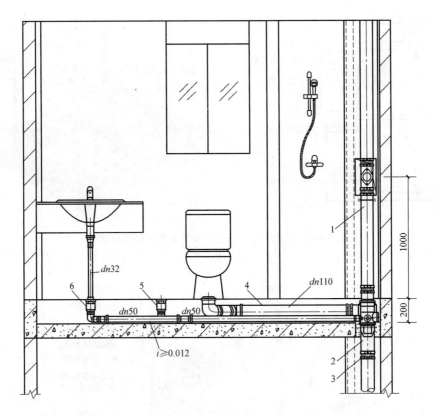

图 8-1-5　特殊单立管同层排水系统降板敷设示意
1—排水立管；2—导流三通连体地漏；3—不锈钢卡箍；
4—排水支管；5—可调式防虫防溢地漏；6—可调式卫生器具连接器

水汇集器时，降板高度应根据产品要求确定。

　　在卫生间降板区域防水层施工完毕后方可进行同层排水管道安装，排水管道的支架应牢固、可靠，支架的固定不得破坏楼面防水层。

　　降板区域应采用轻质材料填充，并不得采用机械填充。施工时应在排水管道两侧对称分层填充密实。在洗衣机、坐便器设置部位应现浇细石混凝土。

　　降板区域采用架空方式时，架空层专用支架和管道安装支架应采用专用胶粘剂固定在楼板上，不得破坏防水层。

8.1.3　沿墙敷设与卫生间地面不降板或微降板相结合敷设方式

　　随着排水施工技术的不断进步及新产品的不断出现，卫生间降板同层排水系统出现了微降板同层排水系统（降板高度仅需 100mm 左右）（图 8-1-6、图 8-1-7），甚至是不降板同层排水系统（带地漏）。该方式需与沿墙敷设方式组合，其主要特点：大部分管道集中敷设在管道井内，方便维修，可减少降板高度及沿墙管道井面积，减少占用空间，同时还可避免同层排水降板安装时，降板空间填充层产生管道漏水和积水现象。

　　卫生间坐便器和淋浴地漏排水各自分别接入污水立管，厨房洗涤盆排水接入废水立管。卫生间采用后排水式坐便器。淋浴地漏采用防溢地漏，通过敷设在局部降板填充层内

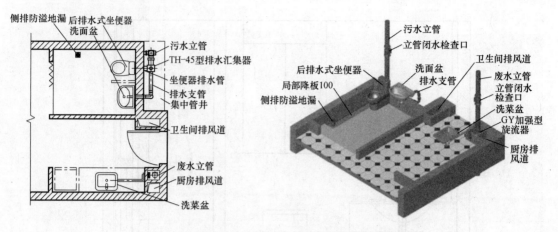

图 8-1-6　特殊单立管同层排水系统微降板敷设示意

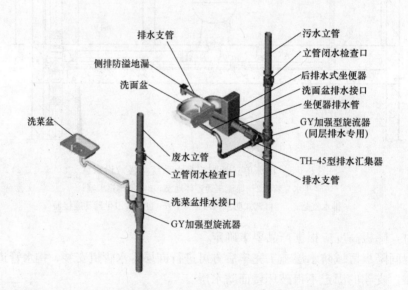

图 8-1-7　特殊单立管同层排水系统微降板敷设卫生器具及管道系统示意

的排水横支管接入同层排水专用的加强型旋流器。敷设在地面微降板填充层内的铸铁排水横支管应采用整根管材，避免管道接口漏水现象的发生。

如采用下排式坐便器，应配套使用设有专用清扫口的排水汇集器。排水汇集器宜为铸铁或硬聚氯乙烯等材质，并应在工厂内组装，密封性试验应合格。

排水汇集器的管道连接应符合下列规定：各卫生器具和地漏的排水管应单独与排水汇集器连接；排水汇集器排出管管径应经水力计算确定，但不应小于接入排水汇集器的最大卫生器具排水管管径；排水汇集器的设置位置应便于清洗和疏通。

地漏接入排水横支管时，接入位置宜在大便器和浴盆排水的上游。

8.1.4　多通道同层排水地漏安装

多通道同层排水地漏与导流连体多通地漏微降板安装，如图 8-1-8、图 8-1-9 所示。

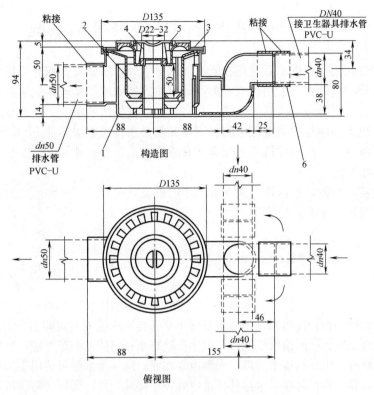

图 8-1-8　多通道同层排水地漏微降板安装

1—本体；2—水封件；3—箅子；4—洗衣机排水插口；5—洗衣机排水插口盖；6—管箍

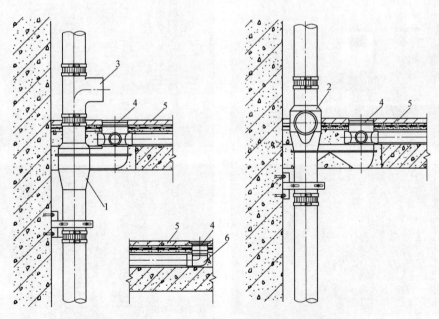

图 8-1-9　导流连体地漏和导流三通连体地漏微降板安装

1—导流连体地漏；2—导流三通连体地漏；3—顺水三通；4—调节段；

5—装饰面层；6—可调式特殊配件

8.2　特殊单立管同层检修排水系统

特殊单立管同层检修排水系统是在既有普通单立管排水系统、双立管排水系统和特殊单立管排水系统的基础上，采用排水汇集器和可调式特殊配件实现系统水封主动补水防干涸、排水横支管同层清通与检修等功能，具有承受系统气压波动能力强、水封不易被破坏等显著特点。更重要的是，实现卫生间、厨房和阳台在设置地漏条件下的沿墙敷设同层排水，对节省工程造价、提高建筑卫生标准具有重要意义，是一种卫生、安全、节能并便于维护的建筑排水系统。

以卫生间排水为例，根据排水横支管的不同敷设方式可以有多种形式的特殊单立管同层检修排水子系统（图 8-2-1）。

$$
\text{特殊单立管同层检修排水系统}
\begin{cases}
\text{同层排水}
\begin{cases}
\text{沿墙敷设同层排水} \\
\text{微降板同层排水} \\
\text{传统降板同层排水}
\end{cases} \\
\text{异层排水}
\end{cases}
$$

图 8-2-1　特殊单立管同层检修排水系统组合

特殊单立管同层检修排水系统与其他特殊单立管排水系统的主要差别在于：更加注重并强化系统的安全卫生、同层检修性能以及卫生器具排水接口的可调节性能，毛坯房在二次装修时无需拆除原有卫生器具排水接口，无需重复作业。同层排水时可适用于传统降板、微降板和沿墙敷设；异层排水时在卫生器具排水口处预埋特殊配件，楼板无需预留孔洞和后续补洞，降低劳动强度，减少楼面漏水的可能性（图 8-2-2）。

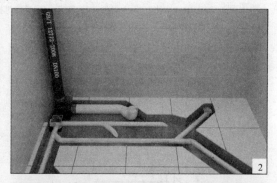
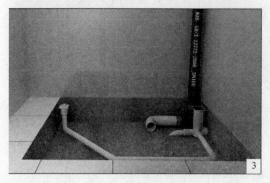

图 8-2-2　特殊单立管同层检修排水系统四种典型应用

1—沿墙敷设同层排水；2—微降板同层排水；3—传统降板同层排水；4—异层排水

8.2.1　系统主要特点

1）新型排水汇集器

排水汇集器是指设置在结构楼板上用于汇集卫生器具排水管，并将污、废水集中接至排水立管或横管的专用排水附件。特殊单立管同层检修排水系统中的导流三通连体地漏、导流连体地漏、同层检修地漏就是具有上述功能的新型排水汇集器（图 8-2-3）。

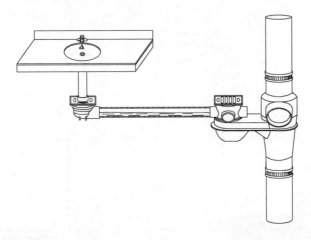

图 8-2-3　排水汇集器水封补水

2）同层检修功能

特殊单立管同层检修排水系统在容易产生堵塞的部位实现污物的同层清堵与检修。发生堵塞后，不论同层排水还是异层排水，仅需要揭开具有同层检修功能的多通道地漏盖板篦子，抽出内套进行除污清洗即可（图 8-2-4）。

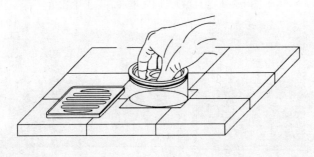

图 8-2-4　同层轻易检修示意

3）卫生间、厨房和阳台实现沿墙敷设同层排水

特殊单立管同层检修排水系统应用于住宅卫生间、厨房和阳台时，使用导流三通连体地漏和导流连体地漏可实现沿墙敷设同层排水（图 8-2-5、图 8-2-6）。

4）及时排除降板层积水

有调查显示，国内降板同层排水系统在工程应用中，降板空间存在渗、漏情况达55%（图 8-2-7），且长期以来一直无有效解决途径。

特殊单立管同层检修排水系统较好地解决了这一难题，降板空间积水排放装置除可及时排除降板层积水外，还具有防反流、防溢和防干涸功能（图 8-2-8）。

图 8-2-5　导流三通连体地漏应用于沿墙敷设同层排水示意

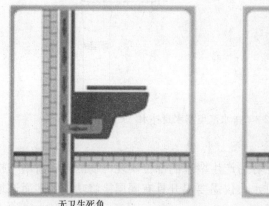
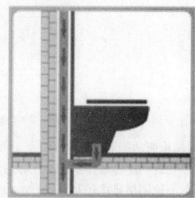

无卫生死角　　　　　　　　　　　有卫生死角

图 8-2-6　沿墙敷设同层排水消除卫生死角

图 8-2-7　降板空间渗漏积水地面破坏现场

5）防浊、防虫、防溢

在特殊单立管同层检修排水系统的同层检修地漏和卫生器具排水口均设置有重力止回装置（非替代水封的机械活动密封），具有防浊、防虫、防溢的功能，阻止蟑螂、蝇虫等爬入室内，有效防止排水冒溢，减少水封蒸发干涸（图 8-2-9）。

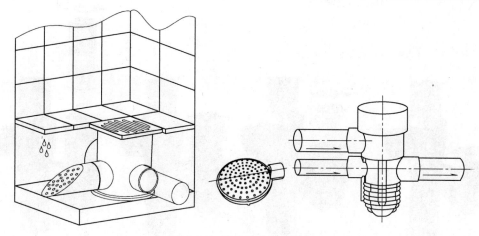

图 8-2-8　积水安全排放装置

8.2.2　系统主要配件

1）导流三通连体地漏

导流三通连体地漏是一种专用于卫生间和厨房同层排水的加强型旋流器兼排水汇集器，可应用于沿墙敷设同层排水（图 8-2-10）、微降板同层排水（图 8-2-11）和传统降板同层排水（图 8-2-12）。地漏自带水封，高度可调节范围大，具有快速排除地面积水、防干涸、防臭、防虫、防溢、同层检修等功能。

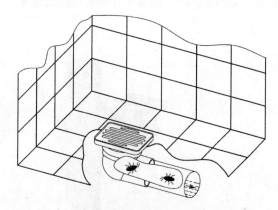

图 8-2-9　同层检修地漏防浊、防虫、防溢示意

图 8-2-10　应用于沿墙敷设同层排水的导流三通连体地漏

2）导流连体地漏

导流连体地漏是一种专用于阳台沿墙敷设同层排水的加强型旋流器兼排水汇集器，地漏自带水封，高度可调节范围大，具有快速排除地面积水、水封防干涸、防臭、防虫、防溢、同层检修等功能（图 8-2-13）。

115

图 8-2-11　应用于微降板同层排水的导流三通连体地漏　　图 8-2-12　应用于传统降板同层排水
的导流三通连体地漏

图 8-2-13　应用于沿墙敷设同层排水的导流连体地漏

3）同层检修地漏

同层检修地漏由外套和可拔出的内套组成（图 8-2-14），自带水封，高度可调节范围大，具有快速排除地面积水、水封防干涸、水封抗压力波动能力强、防臭、同层检修等功能。应

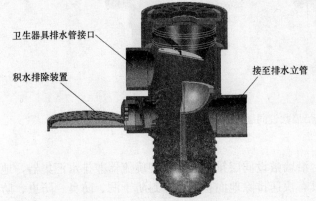

卫生器具排水管接口

积水排除装置

接至排水立管

图 8-2-14　同层检修地漏

用于传统降板同层排水时，还具有安全排除降板空间积水功能。

同层检修地漏内出口侧水封断面面积和进口侧水封断面面积比（水封比）为 1.28，大大提高水封抗压抽吸能力。经测试，在 -400Pa 气压作用 10s 后，剩余水封深度仍有 35mm。同层检修地漏经住房和城乡建设部科技发展促进中心鉴定评估，综合评估意见：该地漏结构设计具有创新性，技术水平达到国际先进，具有推广应用价值。

4）可调式防虫防溢地漏

无水封，内部设有重力止回阀，高度可调节范围大，具有快速排除地面积水、防虫、防异味、防溢、辅助防止水封干涸等功能。有同层排水用可调式防虫防溢地漏和异层排水用可调式防虫防溢地漏两种（图 8-2-15）。

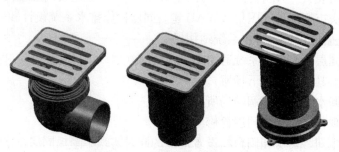

图 8-2-15　可调式防虫防溢地漏

5）可调式器具连接器

无水封，内部设有重力止回阀，高度可调节范围大，专用于连接洗脸盆、浴盆、洗衣机等器具排水管，具有防虫、防异味、防溢、辅助防止水封干涸等功能。有同层排水用可调式器具连接器和异层排水用可调式器具连接器两种（图 8-2-16）。

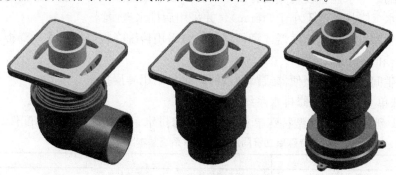

图 8-2-16　可调式器具连接器

6）可调式侧墙地漏

无水封，内部设有重力止回阀，长度可调节范围大，专用于排水立管设置在卫生间外的地面排水，具有防虫、防异味、防溢、辅助防止水封干涸等功能（图 8-2-17）。

图 8-2-17　可调式侧墙地漏外形及内部构造

8.2.3　特殊单立管同层检修排水系统设计

到目前为止，现行有关标准都不同程度地介绍或涉及特殊单立管同层检修排水系统方

面的内容，如协会标准《建筑同层检修（WAB）排水系统技术规程》CECS 363：2014、
《加强型旋流器特殊单立管排水系统技术规程》CECS 307：2012，国家标准图集 10SS410
《建筑特殊单立管排水系统安装》、12S306《住宅卫生间同层排水系统安装》、14S307《住
宅厨、卫给水排水管道安装》，以及云南省标准设计图集滇 11JS4-1《WAB 特殊单立管同
层检修排水系统安装》、福建省标准设计图集闽 2012-S-01《建筑同层检修特殊单立管排水
系统安装》及重庆市标准设计图集《WAB 建筑同层检修排水系统设计和安装》等。

1）特殊单立管同层检修排水系统适用场所

特殊单立管同层检修排水系统适用于 10 层及 10 层以上居住类建筑和建筑标准要求较
高的多层住宅，尤其适用于以下场所：

（1）要求地漏水封不易干涸的场所；

（2）要求实现排水横支管同层检修的场所；

（3）要求卫生间、厨房和阳台在设置地漏的同时实现不降板同层排水的场所；

（4）要求卫生间采用降板同层排水时可有效排除降板层内渗漏积水的场所；

（5）异层排水时，要求无需预留楼板孔洞和补洞的场所等。

2）特殊单立管同层检修排水系统类型选用

（1）仅设一个地漏且地漏靠近排水立管时，宜采用沿墙敷设同层排水，并采用后排水坐便器。

（2）地漏距排水立管较远或设有 2 个（含）以上地漏或设有浴盆（缸）时，宜采用微
降板同层排水（降板高度不小于 80mm），并采用后排水坐便器。

（3）卫生间设下排水坐便器或蹲便器时，宜采用传统降板同层排水（降板高度分别不
小于 150mm 和 300mm）。

（4）卫生间设下排水坐便器或蹲便器时，也可采用异层排水。

3）特殊单立管同层检修排水系统组成

表 8-2-1 列出了不同类型特殊单立管同层检修排水系统需使用的基本配件。

特殊单立管同层检修排水系统基本配件配置 表 8-2-1

场所	排水方式	基本配件
卫生间	沿墙敷设同层排水	导流三通连体地漏(IB)、导流连体地漏、底部异径弯头
	沿墙敷设同层排水（立管外置）	导流三通连体地漏(IB)、导流连体地漏、可调式侧墙地漏、底部异径弯头
	微降板同层排水	导流三通连体地漏(IW)、导流连体地漏、底部异径弯头、可调式防虫防溢地漏、可调式器具连接器
	传统降板同层排水(1)	导流三通连体地漏(IJ)、导流连体地漏、底部异径弯头、可调式防虫防溢地漏、可调式器具连接器
	传统降板同层排水(2)	加强型旋流器、Ⅰ型同层检修地漏、Ⅱ型同层检修地漏、底部异径弯头、可调式防虫防溢地漏、可调式器具连接器
	异层排水	加强型旋流器、Ⅲ型同层检修地漏、底部异径弯头、可调式防虫防溢地漏、可调式器具连接器、可调式大便器连接器
厨房	沿墙敷设同层排水（设地漏）	导流三通连体地漏(IB)、导流连体地漏、底部异径弯头
	同层排水（不设地漏）	加强型旋流器、水封盒、底部异径弯头
	异层排水（设地漏）	加强型旋流器、Ⅲ型同层检修地漏、底部异径弯头
阳台	沿墙敷设同层排水	导流连体地漏、底部异径弯头
	异层排水	加强型旋流器、Ⅲ型同层检修地漏、底部异径弯头
厨房外带阳台	沿墙敷设同层排水	导流连体地漏、水封盒、底部异径弯头
	异层排水	加强型旋流器、Ⅲ型同层检修地漏、底部异径弯头

注：1. 阳台是指设有洗衣机的生活阳台。
2. 微降板同层排水指降板高度在 80～150mm 的降板方式。
3. 传统降板同层排水指降板高度大于 150mm 的降板方式。

4）系统管道布置

特殊单立管排水系统的排水立管布置、立管偏置等在本书其他章节已有详细介绍，这里主要强调特殊单立管同层检修排水系统管道布置时还需要注意的其他事项：

（1）接入排水汇集器的排水器具下方不得再设置存水弯，未接入排水汇集器的排水器具应自带水封或增设存水弯；

（2）同层检修地漏出水管接入 DN75 或 DN100 排水横支管时应采用管顶平接，且接入位置沿水流方向宜在大便器排水接入口的上游；

（3）同层检修地漏的设置位置应便于清理和检修，并宜靠近排水立管；

（4）接入排水汇集器的排水横支管符合下列要求时应设置可调式器具连接器：

① 设有小便器时；

② 排水横支管总长度超过 1.5m 时。

不同类型排水方式的管道布置，参考图 8-2-18～图 8-2-22 所示。

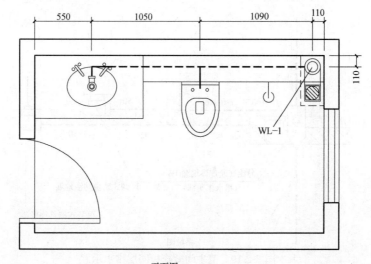

平面图

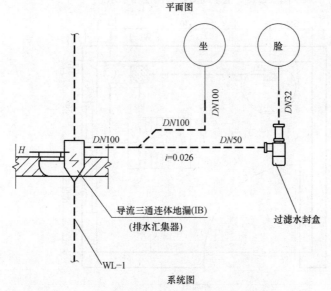

系统图

图 8-2-18　卫生间沿墙敷设同层排水示意

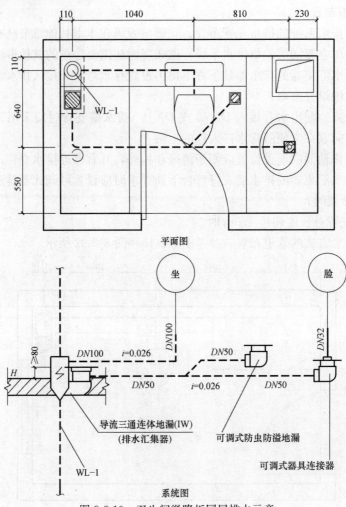

图 8-2-19　卫生间微降板同层排水示意

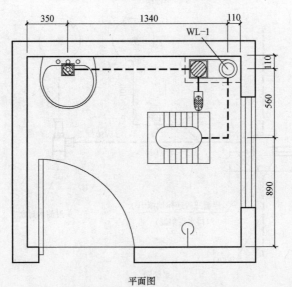

平面图

图 8-2-20　卫生间传统降板同层排水示意

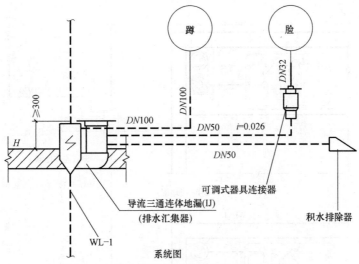

图 8-2-20　卫生间传统降板同层排水示意（续）

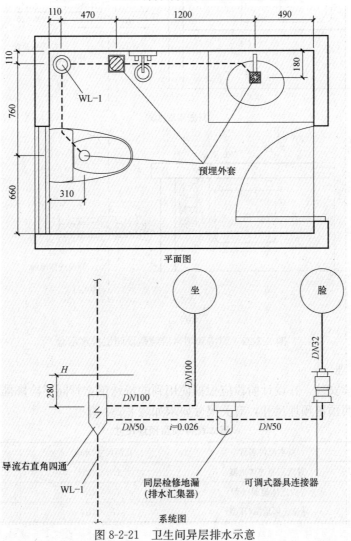

图 8-2-21　卫生间异层排水示意

121

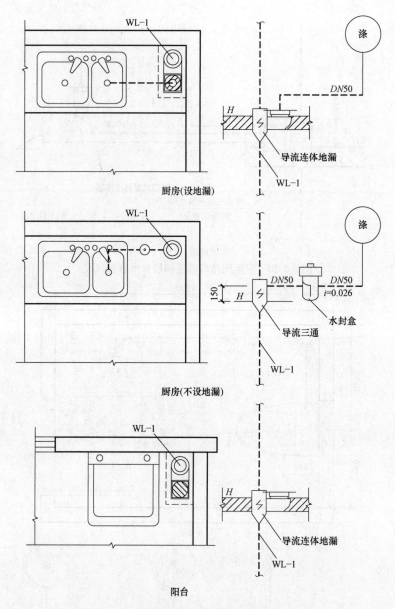

图 8-2-22 厨房和阳台沿墙敷设同层排水示意

5）预留预埋

为便于后续安装，在设计阶段应根据使用到的特殊单立管同层检修排水系统基本配件在必要位置标明预留预埋尺寸，有关尺寸要求如表 8-2-2 所示。

基本配件预留预埋尺寸   表 8-2-2

排水方式	基本配件名称	孔洞尺寸(mm)	备 注
同层排水	导流三通连体地漏	470×210	方孔
	导流连体地漏（Ⅰ型）	400×220	方孔
	导流连体地漏（Ⅱ型）	470×210	方孔

续表

排水方式	基本配件名称	孔洞尺寸(mm)	备 注
同层排水	Ⅰ类加强型旋流器	$\phi200$	圆孔
	Ⅱ类加强型旋流器	$\phi150$	圆孔
	可调式侧墙地漏	$150\times130(H)$	方孔
异层排水	Ⅰ/Ⅱ类加强型旋流器	$\phi150$	圆孔
	同层检修地漏（Ⅲ型）	预埋外套	—
	可调式防虫防溢地漏	预埋外套	—
	可调式器具连接器	预埋外套	—
	可调式大便器连接器	预埋外套	—

注：1. 表中尺寸为最小控制尺寸（如遇产品更新，应再重新确认尺寸）。
　　2. 未列出的预留孔洞尺寸应按现行有关标准确定。

8.2.4　特殊单立管同层检修排水系统安装

特殊单立管同层检修排水系统管道的常规安装方法参见本书其他章节，下面就系统需使用到的一些基本配件的安装注意事项作必要说明。

施工安装前应确认所有配套部件完整，并检查将同层检修地漏内套拔出的力度是否合适，必要时可涂抹少许黄油。与管道粘接前，应确保同层检修地漏和水封盒的朝向与水流方向一致。插入地漏内套时，应确保安装方向无误。

1）当特殊单立管同层检修排水系统采用沿墙敷设同层排水时，宜按下列步骤进行施工安装：

（1）根据导流连体地漏或导流三通连体地漏尺寸、预留孔洞及立管安装位置确定墙体上的固定支架所在位置，并固定好支架；

（2）根据楼板底面或楼板面的位置调整导流连体地漏或导流三通连体地漏的位置，并固定在支架上，位置调整好的导流连体地漏或导流三通连体地漏的底部不得露出楼板底面（图 8-2-23）；

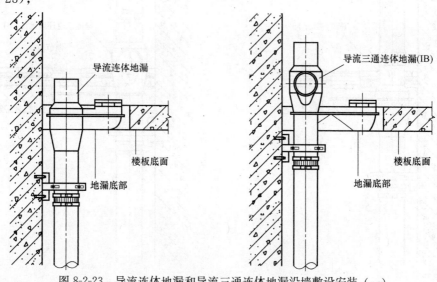

图 8-2-23　导流连体地漏和导流三通连体地漏沿墙敷设安装（一）

（3）根据楼层高度切割立管，并将立管与导流连体地漏或导流三通连体地漏及立管上其他管件相连接；

（4）排水立管安装完毕后，将排水立管穿越楼板部位用 C20 细石混凝土分两次嵌实，插入一节适当长度的保护管并作地面找平层、防水层（应做蓄水试验）、毛坯房面层（图 8-2-24）；

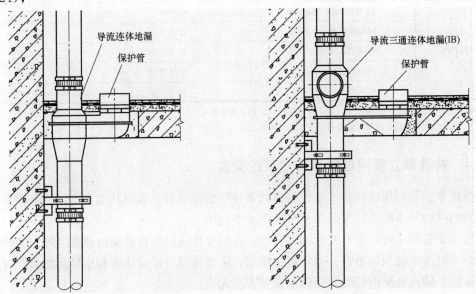

图 8-2-24　导流连体地漏和导流三通连体地漏沿墙敷设安装（二）

（5）切割高出毛坯房面层的保护管。如无需二次装修，则取出地漏调节段，根据地面高度的要求切割地漏调节段的长度，然后装入外套内，确保安装好后的地漏面略低于完成的毛坯房面层；如需二次装修，则根据二次装修完成面高度调节地漏调节段，再进行地面装饰面层的施工（图 8-2-25）。

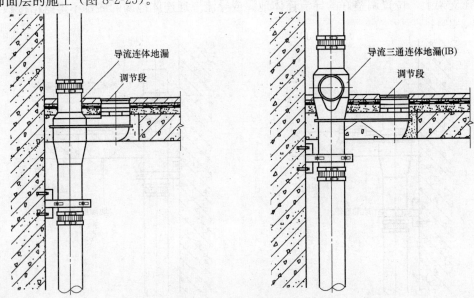

图 8-2-25　导流连体地漏和导流三通连体地漏沿墙敷设安装（三）

2）当特殊单立管同层检修排水系统采用微降板同层排水时，宜按下列步骤进行施工安装：

（1）根据导流连体地漏或导流三通连体地漏尺寸、预留孔洞及立管安装位置确定墙体上的固定支架位置，并固定好支架；

（2）将导流连体地漏或导流三通连体地漏固定在支架上，并根据地板面的位置调整导流连体地漏或导流三通连体地漏的位置；调整好的导流三通连体地漏或导流连体地漏的排水支管接口宜略高于楼板面（图 8-2-26）；

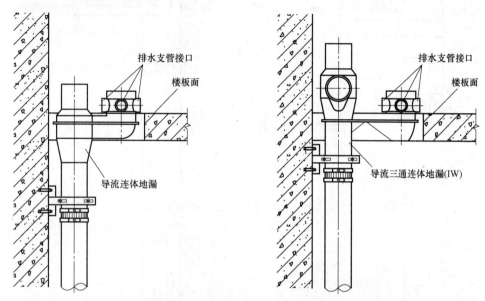

图 8-2-26　导流连体地漏和导流三通连体地漏微降板安装（一）

（3）根据楼层高度切割立管，并将立管与导流连体地漏或导流三通连体地漏及立管上其他管件相连接；

（4）排水立管安装完毕后，将排水立管穿越楼板部位用 C20 细石混凝土分两次嵌实；

（5）安装排水支管、可调式特殊配件和保护管；

（6）降板区域用 C20 细石混凝土回填并作地面找平层、防水层（应做蓄水试验）和毛坯房面层（图 8-2-27）。

（7）切割高出毛坯房面层的保护管。如无需二次装修，则取出地漏调节段，根据地面高度的要求切割地漏调节段的长度，然后装入外套内，确保安装好后的地漏面略低于完成的毛坯房面层；如需二次装修，则根据二次装修完成面高度调节地漏调节段，再进行装饰面层的施工（图 8-2-28）。

3）当特殊单立管同层检修排水系统采用传统降板同层排水时，宜按下列步骤进行施工安装：

（1）根据导流连体地漏或导流三通连体地漏尺寸、预留孔洞及立管安装位置确定出墙体上的固定支架位置，并固定好支架；

（2）将导流连体地漏或导流三通连体地漏固定在支架上，并根据地板面的位置调整导流连体地漏或导流三通连体地漏的位置；调整好的导流连体地漏或导流三通连体地漏的排

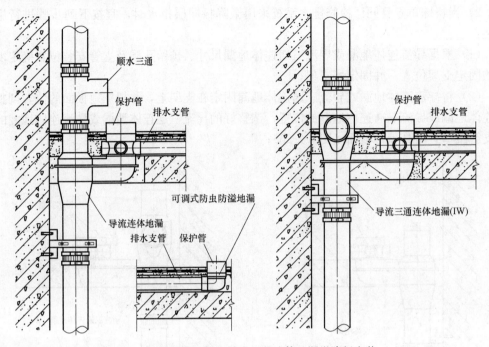

图 8-2-27　导流连体地漏和导流三通连体地漏微降板安装（二）

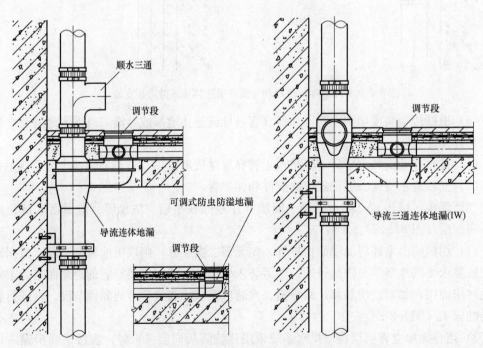

图 8-2-28　导流连体地漏和导流三通连体地漏微降板安装（三）

水支管接口宜高于楼板面 20～30mm（图 8-2-29）；

（3）根据楼层高度切割立管，并将立管与导流连体地漏或导流三通连体地漏及立管上其他管件相连接；

（4）排水立管安装完毕后，将排水立管穿越楼板部位用 C20 细石混凝土分两次嵌实；

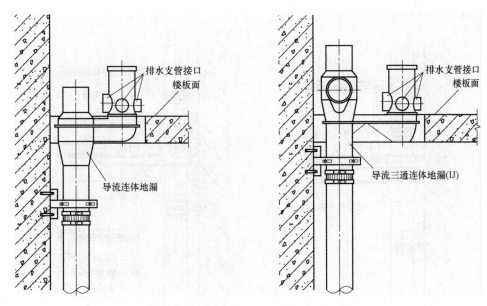

图 8-2-29　导流连体地漏和导流三通连体地漏传统降板安装（一）

（5）在降板层楼板面作找平层和防水层（应做蓄水试验）；

（6）安装排水支管、积水排除器、可调式特殊配件和保护管；

（7）用陶粒、煤渣等轻质填料回填降板区域，并作找平层、防水层（应做蓄水试验）和毛坯房面层（图 8-2-30）。

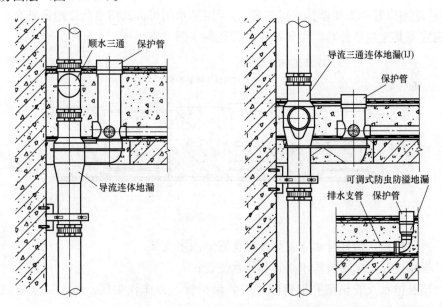

图 8-2-30　导流连体地漏和导流三通连体地漏传统降板安装（二）

（8）切割高出毛坯房面层的保护管。如无需二次装修，则取出地漏调节段，根据地面高度的要求切割地漏调节段的长度，然后装入外套内，确保安装好后的地漏面略低于完成的毛坯房面层；如需二次装修，则根据二次装修完成面高度调节地漏调节段，再进行装饰面层的施工（图 8-2-31）。

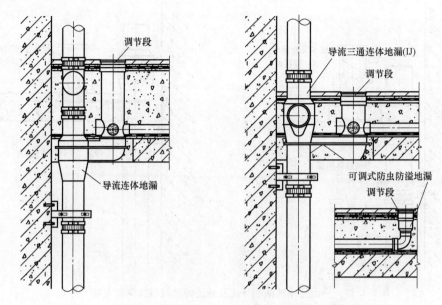

图 8-2-31　导流连体地漏和导流三通连体地漏传统降板安装（三）

4）当特殊单立管同层检修排水系统采用异层排水时，宜按下列步骤进行施工安装：

（1）配合土建施工，在浇筑楼板前根据各排水点位置，分别预埋可调式大便器连接器（同层检修地漏位置和大便器排水口位置）、异层排水用可调式防虫防溢地漏外套、异层排水用可调式器具连接器外套，预留排水立管孔洞（图 8-2-32）；

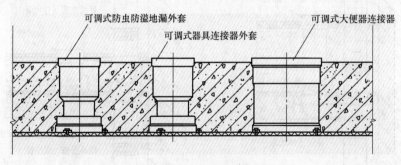

图 8-2-32　预埋外套

（2）拆除模板，做好排水立管和排水支管的固定支架；

（3）根据设计要求安装排水立管和排水支管；

（4）填补排水立管预留孔洞缝隙，安装保护管，并作找平层、防水层（应做蓄水试验）和毛坯房面层（图 8-2-33）；

（5）切割高出毛坯房面层的保护管。如无需二次装修，则取出地漏调节段，根据地面高度的要求切割地漏调节段的长度，然后装入外套内，确保安装好后的地漏面略低于完成的毛坯房面层；如需二次装修，则根据二次装修完成面高度调节地漏调节段，再进行装饰面层的施工（图 8-2-34）。

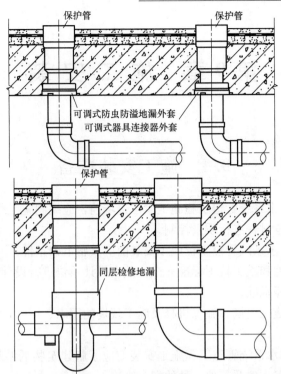

图 8-2-33　应用于异层排水安装（一）

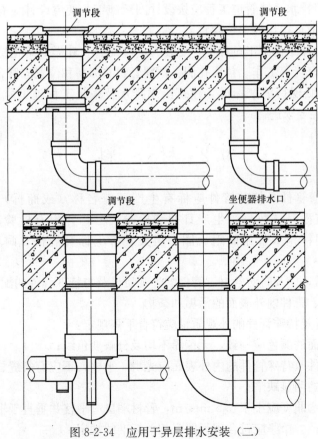

图 8-2-34　应用于异层排水安装（二）

第9章 施 工 安 装

9.1 施工安装准备

1）特殊单立管排水系统管道工程施工单位进场前，应编制施工组织设计或施工方案，并由监理单位对施工全过程进行质量控制。

2）特殊单立管排水系统管道工程施工安装前应具备下列条件：

（1）工程设计文件和施工技术标准齐全，并由设计单位进行设计交底；

（2）施工方案已经批准；

（3）工程材料、施工力量、施工机具及施工现场的用水、用电、材料储放场地等条件能满足正常施工需要。

3）特殊单立管排水系统管道工程施工安装前应了解建筑物的结构形式，并根据设计图纸和施工方案制定与土建及其他工种的配合措施。

4）特殊单立管排水系统管道工程应按设计图纸施工。变更设计应有设计单位出具的设计变更通知单，或征得设计单位同意。

5）在建筑物主体结构施工过程中，安装人员应配合土建做好管道穿越墙壁、楼板处的预留孔洞、预埋套管等工作。预留孔洞、预埋套管的标高和位置应符合设计要求。当设计无要求时，应按照现行国家标准《建筑给水排水及采暖工程施工质量验收规范》GB 50242—2002 的有关要求进行。

9.2 材 料

1）管材、普通管件及特殊管件应标有生产厂商名称（或商标）、规格及执行标准。包装上应标有批号、数量、生产日期和检验代号，并附有检验部门的测试报告和出厂合格证。塑料排水管用的阻火圈、阻火胶带应标有规格、耐火极限和生产厂商名称。

2）材料进场后，应及时对管材、管件的外观质量及与特殊管件的配合公差进行检查、复核，并清除管材、管件内外表面的污垢和杂物。

3）管材、管件及特殊管件的外观质量应符合下列规定：

（1）管材外表面的颜色应一致，无色泽不均及分解变色线；

（2）管材、管件及特殊管件的内外表面应光滑、平整，不应有裂缝、冷隔、错位、蜂窝及其他影响使用的明显缺陷；

（3）管材轴向弯曲度应小于 1.5 mm/m，管材端口应平整并垂直于轴线；

（4）管材的外径、壁厚应符合现行国家相关标准的规定；

（5）特殊管件及普通管件应无损伤、无变形。

4）硬聚氯乙烯（PVC-U）排水塑料管用的接口胶粘剂应符合下列规定：

（1）胶粘剂应标有生产厂名称、生产日期和保质期限，并有出厂合格证和使用说明书；

（2）胶粘剂应呈自由流动状态，不得为凝胶体，应无异味，色度应小于 1°，混浊度应小于 5°；在未搅拌情况下不得出现分层现象和析出物；胶粘剂不得结团，不得含有不溶颗粒和其他杂质；

（3）胶粘剂的剪切强度不应小于 5.0MPa（23℃，固化时间 72h）；

（4）寒冷地区使用的胶粘剂，其性能应能适应当地的气候条件。

5）管托、管卡、管箍、螺栓、橡胶密封圈等管道支承件、紧固件、密封件宜采用生产厂配套产品。

6）长期存放后的材料，在使用前应进行外观检查，如发现异常应进行性能复检。当施工现场环境温度与库存管材、管件温差较大时，应在安装前将所用管材、管件及特殊管件运至现场放置，使其温度接近施工现场环境温度后再使用。

9.3 材料储运与存放

1）特殊管件、管材、普通管件在运输、装卸和搬动时应小心轻放，排列整齐，避免油污。

2）特殊管件、管材、普通管件宜存放在温度不高于 40℃、有良好通风的库房内，不应长时间露天存放，并符合下列要求：

（1）管材应分类堆放在平整的地面上；

（2）苏维托、加强型旋流器宜按型号、规格直立摆放整齐；

（3）其他管件叠放高度不得超过 1.5m。

3）与特殊管件及普通管件配套供应的橡胶密封圈应分类放置，其贮存条件与管件相同。

4）用于连接硬聚氯乙烯（PVC-U）排水管的胶粘剂、清洗剂（丙酮）等易燃品，在运输、存放和使用时必须远离火源。存放地点应阴凉、干燥、安全，并应随用随取。

9.4 特殊管件安装

1）特殊管件安装前应将内、外表面粘结的污垢、杂物和承口、插口、法兰压盖结合面上的泥沙等附着物清除干净。

2）特殊管件的安装应符合下列规定：

（1）应按设计图纸的管道走向做好施工现场放样工作，并认真核对特殊管件的安装定位尺寸；

（2）应根据横支管的进水方向和标高或横干管、排出管的出水方向和标高调整好特殊管件的位置，用支架或吊架将接头固定；

（3）排水立管上部特殊管件苏维托、加强型旋流器的固定方法：当系统为异层排水时，应采用支架在墙上固定或采用吊架在下层楼板顶固定；当系统为同层排水时，可采用支架在本层墙上或楼板上固定；

（4）排水立管底部设置的底部异径弯头应采用支墩、支架或托架等固定措施。

3）特殊管件与铸铁排水管材的承插法兰压盖柔性连接应按下列步骤进行：

（1）按承口端需插入长度在管材或特殊管件插入端外壁画出安装线，安装线所在平面应与轴线相垂直；管材插入特殊管件承口端长度可按表 9-4-1 的要求执行；

管材插入特殊管件承口端长度　　　　　　　表 9-4-1

管材直径	铸铁管	DN50	—	DN75	DN100	DN125	DN150
	塑料管	dn50	dn75	—	dn110	dn125	dn160
插入长度（mm）		22	25	28	33	36	39

注：表中插入长度已包含管材端部与特殊管件承口内底有 5mm 的安装间隙。

（2）将法兰压盖套入管材或特殊管件插口端；

（3）选择与管材、特殊管件材质相配套的橡胶密封圈，在密封圈内倒角部位涂抹液体硅酮，并注意不要将液体硅酮涂抹在管外壁及密封圈内侧其他地方；将橡胶密封圈套入管材或特殊管件插口至已套入法兰压盖，用碎砂纸擦去被挤出的液体硅酮；

（4）将管材或特殊管件插口端插入承口；在插入过程中，管材与特殊管件的轴线应在同一直线上；

（5）校准管材位置，使橡胶密封圈均匀贴紧在承口倒角上，用支（吊）架初步固定管道；

（6）将法兰压盖与承口法兰螺孔对正，紧固连接螺栓；紧固螺栓时应注意使橡胶密封圈均匀受力；螺栓紧固力矩宜按表 9-4-2 数值采用；

特殊管件连接螺栓紧固力矩　　　　　　　表 9-4-2

管材直径	铸铁管	DN50	—	DN75	DN100	DN125	DN150
	塑料管	dn50	dn75	—	dn110	dn125	dn160
紧固力矩（N·m）		15	15	30	30	45	45

（7）调整并紧固支（吊）架螺栓，将管道固定。

4）特殊管件与铸铁排水管材的不锈钢卡箍柔性连接应按下列步骤进行：

（1）用工具松开卡箍螺栓，取出橡胶密封圈；

（2）将卡箍套入特殊管件插口端，并在特殊管件插口端部外壁涂抹一圈肥皂水作为润滑剂，套上橡胶密封圈；注意使橡胶密封圈的内挡圈与特殊管件插口端部管口结合严密；

（3）将橡胶密封圈的另一端向外翻转；

（4）将需要连接的立管或横管管材插入已翻转的橡胶密封圈内，调整位置使橡胶密封圈与管口外壁结合严密，将已翻转的橡胶密封圈复位；

（5）校准立管或横管的位置、垂直度、坡度，将橡胶密封圈外表面擦拭干净，用支（吊）架初步固定管道；

（6）移动不锈钢卡箍将其套在橡胶圈外合适位置，用专用套筒力矩扳手（6.76N·m）交替拧紧卡箍上的紧固螺栓；

（7）调整并紧固支（吊）架螺栓，将管道固定。

5）特殊管件与塑料排水管材的柔性胶圈连接应按下列步骤进行：

（1）塑料排水管材的切割宜采用细齿锯、割刀或专用断管机具，不得使用砂轮锯等切管时会产生火花及发热的机具；切口端面应平整并垂直于轴线，断面处不得有任何变形，并除去切口处的毛刺和毛边；

（2）将塑料排水管材及特殊管件承口内侧和插口外侧的沙尘、油污及水渍擦拭干净；

（3）用中号板锉将插口管端锉成 15°～30°坡口（外角）。坡口处管壁剩余厚度宜为原管壁厚度的 1/3～1/2，清除加工残屑；

（4）对于硬聚氯乙烯（PVC-U）、聚丙烯（PP）加强型内螺旋管，尚应采用专用倒角器对管材内壁螺旋肋进行倒角，并清除加工残屑；

（5）在管材插入端按需要插入长度画出安装标记线；

（6）在橡胶密封圈内侧涂抹润滑剂（凡士林油或肥皂水）；必要时，也可在管材插入端外壁涂抹润滑剂；

（7）将管材插入特殊管件承口内至标线位置；

（8）调整并紧固支（吊）架螺栓，将管道固定。

6）特殊管件与塑料排水管材的胶粘连接应按下列步骤进行：

（1）塑料排水管材的切割宜采用细齿锯、割刀或专用断管机具，不得使用砂轮锯等切管时会产生火花及发热的机具；切口端面应平整并垂直于轴线，断面处不得有任何变形，并除去切口处的毛刺和毛边；

（2）将塑料排水管材及特殊管件承口内侧和插口外侧的沙尘、油污及水渍擦拭干净；

（3）用中号板锉将插口管端锉成 15°～30°坡口（外角）。坡口处管壁剩余厚度宜为原管壁厚度的 1/3～1/2，清除加工残屑；

（4）对于硬聚氯乙烯（PVC-U）加强型内螺旋管，尚应采用专用倒角器对管材内壁螺旋肋进行倒角，并清除加工残屑；

（5）按照特殊管件实测承口深度在管材插入端表面画出插入深度标记线；

（6）校准管材安装位置，用支（吊）架使管道初步就位；

（7）在特殊管件承口内侧涂刷胶粘剂，再在管材插口外侧插入深度标记范围内涂刷胶粘剂；胶粘剂的涂刷应迅速、均匀、适量，不得漏涂；

（8）胶粘剂涂刷后，应立即找正方向将管材插入特殊管件承口至标记处，再将管材旋转 90°，静置固定，擦除多余的胶水；插入过程不得用锤子击打；

（9）调整并紧固支（吊）架螺栓，将管道固定。

7）铸铁排水立管大曲率底部异径弯头应按规定方法安装固定（图 9-4-1）。采用 W 型卡箍式接口的大曲率异径弯头接口部位应按要求进行防脱加固处理（图 9-5-5）。如为埋地敷设管段，卡箍式接口应采用 12Cr17Ni7（S30110）或 06Cr19Ni10（S30408）材质的不锈钢卡箍和氯丁橡胶或三元乙丙橡胶材质的密封胶圈；机制柔性承插接口应采用氯丁橡胶或三元乙丙橡胶材质的密封胶圈，接口部位应按照本书第 9.5.1 节中 18）的要求进行包覆防护处理（图 9-5-13）。

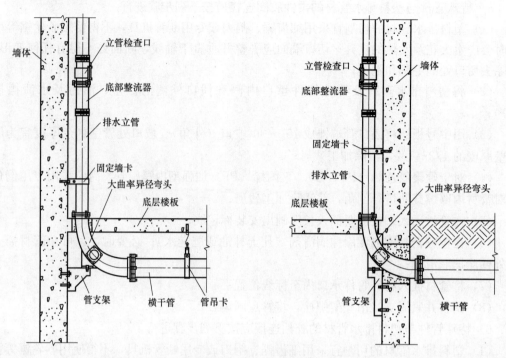

图 9-4-1　铸铁排水立管大曲率底部异径弯头安装

9.5　管道连接与安装

9.5.1　机制柔性接口排水铸铁管的管道连接与安装

1）机制柔性接口承插式排水铸铁管的连接与安装应按下列步骤进行：

（1）清除管材和普通管件内、外表面的污垢和杂物，清理管端切口毛刺；

（2）按插口端部与承口内底留有 3～5mm 的膨胀补偿间隙（图 9-5-1），画好安装位置标记线（图 9-5-2 步骤 1）；

（3）在插口端套上法兰压盖，再套入橡胶密封圈（图 9-5-2 步骤 2）；

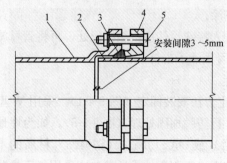

图 9-5-1　承插接口示意

1—承口端；2—插口端；3—橡胶密封圈；
4—法兰压盖（分为三耳、四耳）；5—紧固螺栓

（4）将插口端插入承口，插入深度依标记线位置；在插入过程中，应尽量保证插入管的轴线与承口管的轴线在同一直线上；

（5）校准两侧直管或管件的位置，使橡胶密封圈均匀贴紧在承口倒角部位，用支（吊）架初步固定管道（图 9-5-2 步骤 3）；

（6）对正法兰压盖与承口法兰螺孔，紧固连接螺栓；紧固时应注意使橡胶密封圈均匀受力；三耳压盖螺栓应三个角同步进行，逐个逐次拧紧；四耳压盖螺栓应按对角线方向依次逐

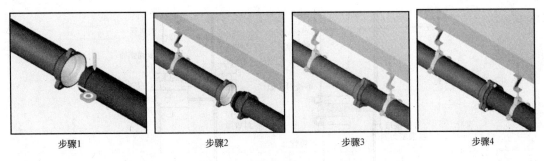

图 9-5-2 机制柔性接口承插式排水铸铁管安装示意

步拧紧；

（7）调整并紧固支（吊）架螺栓，将管道固定（图 9-5-2 步骤 4）。

2）机制柔性接口卡箍式排水铸铁管的连接与安装应按下列步骤进行：

（1）清除管材和普通管件内、外表面的污垢和杂物；

（2）用工具松开卡箍螺栓，取出橡胶密封圈；

（3）将卡箍套在一侧的直管或管件上，并在该管口端部套上橡胶密封圈，注意使橡胶密封圈内挡圈与管口结合严密；为安装时减少摩擦、防止橡胶密封圈损伤，宜使用无腐蚀性、酸碱性质适中的润滑剂对橡胶密封圈进行润滑（图 9-5-3 步骤 1）；

（4）将橡胶密封圈上半部向外翻转（图 9-5-3 步骤 2）；

（5）把需连接的铸铁直管或管件插入已翻转的橡胶密封圈内，调整位置后将已翻转的橡胶密封圈复位（图 9-5-3 步骤 3）；

（6）校准直管或管件位置，将橡胶密封圈外表面擦拭干净，用支（吊）架初步固定管道；

（7）将卡箍移至橡胶密封圈外，并使卡箍端面与橡胶密封圈端面平齐，交替锁紧卡箍螺栓；

（8）调整并紧固支（吊）架螺栓，将管道固定（图 9-5-3 步骤 4）。

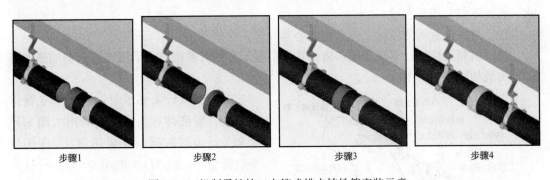

图 9-5-3 机制柔性接口卡箍式排水铸铁管安装示意

3）机制柔性接口卡箍式排水铸铁管（或管件）与排水塑料管（或管件）的连接应采用专用异径接口橡胶密封圈的不锈钢卡箍连接（图 9-5-4）。机制柔性接口承插式排水铸铁管（或管件）与排水塑料管（或管件）的连接应采用专用异径接口橡胶密封圈和法兰压盖连接（图 9-5-4）。当两种管材（或管件）内径尺寸不相同时，不得用于立管安装，防止立

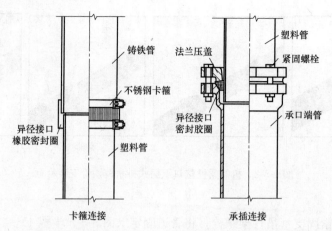

图 9-5-4　机制柔性接口排水铸铁管（或管件）与排水塑料管连接安装示意

管水流形成"漏斗形水塞"现象。

4）铸铁直管需切割时，应采用电动锯床或砂轮圆盘锯。其切口端面应与直管轴线相垂直，并将切口处打磨光滑。

5）排水立管应根据设计图纸所示位置在墙上画出安装线，安装线应垂直于楼层地面。排水横管坡度应符合设计要求，严禁出现无坡、倒坡现象。

6）排水立管设置的检查口中心距地面为 1.0m，立管检查口的检查门朝向应便于检查维修。

7）机制柔性接口排水铸铁管道安装时，其接口不得设置在楼板、屋面板、墙体等结构层内，管道接口与墙、梁、板的净距不宜小于 150mm。并应将直管和管件外壁上的标志朝向外面。

8）排水横管作 90°水平转弯时，宜采用双 45°弯头或转弯半径大于 4 倍管径的 90°弯头，且应在弯头上加装支（吊）架固定。

9）排水横支管与排水横干管的连接应采用 TY 形三通或 Y 形三通，不宜采用 90°顺水三通，不得采用正三通。

10）排水横管需变径时，应采用偏心异径管，管顶平接。

11）机制柔性接口卡箍式排水铸铁管底部横干管的管件接口应采用镀锌碳钢加强卡箍进行防脱加固连接（图 9-5-5）。

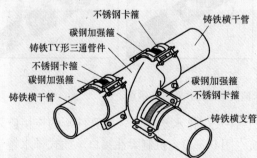

图 9-5-5　机制柔性接口卡箍式排水铸铁管底部横干管的管件接口防脱加固连接示意

12）当设计无要求时，特殊单立管排水系统立管底部弯头宜优先采用大曲率异径弯头；也可根据需要采用双 45°弯头与异径管组合，或 4D 大曲率 90°弯头（D 为立管管径）与异径管组合的安装方式。

13）非特殊单立管同层排水系统的立管与横支管连接，宜采用立管段加长的三通管件（图 9-5-6）。

14）非特殊单立管排水系统穿越墙体

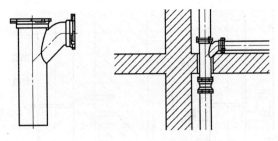

图 9-5-6　立管加长三通穿越楼板安装

与横支管连接时，可采用横支管接口加长的立管三通管件 (图 9-5-7)。

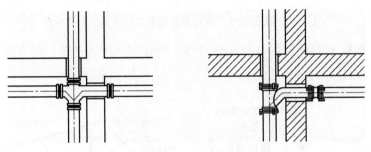

图 9-5-7　管件支管接口穿越墙体安装

15) 用于同层排水后排式坐便器的排水管件，应采用具有导流及防反流功能的专用管件或排水汇集器 (图 9-5-8)。

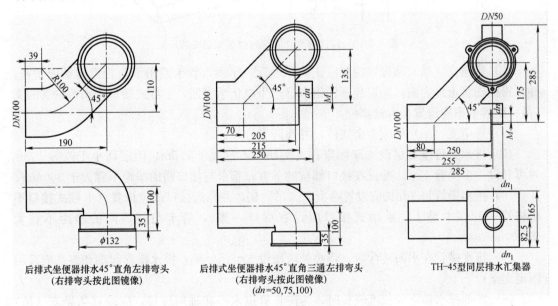

后排式坐便器排水45°直角左排弯头
(右排弯头按此图镜像)

后排式坐便器排水45°直角三通左排弯头
(右排弯头按此图镜像)
(dn=50,75,100)

TH-45型同层排水汇集器

图 9-5-8　后排式坐便器排水管件示意

16) 机制柔性接口排水铸铁管支 (吊) 架的设置与安装应符合下列规定：

(1) 机制柔性接口排水铸铁管安装时，其上部管道质量不应传递给下部管道；立管质量应由支架承受，横管质量应由支 (吊) 架承受；

(2) 排水立管应采用管卡在墙体、柱等承重部位锚固 (图 9-5-9)；当墙体为轻质隔墙

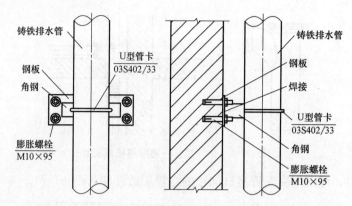

图 9-5-9　铸铁排水立管在承重墙采用管卡锚固安装示意

时，立管可在楼板上用支架固定（图 9-5-10），横管应利用支（吊）架在楼板、柱、梁或屋架上固定；

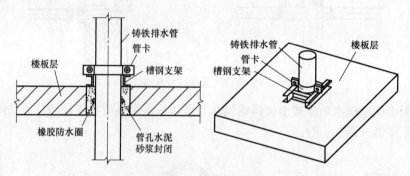

图 9-5-10　铸铁排水立管穿越楼板固定安装示意

　　（3）管道支（吊）架设置位置应正确，埋设应牢固，管卡或吊卡与管道接触应紧密，并不得损伤管道外表面；为避免不锈钢卡箍产生电化学腐蚀，卡箍式接口排水铸铁管的支（吊）架管卡不应设置在卡箍部位；

　　（4）管道支（吊）架应为金属件，并作防腐处理；

　　（5）排水立管应每层设支架固定；支架间距不宜大于 1.5m，但层高小于或等于 3m 时可只设一个立管支架，并设在接口部位的下方；管卡与接口间的净距不宜大于 300mm；

　　（6）排水横管每 3m 长应设置两个支（吊）架，并靠近接口部位设置（卡箍式接口不得将管卡套在卡箍上，承插式接口应设在承口一侧），管卡与接口间的净距不宜大于 300mm；

　　（7）排水横管在平面转弯时，弯头处应增设支（吊）架；排水横管起端和终端应采用固定支架；

　　（8）底部排水横干管长度较长时，为防止管道水平和轴向位移，应设置防晃支（吊）架（图 9-5-11），水平防晃支（吊）架应设置在靠近水平分支管处，轴向防晃支（吊）架应设置在横干管起端和终端；横干管直线段防晃支架的设置间距不应大于 12m；

　　（9）机制柔性接口铸铁排水立管底部弯头接口应采用防脱落加固安装（图 9-5-12）。

　　17）机制柔性接口排水铸铁管穿越地下室外墙时，应按设计要求设置防水套管。

　　18）在机制柔性接口排水铸铁管室内与室外埋地排水管线连接的承插式接口部位，应

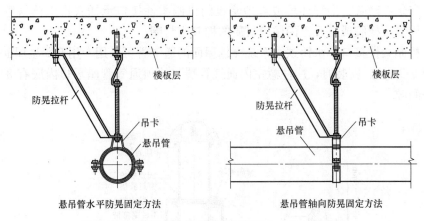

悬吊管水平防晃固定方法　　　　　　　　悬吊管轴向防晃固定方法

图 9-5-11　铸铁排水横干管采用防晃支（吊）架安装

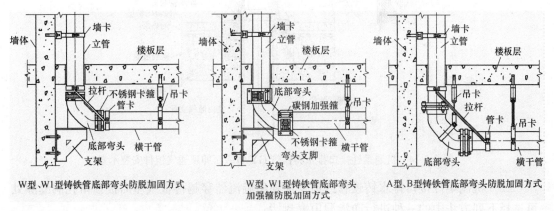

W型、W1型铸铁管底部弯头防脱加固方式　　W型、W1型铸铁管底部弯头　　A型、B型铸铁管底部弯头防脱加固方式
加强箍防脱加固方式

图 9-5-12　机制柔性接口铸铁排水立管底部弯头接口防脱落加固示意

采用 0.2mm 厚度的低密度聚乙烯薄膜套筒或 0.1mm 厚度的高密度聚乙烯薄膜套筒进行包覆防腐蚀隔离保护处理（图 9-5-13）。包覆薄膜套筒应按不大于 0.6m 间距用胶带捆扎密封。包覆保护管段应超出包覆防护区域 0.9m 以上。

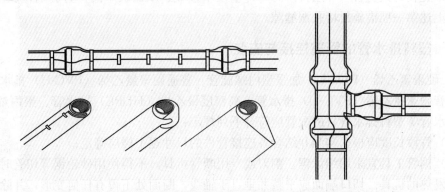

图 9-5-13　机制柔性接口排水铸铁管埋地敷设承插接口包覆防护示意

19）安装在隐蔽或潮湿环境的机制柔性接口卡箍式排水铸铁管连接件，应采用 12Cr17Ni7（S30110）或 06Cr19Ni10（S30408）材质不锈钢卡箍，密封胶套应采用氯丁橡胶或三元乙丙橡胶材质。

20）安装在隐蔽、潮湿环境或埋地敷设的机制柔性接口承插式排水铸铁管连接密封件，应采用氯丁橡胶或三元乙丙橡胶材质的橡胶密封圈。

21）机制柔性接口排水铸铁管系统穿越屋面的通气管可采用专用 GY 型屋面伸顶通气组件（图 9-5-14）。安装时，应注意室内通气管端与伸顶通气管座承口内底有 3～5mm 的膨胀补偿间隙。

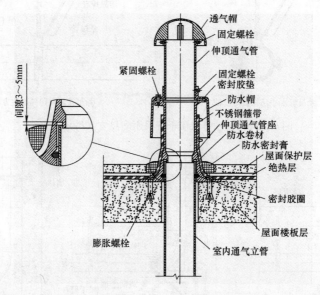

图 9-5-14　机制柔性接口排水铸铁管 GY 型屋面伸顶通气组件安装示意

22）机制柔性接口排水铸铁管或铸铁加强型旋流器穿越楼板或屋面板预留孔洞缝隙处可选择下列方法中的一种进行防渗漏填塞封堵：

（1）采用二次浇筑方法用 C20 细石混凝土将缝隙填实（第一次浇筑下部 2/3 高度，第二次浇筑上部 1/3 高度），楼面层用沥青油膏或其他防水油膏嵌缝，屋面层可结合建筑面层施工在管道周围筑抹宝盖形水泥砂浆阻水圈；

（2）先在铸铁直管（异层排水时）外壁位于楼板、屋面板中间位置套上橡胶防水圈，再采用上述第一项措施封堵孔洞缝隙。

9.5.2　塑料排水管的管道连接与安装

1）硬聚氯乙烯（PVC-U）加强型内螺旋管、普通硬聚氯乙烯（PVC-U）排水管、中空壁消音硬聚氯乙烯（PVC-U）排水管、高密度聚乙烯（HDPE）排水管、聚丙烯（PP）静音排水管等塑料排水管材的配管应符合下列规定：

（1）管段长度应根据实测并结合各连接管件的尺寸逐个楼层确定；

（2）锯管工具宜采用细齿锯、割刀或专用断管机具。不得使用砂轮锯等切管时会产生火花及发热的机具。切口端面应平整并垂直于轴线，断面处不得有任何变形，并除去切口处的毛刺和毛边。

2）塑料排水管材及各类管件的承口内侧和插口外侧应擦拭干净，无沙尘、油污及水渍。

3）硬聚氯乙烯（PVC-U）加强型内螺旋管、普通硬聚氯乙烯（PVC-U）排水管、中空壁消音硬聚氯乙烯（PVC-U）排水管预制管段的胶粘连接应按下列步骤进行：

（1）用中号板锉将插口管端锉成 15°～30°坡口（外角），坡口处管壁剩余厚度宜为原管壁厚度的 1/3～1/2；完成后清除加工残屑；

（2）按照管件实测承口深度在管材插入端表面画出插入深度标记；

（3）先在管件承口内侧涂刷胶粘剂，再在管材插口外侧插入深度标记范围内涂刷胶粘剂；胶粘剂的涂刷应迅速、均匀、适量，不得漏涂；

（4）胶粘剂涂刷后，应立即找正方向将管材插入管件承口至标记处，再将管材旋转 90°，静置固定；插入过程不得用锤子击打，整个粘结过程宜在 20～30s 内完成；

（5）粘接完成后，应将挤出的胶粘剂擦净。

4）硬聚氯乙烯（PVC-U）加强型内螺旋管、普通硬聚氯乙烯（PVC-U）排水管、中空壁消音硬聚氯乙烯（PVC-U）排水管、聚丙烯（PP）静音排水管等塑料排水管材预制管段的承插胶圈柔性连接应按下列步骤进行：

（1）用中号板锉将插口管端锉成 15°～30°坡口（外角）；坡口处管壁剩余厚度宜为原管壁厚度的 1/3～1/2，完成后清除加工残屑；硬聚氯乙烯（PVC-U）加强型内螺旋管材切割后需用专用工具对内螺旋肋作倒角处理；

（2）按照管件实测承口深度在管材插入端表面画出插入深度标记；

（3）在螺纹、橡胶环部位添加润滑剂（可采用肥皂水），再将压盖、压环、橡胶环依次套入管材上；

（4）将套有压盖、压环、橡胶环的管材插入管件承口内，依次将橡胶环、压环压入管件承口内部相应位置并拧上压盖，再用专用扳手拧紧。

5）高密度聚乙烯（HDPE）排水管、聚丙烯（PP）静音排水管的热熔承插连接应按下列步骤进行：

（1）管口应采用专用工具进行坡口，坡口角度宜为 15°～30°（外角）；

（2）测量管件承口深度，并在管材插口上画出标记；

（3）将管材、管件插入加热工具，进行加热；

（4）加热结束，应迅速脱离加热器，并用均匀的外力将管材插入管件承口中，直到管材标记位置，然后自然冷却；

（5）管径大于 63mm 的管道宜采用台式工具加热和连接。

6）高密度聚乙烯（HDPE）排水管的热熔对接连接应按下列步骤进行：

（1）热熔对接连接应在专用的连接设备上进行；管材、管件上架固定后应在同一轴线上，对接连接点两端面的错边量不得大于管壁厚度的 10%；

（2）管材、管件热熔对接的端面应进行铣切，铣切后的端面应相互吻合与管道轴线垂直；

（3）应对连接设备上的加热板进行清理，然后将管材、管件的连接面移到加热板表面，通电加热；

（4）按规定时间加热结束后，应移去加热板，将对接端面进行轴向挤压对接，使对接部位两侧管端表面呈“∞”形凸缘后，对接工序结束；

（5）将对接件移出台架，静置冷却，免受外力；

（6）热熔对接连接完成后，必须清除立管内壁接口部位的熔融固化堆积物（图 9-5-

15)，防止管内壁存在明显环状凸出结构（图 9-5-16），有效避免投入使用后"漏斗形水塞"现象的发生。

该项施工要求在国外是严格执行的，而国内以往绝大部分施工安装不进行管道内壁接口清理，这会大大降低立管排水能力。

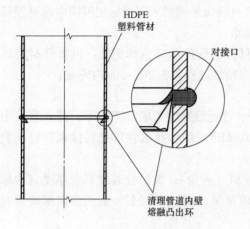

图 9-5-15　清除立管内壁接口部位
熔融固化堆积物示意

7) 高密度聚乙烯（HDPE）排水管的电熔连接应按下列步骤进行：

(1) 管材的连接部位表层应采用专用工具刮除，且刮除深度不得超过 1mm；

(2) 管材应进行坡口，坡口角度宜为 15°～30°（外角）；

(3) 管材、管件连接部位的表面应擦净；应测量管件承口长度，并在管材端部画出标记；

(4) 将管材插入电熔管件或电熔套筒内，直到标记位置；然后，应采用配套的专用电源通电进行熔接，直至管件上的信号眼内嵌件突出；电熔连接结束后，应切断电熔电源；

(5) 切断电熔电源后应进行自然冷却，1h 后方可受力；

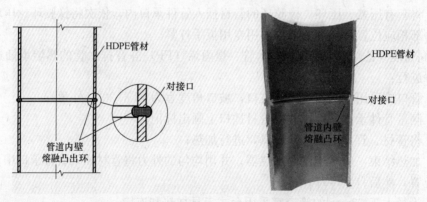

图 9-5-16　热熔对接连接管道内壁存在明显环状凸出结构示意

(6) 施工过程中，已使用过的电熔管件不得再重复使用。

8) 塑料排水立管的安装应按下列步骤进行：

(1) 应按立管设计布置位置在墙面画线，并设置管道支承件；

(2) 安装立管时，应先将预制好的管段扶正，再按设计要求安装伸缩节。将立管插口试插入伸缩节承口底部，并按夏季 5～10mm、冬季 15～20mm 的预留伸缩间隙画出标记，再用力将管段插口平直插入伸缩节承口橡胶圈中，用支承件将立管固定；伸缩节插口应顺水流方向设置；

(3) 立管顶端伸顶通气管安装后，应立即安装通气帽。

9) 排水横支管、排水横干管的安装应按下列步骤进行：

(1) 将预制横管管段用铁丝临时吊挂，确认无误后设置管道支承件；

（2）胶粘连接管道应按本节 8）做法要求设置横管专用伸缩节；管道粘接后迅速摆正位置，调整坡度；用木楔卡牢接口，拧紧铁丝临时将管道固定，待粘接固化后紧固支承件，拆除临时吊挂铁丝；

（3）管道承插胶圈柔性连接后，按设计要求调整坡度，紧固支承件，拆除临时吊挂铁丝。

10）排水立管设置的检查口中心距地面为 1.0m，立管检查口的检查门朝向应便于检查维修。

11）塑料排水管道支承件的设置应符合下列要求：

（1）非固定支承件的内壁应光滑，安装时与管道外壁之间应留有微小间隙；

（2）排水立管管道支承件的设置间距不应大于 2.0m；

（3）排水横管直线管段支承件的最大间距应符合表 9-5-1 的规定。

排水横管直线管段支承件的最大间距　　　　　　　　　　　　　　　表 9-5-1

公称外径 dn	50	75	110	125	160
间距（m）	0.50	0.75	1.10	1.25	1.60

12）高层建筑内的明敷塑料排水管道应按规定安装阻火圈或缠绕阻火胶带，还应在每层楼板立管周围筑抹阻水圈（图 9-5-17、图 9-5-18）。

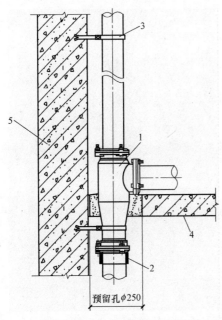

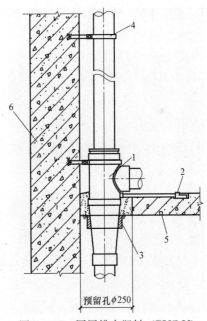

图 9-5-17　同层排水铸铁旋流接头用阻火圈安装示意

1—铸铁旋流接头；2—阻火圈；3—支架；4—楼板；5—建筑墙体

图 9-5-18　同层排水塑料（PVC-U）
旋流接头用阻火圈安装示意

1—塑料旋流接头；2—同层排水积水排除器；
3—阻火圈；4—支架；5—楼板；6—建筑墙体

13）塑料排水立管穿越楼层、屋面板处时，应按要求预留孔洞或加装金属、塑料套管，并应符合下列规定：

（1）管道穿越楼板处为固定支承点时，管道安装结束后应配合土建在预留孔洞处进行支模，采用 C20 细石混凝土分二次浇筑密实；再结合找平层或面层施工，在管道周围筑抹厚度不小于 20mm、宽度不小于 30mm 的水泥砂浆阻水圈；

（2）管道穿越楼板处为非固定支承时，应加装金属或塑料套管。套管内径可比立管外径大 10～20mm，套管伸出楼层地面不得小于 20mm，伸出屋面板顶面不得小于 50mm。楼层用沥青油膏嵌缝；屋面层用防水填料及膨胀水泥砂浆填塞密实，再结合建筑面层施工在管道周围筑抹宝盖形水泥砂浆阻水圈。

14）塑料排水管道穿越地下室外墙时，应按设计要求设置防水套管。

第 10 章　工　程　验　收

工程验收目的，在于对已施工完成的建筑特殊单立管排水系统进行质量评价。达到现行国家相关标准质量要求的合格工程才能交付使用，确保系统安全、正常运行。

工程验收可分为隐蔽工程验收和竣工验收两个阶段。

建筑特殊单立管排水系统应根据工程规模、性质与特点进行隐蔽工程验收和竣工验收，隐蔽工程验收由施工单位会同监理单位在管道隐蔽前安排进行；竣工验收由建设单位负责组织或委托工程监理单位组织进行。

10.1　竣工验收技术资料准备及重点检查内容

1) 建筑特殊单立管排水系统的竣工验收应具备下列技术资料：

(1) 施工图、竣工图和设计变更文件；

(2) 特殊管件、系统管材与普通管件、管道附件的出厂合格证或产品质量检验报告；

(3) 隐蔽工程验收记录；

(4) 工程质量检验评定记录；

(5) 系统灌水试验和通球试验记录。

2) 建筑特殊单立管排水系统竣工验收的检查项目应符合设计要求和国家现行有关标准的规定。

3) 建筑特殊单立管排水系统的竣工验收应重点检查下列项目：

(1) 特殊管件及系统管材、普通管件的型号规格符合设计要求；

(2) 排水管道的敷设位置、标高和坡度正确，偏置立管上设置的辅助通气管连接位置正确，环形通气管、器具通气管与排水立管的连接符合规定；

(3) 特殊管件、专用配件及系统管材、普通管件连接部位的铸铁法兰压盖或不锈钢卡箍件、塑料压盖与压环、橡胶密封圈齐全，螺栓紧固到位；

(4) 管道支架、支承件、支墩、托架及吊架的材质和型式符合要求，设置位置正确，安装牢固；

(5) 塑料排水管道阻火圈或阻火胶带的安装位置符合要求；

(6) 管道穿越地下室或地下构筑物外墙时，防水套管的设置符合设计要求；

(7) 系统管道内无异物卡阻，排水通畅。

10.2　系　统　验　收

系统验收是保证建筑特殊单立管排水系统工程质量符合设计要求和使用要求的重要环节，通过验收能够在系统全面投入使用前，及时发现并改正安装过程中存在的不正确、不合理、不到位之处。

建筑排水系统与人们生活密切相关，国家推行健康住宅建设理念。日常生活中，建筑排水系统存在问题多以返臭、漏水、堵塞等形式出现，而所有这些都与工程验收有着直接或间接的联系。

室内排水管道为非满流排水，一些管道接口即便不漏水，但并不代表就不会漏气，有毒、有害气体进入室内对人们日常生活造成的负面影响将是隐蔽的、持续性的。

建筑特殊单立管排水系统的验收依据主要是施工图纸和国家现行有关标准。系统验收的主要内容包括隐蔽工程验收、管道安装质量验收、通球试验、通水试验和灌水试验等。

安全的建筑排水系统，要求排水系统气密性能良好，在额定的排水流量或短时间超负荷排水流量情况下不会破坏系统中的水封；水封在建筑排水系统的整个正常使用寿命周期内，都能发挥阻隔臭气进入室内的作用。

10.2.1 隐蔽工程验收

暗敷管道属于隐蔽工程，在各方检验合格后方可隐蔽，并形成记录。凡是在竣工验收前需要隐蔽的分部工程，都必须进行隐蔽工程验收，验收合格后，方可进行下一安装工序；隐蔽工程全部检验合格后，方可安排进行管窿封堵、回填沟槽等。

隐蔽工程验收的主要内容：隐蔽部位选用的管材、管件是否符合设计要求；管道敷设位置、标高和坡度是否正确；管道支（吊）架安装是否牢固并采取防腐措施，与管道接触是否均衡受力；排水管道穿越楼板部位的防渗漏措施是否可靠；以及隐蔽管道是否渗漏等。

建筑排水管道施工一般是按先地下后地上、由下而上的顺序进行。当埋地管道铺设完毕后，为保证其不被损坏和不影响土建及其他工序的施工，必须将开挖的管沟及时回填。但管道一旦隐蔽就很难判别施工质量的好坏，也很难发现其是否存在渗漏隐患。

对于宾馆、酒店等公共建筑，内部排水系统相对复杂，不仅要对埋地排水管道作隐蔽工程灌水试验，而且要对管道井及吊顶内的排水管进行隐蔽工程检查，因这些部位的管道隐蔽后，如果出现渗、漏水，不仅维修困难、影响使用，而且严重污染室内环境，甚至造成财产损失。

1）隐蔽管道灌水试验要求

现行国家标准《建筑给水排水及采暖工程施工质量验收规范》GB 50242—2002 第5.2.1 条规定："隐蔽或埋地的排水管道在隐蔽前必须做灌水试验，其灌水高度应不低于底层卫生器具的上边缘或底层地面高度"。检验方法：满水 15min 水面下降后，再灌满观察 5min，液面不降，管道及接口无渗漏为合格。

除此以外，现行行业标准《建筑排水金属管道工程技术规程》CJJ 127—2009 第6.1.1 条规定：埋地及所有隐蔽的生活排水金属管道，在隐蔽前，根据工程进度必须做灌水试验或分层灌水试验，并应符合下列规定：

（1）灌水高度不应低于该层卫生器具的上边缘或底层地面高度；

（2）试验时连续向试验管段灌水，直至达到稳定水面（如水面不再下降）；

（3）达到稳定水面后，应继续观察 15min，水面应不再下降，同时管道及接口应无渗漏，则为合格，同时应做好灌水试验记录。

2）隐蔽管道灌水试验做法

隐蔽管道灌水试验通常采用专用橡胶气囊（图 10-2-1）或通过立管闭水检查口（图 10-2-2）进行。

图 10-2-1　排水管道灌水试验专用橡胶气囊

（1）采用专用橡胶气囊对隐蔽管道进行灌水试验的具体做法如下（图 10-2-3）：

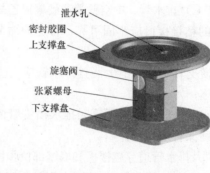

立管闭水检查口　　　　　　　　　　　　　　闭水器

泄水孔
密封胶圈
上支撑盘
旋塞阀
张紧螺母
下支撑盘

图 10-2-2　铸铁排水立管闭水检查口

① 将未充气的专用橡胶气囊放入被试验楼层下一层排水立管检查口上方；

② 将橡胶气囊充气，使气囊胀紧在管道内壁；

③ 往被测楼层卫生器具或地漏灌水，灌至卫生器具的上边缘或地漏上口；

④ 满水 15min，待水面下降后，再灌满观察 5min；检查各个接口不渗水、液面不下降为合格、

⑤ 该层试验完成后，在次下一层检查口的上方再放置一个橡胶气囊，给气囊充气；

⑥ 打开上一个气囊的排气塞泄气，让上一层试验水流至下一层继续试验；

⑦ 从上到下，按上述方法依次顺序进行。

（2）通过立管闭水检查口进行灌水试验的具体做法如下：

① 拆下试验楼层以下 2 层已安装的立管检查口盖板；

② 将闭水器放入检查口内，旋紧张紧螺母；

③ 用一字改锥将旋塞阀关闭，向试验楼层排水管内灌水至卫生器具的上边缘或地漏上口；

④ 满水 15min，待水面下降后，再灌满观察 5min；检查各个接口不渗水、液面不下降为合格；

⑤ 试验结束后，用改锥打开旋塞阀往下一楼层灌水继续试验；

⑥ 如此，自上而下，逐层依次顺序进行。

10.2.2 管道安装质量验收

1）特殊单立管排水系统的管道安装质量应符合下列要求：

（1）排水立管应垂直，排水横干管和排水横支管的坡向、坡度应符合设计要求；

（2）管道支架、吊架设置应合理，安装应牢固；管卡与管材或管件外壁的接触应紧密，不得嵌有杂物；

（3）排水立管和排水横管上设置的检查口、清扫口位置应正确，便于检修；

（4）柔性连接排水管接口处插口端部与承口内底（承插式）或直管与直管、铸铁排水管直管与管件两端部之间（卡箍式）的安装间隙应符合规定；

（5）硬聚氯乙烯（PVC-U）加强型内螺旋管、普通硬聚氯乙烯（PVC-U）排水管、中空壁消音硬聚氯乙烯（PVC-U）排水管的粘接接口应牢固可靠，管道伸缩节的安装位置与插入深度应符合要求；

（6）与排水横支管连接的卫生器具排水管应有妥善可靠的固定措施；

（7）系统排水立管、排水横干管和排水横支管内应无异物卡阻，确保管道畅通；

（8）特殊管件及排水管道穿越楼板和墙壁部位预留孔洞的修补、填塞、封堵应严密，接合部位的防渗漏措施应牢固可靠，严禁出现渗水、漏水现象。

2）建筑特殊单立管排水系统管道安装的允许偏差及检验方法应符合表 10-2-1、表 10-2-2 的规定。

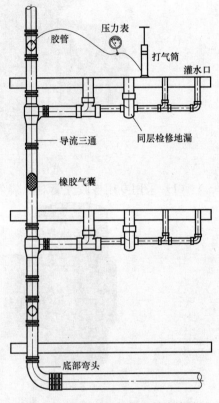

图 10-2-3　特殊单立管排水系统楼层
管道灌水试验示意

室内塑料排水管道安装允许偏差及检验方法　　表 10-2-1

检查项目		允许偏差(mm)	检验方法
坐　标		≤15	用水准仪(水平尺)、直尺、拉线和尺量检查
标　高		±15	
横管纵横方向弯曲	每1m	≤1.5	吊线和尺量检查
	全长(25m以上)	≤38	
立管垂直度	每1m	≤3	
	全长(5m以上)	≤15	

室内金属排水管道安装允许偏差及检验方法　　表 10-2-2

检查项目		允许偏差(mm)	检验方法
坐　标		≤15	用水准仪(水平尺)、直尺、拉线和尺量检查
标　高		±15	
横管纵横方向弯曲	每1m	≤1	吊线和尺量检查
	全长(25m以上)	≤25	
立管垂直度	每1m	≤3	
	全长(5m以上)	≤15	

3）特殊单立管排水系统中塑料排水管的伸缩节设置应符合设计要求及现行行业标准《建筑排水塑料管道工程技术规程》CJJ/T 29—2010 的规定。

4）特殊单立管排水系统管道上设置的检查口或清扫口，应符合下列规定：

（1）立管检查口中心距该层地面高度应为 1.0m，允许偏差为 ±20mm；检查口的朝向应便于检修；暗装立管应在检查口处设置检修门；

（2）当排水横管在楼板下悬吊敷设时，可将清扫口设置在上一层的地面上，并与地面相平；排水横管起点清扫口与管道相垂直墙面的距离不得小于 150mm。若在排水横管起点设置堵头代替清扫口时，其与管道相垂直墙面的距离不得小于 400mm。

5）塑料排水管道穿越楼板、防火墙、管道井部位设置的阻火设施应符合要求。

10.2.3　通球试验

建筑特殊单立管排水系统通常施工工期较长，在排水立管和排水横管安装过程中，各种建筑垃圾（如砂浆、碎砖、木块等）有可能进入管内，造成堵塞，且仅进行系统通水试验难以发现，因此现行相关标准规定必须进行通球试验。

通球试验的操作方法是将一直径不小于 2/3 立管直径（AD 系统通球球径为不小于导流叶片内径的 2/3）的橡胶球或木球，用线贯穿并系牢（线长略大于立管总高度），然后将球从伸出屋面的通气口向下投入，看球能否顺利地通过立管并从出户弯头处溜出（图 10-2-4）。如通球受阻，可拉出通球，测量线的放出长度，则可判断受阻部位，然后进行疏通处理。如此反复进行通球试验，直至管道畅通为止。如果立管底部弯头后的排出管段较长，通球不易溜出，可在立管上部灌水通球。通球率必须达到 100%。

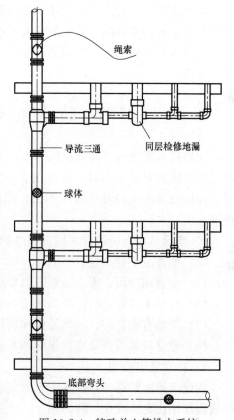

图 10-2-4　特殊单立管排水系统通球试验示意

10.2.4　通水试验

通水试验操作方法：将给水系统 1/3 配水点同时开放（此时排水管道的流量约相当于高峰排水流量），观察各卫生器具的排水是否通畅，对每根管道和接口检查有无渗漏发生；同时观察地面积水是否能汇集到地漏处并顺利排走，对于异层排水，还应到下一层空间内观察地漏与楼板结合处是否漏水。如果限于条件，不能全系统同时通水检查，也可分层进行通水试验，分层检查横支管是否渗漏、堵塞，分层通水试验时，应将本层的卫生设施全部打开。

第11章 维护保养

建筑排水系统在使用过程中难免会出现堵塞、发生管材腐蚀老化等问题，轻则漏水、返臭、排水不畅，重则管道断裂、破损、无法使用。长期以来，国内建筑排水系统对日常维护保养工作重视不够，往往是在出现渗漏、堵塞等问题后再采取相应措施。而日本等国家非常注重建筑排水系统的日常维护保养，他们在建筑排水系统维护保养方面的理念、制度、措施和专业工具等都很值得国内学习借鉴。

本章主要结合国内外关于建筑排水管道的日常维护保养、老化诊断和清通方法等内容进行介绍、分析和总结，并给出相关建议，期望人们逐步重视建筑排水系统，尤其是特殊单立管排水系统的维护保养问题，逐步建立具有中国特色的建筑排水系统维护保养制度和服务体系。

11.1 排水系统维护保养方法与要求

建筑排水系统的日常维护保养不仅是指排水管道发生堵塞后采取的应急清通等措施，而是包括定期对排水器具、排水设备、排水管道、存水弯、地漏等排水设施进行维护清理，保证管道系统的最佳通水能力；同时当出现管道损坏时，采用先进的维护手段进行更换。

1）建筑排水系统的日常检查和维护保养宜包括以下工作内容：

（1）检查卫生器具是否牢固；

（2）检查用户污、废水是否可以顺利排放到立管中；

（3）对排水横管进行定期的功能和状态检查，及时清除管道中的淤堵杂质；

（4）严禁有毒有害、易燃易爆物质排入建筑排水系统；

（5）建立日常检查及维护保养档案。

2）排水管道疏通

在建筑排水管道中，排水中包含的油脂和毛发等附着并固化在管内，与设计时的管内断面面积相比有所变化，断面缩小，直接影响排水管道通畅与否。

排水管道最常见的问题是管道淤堵问题，对于不同的建筑排水系统适用不同的管道清通方法。

对建筑排水系统进行疏通清扫时，应通过清扫口或具有清扫功能的排水器具（如地漏）、管配件等对排水管道进行疏通。

（1）常用的排水系统疏通工具主要有手动弹性金属线（图11-1-1）、管道疏通机与特制清通杆（图11-1-2）、高压冲洗机（图11-1-3）、气动清洗机（图

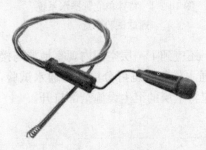

图 11-1-1 手动弹性金属线

管道疏通机　　　　特制清通杆

图 11-1-2　排水管道疏通机与特制清通杆　　　　　图 11-1-3　高压冲洗机

图 11-1-4　气动清洗机

图 11-1-5　超声波清洗机

11-1-4）和超声波清洗机（图11-1-5）等。

（2）排水管道疏通方法

① 采用手动弹性金属线疏通。适用于排水管道轻微堵塞场合，将手动弹性金属线插入管内旋转，取出异物，由于端部和金属线的振动旋转，达到使管壁附着物在外力作用下脱落的效果。

② 采用管道疏通机和弹性金属线疏通。适用于排水管道严重堵塞场合，用管道疏通机搭配装上适合现场情况刷头的弹性金属线，深入管内旋转，取出异物。由于金属线具有一定的可曲挠性，故也可以对有弯曲的排水管进行疏通（图 11-1-6）。

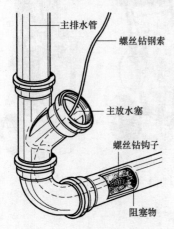

图 11-1-6　管道疏通机和弹性金属线疏通管道示意

③ 采用特制清通杆疏通。用具有一定柔软和弹性的特殊钢制作的清通杆清除管内堵塞物。通过在铁杆端头安装带钩或类似堵头形状的东西，在管内反复推拉，把异物取出。这种清通杆可以连接加长，甚至可以清通 30m 以内的异物。

④ 采用高压冲洗机疏通。由冲洗机水枪喷射出高压水，借助推进力，水枪边前进边清洗管内污垢。可向前或向后喷射，向前喷射适用于清洗排水立管；向后喷射适用于清洗排水横干管或排出管。

⑤ 采用气动清洗机疏通。利用气动清洗装置产生的高压水气，对管壁附着物进行冲刷，达到管壁附着物脱落和清洗的效果。

⑥ 采用超声波清洗机疏通。利用超声波清洗机产生的具有超强去污能力的超声波，对排水管壁附着物进行清洗。

⑦ 采用化学药剂疏通。将化学药剂灌入器具排水口，溶解管内附着堵塞物，使其随水流排出。应注意选择合适的化学药剂，并在使用后用大流量水进行冲洗。

（3）排水管道疏通注意事项

排水管道的疏通要选择适合现场实际情况的方法或几种方法并用。针对目前国内主要采用铸铁排水管和塑料排水管作为建筑排水管材的情况，简单说明两种不同排水管材进行疏通时应注意的事项。

铸铁管材质坚硬，任何疏通工具都能在管内推动，可以采用特制清通杆或管道疏通机、弹性金属线进行疏通，为使剥落铁锈不滞留于管内，疏通后还要用大流量水进行冲洗。

塑料管由于内壁光滑，污染一般较轻，可采用高压水冲洗。如使用大型旋转疏通设备时，刀具进入管内容易造成塑料管道受损甚至破裂。

由于特殊单立管排水系统设置有特殊管件，如加强型旋流器、大曲率底部异径弯头等，在疏通时应特别注意对特殊管件导流叶片的保护，疏通机旋转刀具有可能对导流叶片造成损坏。

3）加强建筑排水系统维护保养管理

加强对建筑排水系统的维护保养管理应重点针对公共部位管道，物业管理部门应注意以下几点：

（1）定期对排水管道进行维护保养；

（2）提醒住户不要把杂物投入下水道，以防堵塞；发生堵塞后应及时清通；

（3）定期检查排水管道是否有锈蚀、渗漏等现象，发现隐患应及时处理；

（4）对排水系统进行日常维护时，应注意疏通使用过的检查口部位的水密性和气密性良好，垫圈密封完好，固定螺栓牢固；

（5）对养护、清通、检查的时间和内容进行存档记录，特别是对多次发生问题的地方应加强检查。

11.2　国外建筑排水系统维护保养方法介绍

日本早在 20 世纪 80 年代就对建筑排水管道的老化问题进行了深入研究，并根据研究成果颁布了相关诊断与维护建筑排水系统的方法指针。目前已经形成使用先进器材设备对排水系统管道进行性能诊断与维护的专门行业，定期对各类建筑用水设备、管道系统进行检测、清扫与维护，大大提高了建筑排水系统的使用安全性和使用寿命。

建筑排水系统的使用年限与被排放的污（废）水水质、管道材质、管道所在位置和施工安装质量有关，要准确确定排水系统的使用寿命是困难的。根据国外经验，对于住宅排水系统，共用部分管道（排水立管和横干管）的正常使用年限大约为 30a，而住户专有部分管道（排水横支管）的正常使用年限大约为 40a；而对于非住宅类建筑，排水管道的正常使用年限较住宅可提高 15a 左右。

过去，一般采用目测方法进行排水管道外观检查，再根据需要切断部分存疑管道，测定管壁的剩余厚度，再据此判定管道性能降低状况，从而制定维修计划。这种方法属于破坏性检查，会影响住户日常生活。如今，随着管道诊断技术的快速发展，西方发达国家陆续开发了 X 射线检查、内窥镜（光纤、CCD 照相机）检查、自动或手动超声波仪厚度检查、涡流探伤检查等仪器设备，可对排水系统进行周期动态检查，并侧重事故的预防。

1）日本开展排水管道诊断的研究过程及诊断标准

日本建设省从 1980 年起，利用 5a 时间开展"提高建筑物耐久性的技术开发"研究，1985 年，原建设大臣官房技术调查室公布了其研究成果，包括管道老化诊断技术。

1985 年，原日本建设大臣官房官厅营缮部主编并公布了《官厅设施综合抗震规划标准》，其中包括管道抗震诊断、改建要领。1996 年，日本建设省住宅局建筑指导科主编并公布了关于抗震诊断的《建筑设备、升降机抗震诊断标准及改建指针》，其中包括管道抗震标准。

管道老化诊断分为一次诊断、二次诊断、三次诊断三个阶段。在一次诊断难以判定时进行二次诊断，二次诊断判定困难时进行三次诊断。但在实际工作中，多数场合要求一次诊断即得出基本结论。诊断标准分为"一般诊断"和"详细诊断"，其内容与一次诊断、二次诊断、三次诊断的对应关系如表 11-2-1 所示。

诊断标准和调查内容　　　　　　　　　　　　　　　　表 11-2-1

诊断标准分类	调查内容	诊断阶段
一般诊断	问卷调查 问诊调查 外观目测调查	一次诊断
详细诊断	非破坏测量调查	二次诊断
	破坏调查	三次诊断

注：问诊调查是指对日常与设备有关的使用者、管理者、所有者等进行调查。

2）诊断方法种类

诊断方法种类分为老化诊断、性能诊断、抗震诊断三种。老化诊断是受诊断系统本身从建设至今的老化程度，从而推测今后可能发生何种变化；性能诊断是站在使用者的立场来评价设备使用性能和安全性能；抗震诊断是评价系统是否能抵抗标准规定的地震强度。老化诊断共有 7 种诊断方法，其中（1）是一般诊断，（2）～（7）是详细诊断。

（1）外观目测诊断

目测诊断是评价管材、管件的外表面腐蚀状况。

（2）超声波测厚仪测量调查

在管道、设备运行时，通过从管材外面测量残存的管壁厚度判定老化程度。测量的管材适用于铜管和铸铁管。

（3）内视镜测量调查

将内视镜（图 11-2-1）的顶端部位插入管内观察垂直管和接头的内部情况，可适用于所有管材。其中在观察碳钢管生锈和堵塞、塑料管衬料剥离和接头端部生锈、钢管点腐蚀和侵蚀等情况特别有效。

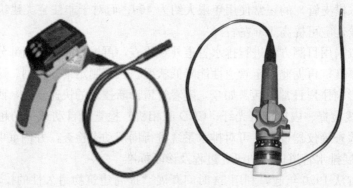

图 11-2-1　内视镜

（4）X 射线测量调查

采用 X 射线观察管内生锈、堵塞、衬料剥离等情况（图 11-2-2）。测量方法是在管道的背后设置 X 射线胶片，从正面照射 X 射线。在除去残存管壁厚度的定量测试时，不需要避开保温隔热层。被测量管与照射设备的距离必须是 600 mm。此外，X 射线照射必须遵照《劳动安全卫生法》、《电解放射线障害防止法》等安全标准。应由有资格者进行操作，并且在摄影半径 5m 以内禁止人员进入。

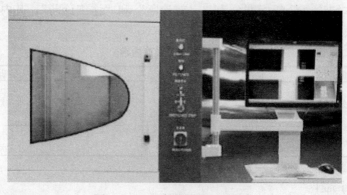

图 11-2-2　X 射线测量调查设备

（5）γ射线测量调查

该方法适用于测量管内生锈情况和锈垢厚度。根据需要也可以测量残存管壁厚度，尤其适用于有保温隔热层的管道。通过计算机处理，在显示器上可以显示管断面，同时也可以进行管内堵塞率计算。γ射线测量设备的放射线很微弱，因此并不需要操作者取得相应资质，也不必禁止人员进入（图 11-2-3）。

图 11-2-3 γ射线测量调查设备

（6）取样调查

切断部分管道提取样品，能够清楚看见实际模样，该方法是最容易了解实际老化状况的方法。

（7）其他

非破坏测量装置，如监测摄影机（工业用电视摄影机）可观察较大管径的管内情况；涡流探伤仪从铜管内、外均可诊断腐蚀情况，及是否有气孔。

第12章 建筑特殊单立管排水系统
研发思路和发展方向

建筑特殊单立管排水系统的推广应用极大地促进了中国建筑排水理论的发展和技术进步。其具有的节约管材、节省管道安装建筑空间及改善室内空气卫生环境的独特经济效益和社会效益优势，促使专家学者和生产企业在特殊单立管产品技术研发方面不遗余力，使该项技术和产品近年来得到了迅速、广泛的推广。各种不同类型特殊单立管排水系统系列产品不断被推出，部分企业和研究单位不惜重金投资，建立了研发中心和模拟水力测试塔，这给建筑排水技术的深入研究和发展创造了前所未有的有利条件。认真系统地归纳总结这些年来建筑特殊单立管排水技术的研究成果和经验教训，从理论高度不断完善这项技术，将为建筑特殊单立管排水技术开辟更加广阔的发展前景。

12.1 中国建筑特殊单立管排水系统研发成果

12.1.1 中国具有代表性的三项特殊单立管排水技术研发成果

归纳起来，在中国建筑特殊单立管排水技术应用研发进程中，影响较大的成果主要有三项：中国早期研制的旋（环）流式特殊管件单立管排水系统；20世纪70年代初学习引进的苏维托特殊单立管排水系统；近十多年从日本引进的以 AD 型特殊接头为代表的带导流叶片旋流器特殊单立管排水系统。这三项技术对中国建筑特殊单立管排水系统的研究开发产生了极为深远的影响。特别是以 GH 型和 GY 型加强旋流器为代表的一批国内新研制的特殊单立管排水系统，在借鉴中国传统研究成果和国外成功经验的基础上，取得了重大突破，产品技术性能指标不仅超过了国外同类产品，甚至超过了传统的双立管排水系统。DN100 立管排水能力超过了 10L/s，在泫氏 18 层排水实验塔的实测排水能力达到 12L/s。目前，GY 型系列特殊管件已作为铸铁加强型旋流器定型产品编入全面修订的国家标准《排水用柔性接口铸铁管、管件及附件》GB/T 12772—2016，并正式定名为 GB 加强型旋流器。

取得这些成果的根本原因在于，在研发过程中认真学习借鉴了上述三项单立管排水技术的各自优点，又克服了其各自技术中存在的不足。紧紧抓住系统中影响压力稳定性和通水能力的关键水流形态因素，通过调整特殊管件结构形状，塑造出能够满足较大通水能力和较低压力波动的管道系统水流形态模型。

1）旋（环）流式特殊管件单立管排水系统，其主要结构特征是采用切向进水，使横支管水流沿立管管壁旋转进入立管系统。其最大特点是消除了传统三通管件无法克服的水舌现象（图 12-1-1），有效改善了排水立管和排水横支管汇合处的通气性能。但由于其没有减速消能结构，系统水流阻力较小，在用于中高层建筑排水中，当流量增大会形成中部负压增大和底部正压过高的现象。排水能力往往不超过 6L/s，一般只用于中低层、小流量的建筑。

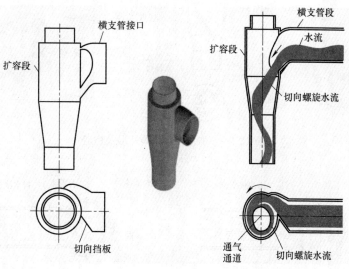

图 12-1-1　旋（环）流式特殊管件水流形态示意

2）从欧洲引进的苏维托特殊单立管排水系统，其独特的乙字弯管结构，使其对立管水流具有良好的减速消能作用；其混合段内的分离挡板结构设置，将横支管水流产生的水舌与立管水流完全分隔，大大降低横支管水舌对立管空气通道的阻隔作用，降低系统压力波动。因此，苏维托特殊单立管排水系统用于高层和超高层建筑排水，具有较好的消能减速及系统水流稳定性。但由于受其大幅度乙字弯管的变形结构限制，当流量增大到一定程度时，仍然会在乙字弯管下端出现水舌现象（图 12-1-2），系统通气阻力增大。当系统流量超过 6.5L/s 时，导致管内气压急剧上升。目前，结构性能最好的旋流式铸铁苏维托特殊单立管排水系统，其排水能力也只能达到 7.5L/s。

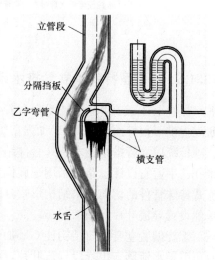

图 12-1-2　苏维托管件水流形态示意

3）从日本引进的加强型旋流器特殊单立管排水系统，其特点是在扩容段带有一个或多个导流叶片（图 12-1-3），有效降低了立管和横支管水流下降的速度，起到了消能减速的作用，排水能力比苏维托系统有了很大的提高。但由于这种旋流器采用了横支管正向进水结构，无法消除水舌现象（图 12-1-3）。立管水流和横支管水流分别流经旋流器时，由于扩容段截面面积较大，仍可保持较通畅的空气通道（图 12-1-4）。当立管附壁水膜流与横支管水舌流同时流经汇合处且排水量增大时，空气通道截面面积减小（图 12-1-4），通气阻力急剧增大，限制排水能力的进一步提高。所以，这种旋流器的最大排水能力只达到 8L/s～8.5L/s。

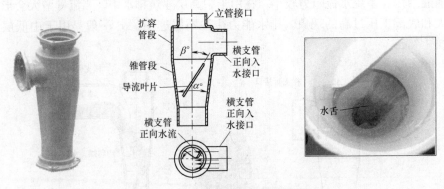

图 12-1-3　加强型旋流器外形及构造

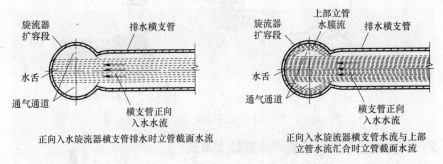

正向入水旋流器横支管排水时立管截面水流　　　正向入水旋流器横支管水流与上部
　　　　　　　　　　　　　　　　　　　　　立管水流汇合时立管截面水流

图 12-1-4　加强型旋流器水流形态示意

12.1.2　GY 型特殊单立管排水系统研发历程及特点

尽管上述三项单立管技术存在着各自的不足，但给加强型旋流器特殊单立管排水系统研发提供了很好的借鉴，GY 加强型旋流器的研发历程充分体现了这一点。它吸取了上述三项传统单立管排水技术特殊管件结构设计的优点（图 12-1-5），上部立管接口借鉴了苏维托乙字弯管设计思路，采用螺旋偏置接口形式（图 12-1-6）；横支管接口采用了旋（环）流式特殊管件的切向进水结构形式（图 12-1-6）；扩容段学习了加强型旋流器的设计思路，单侧设置导流叶片（图 12-1-6）。

螺旋偏置立管接口结构使 GY 加强型旋流器具有对上部立管水流的消能减速作用，同时可引导水流落入扩容段导流叶片，将具有一定动能的立管附壁水流转化为螺旋水流，进一步降低水流速度。切向入水结构从根本上消除水舌现象，并利用横支管水流动能产生的离心力，在扩容段形成中空的带状螺旋形水流，降低进入加强型旋流器水流的下落初始速度。单侧导流叶片结构，不仅从结构上起到承托和减缓横支管水流下降速度的作用，还可减缓立管附壁水流下降速度，并使之发生螺旋形倾斜偏转，与横支管螺旋水流形成同向汇合的螺旋水流。

这三种结构优点的完美叠加，使之即便在立管水流和横支管水流同时流经旋流器时，也可保持旋流器中央畅通的空气通道。充分利用水流动能形成具有一定离心力的带状螺旋水流，不仅大大降低了水流下降速度，而且增加了螺旋形水膜厚度，有效地增大了系统排水能力。

从下列试验测试结果的系统管内气压曲线图可以看出：

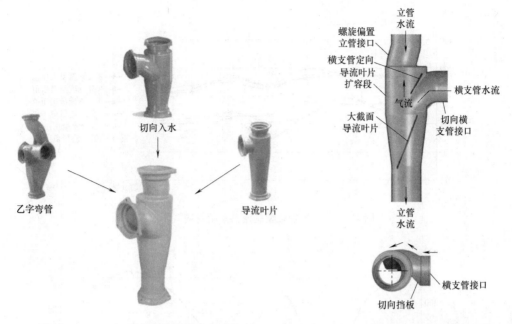

图 12-1-5　GY 加强型旋流器借鉴三项技术　　　　图 12-1-6　GY 加强型旋流器构造

横支管正向入水加强型旋流器单立管排水系统在 5～6.5L/s 排水流量范围时，系统最大负压值均超过了－400Pa，系统压力波动也较大；目前，该类型加强型旋流器性能最好的可达 8～8.5L/s（图 12-1-7）。

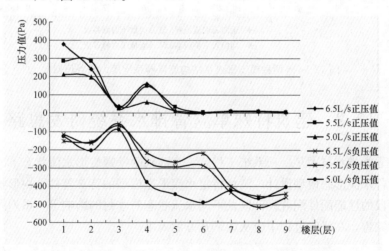

图 12-1-7　横支管正向入水加强型旋流器系统管内气压曲线

GY 加强型旋流器单立管排水系统在 8.5L/s、9.5L/s 及 10 L/s 流量时，管内气压最大正压值为 192Pa，最大负压值为－305Pa，值均未超过±400Pa；从波形图可以看出，压力波动曲线平缓，反映出系统压力相对稳定（图 12-1-8）。

横支管正向入水加强型旋流器，当排水流量达到 6.5L/s 时，反映出较为剧烈的压力波动，且压力波动峰谷值比较高；切向入水 GY 加强型旋流器尽管排水流量达到 8.5L/s，压力波动仍然比较平稳，压力波动峰谷值也比较低，体现了很好的系统压力稳定性能（图 12-1-9）。

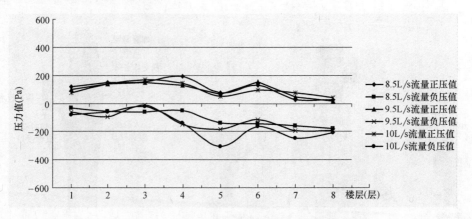

图 12-1-8　GY 加强型旋流器系统管内气压曲线

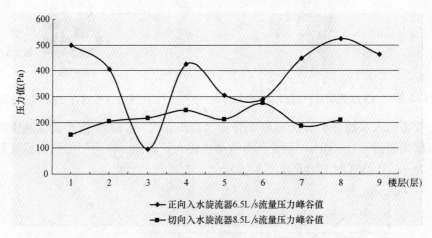

图 12-1-9　两种横支管入水结构旋流器系统压力峰谷值对比

12.2　建筑特殊单立管排水系统研发思路

特殊单立管排水技术是一项系统工程。它牵涉到附壁螺旋形水流状态下的终限流速理论、特殊管件水流形态模型设计、满足特定水流形态模型的特殊管件结构形状设计、立管系统不同管段的性能配件配置设计以及不同水流状态对水封的影响等一系列问题。为使这项技术更为完善，在研发过程中应从如下几方面入手。

12.2.1　附壁螺旋形水流状态下的终限流速理论

传统重力流排水系统依据的终限流速理论是基于立管水流呈附壁水膜流竖直下落的，其下落速度及水膜厚度主要受重力和管壁摩擦力作用的影响。而在加强型旋流器特殊单立管排水系统中，立管水流则是呈螺旋形附壁水流旋转下落的，其下落速度及水膜厚度不仅受到重力和管壁摩擦力的作用，同时也受到横支管水流动能产生的水平方向的离心力作用和旋流器内部导流叶片等特殊结构阻力的作用。

以 GY 加强型旋流器结构设计为例（图 12-2-1），具有一定动能的横支管水流偏转切向进入旋流器扩容段，在离心力 F_q 和重力 G 的合力 F 作用下形成旋转下落水流，由于受到管壁摩擦阻力 f 及螺旋形流道和导流叶片结构阻力 f_r 的作用，从而限制了重力对水流的作用力，降低了水流的下落速度 V_t（图 12-2-1）。

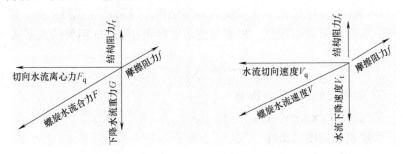

图 12-2-1　GY 加强型旋流器水流受力及流速分析（一）

从上述分析可以看出，与排水流量 Q 有关的终限流速 V_t 及过水断面面积 W_t 两个参数，在加强型旋流器特殊单立管排水系统中均与传统意义有所区别：

$$Q=\frac{1}{10}W_tV_t \tag{12-1}$$

式中　　Q——排水流量（L/s）；

V_t——终限流速（m/s）；

W_t——终限流速时的过水断面面积（cm²）。

传统排水系统立管中直流下落的附壁水流，其终限流速 V_t 与水流下落速度 V_t 相等，即 $V_t=V$。而经过加强型旋流器发生偏转产生的螺旋形水流，其水平分速度的作用降低了下落速度，其终限流速 $V_t=V\cos\theta$（图 12-2-2）。

传统排水系统立管中保持最大附壁水膜厚度的过水断面主要受到流体的附壁效应和管壁摩擦阻力的影响，而加强型旋流器产生的螺旋形水流，除受到上述两方面因素影响外，还受到水流离心力附壁效应的影响。因此，其保持最大附壁水膜厚度而不产生水塞流的过水断面要远大于传统理论的 1/4～1/3 立管断面面积。这也正是为什么在较低的水流下落速度条件下，加强型旋流器特殊单立管排水系统仍可保持较大排水能力的原因所在。

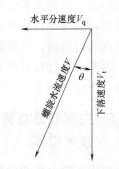

图 12-2-2　GY 加强型旋流器水流受力及流速分析（二）

综上所述，从理论上解决特殊单立管排水系统排水能力与相关水力学特征参数之间的数学模型关系，是关系到特殊单立管排水系统排水设计依据的重要理论课题。

12.2.2　消除立管中的水舌现象是改善系统通气效果的重要环节

实验证明，即便在立管与横管连接处采用无扩容、无导流叶片的切向入水旋流管件，也可以大大改善系统的通气状况，使排水能力得到一定程度的提高，这说明消除水舌现象对改善系统水流工况至关重要。水舌现象不仅容易阻塞空气通道，而且不利于附壁水膜流的形成。在特殊管件结构设计中，应尽可能避免和消除横支管入口的水舌现象。系统立管设计中常采用的消能弯和偏置弯管也是容易产生水舌现象的结构，可采用轴线偏移量不超过 1/5 管径的消能弯和偏置弯管部位局部增大管径的设计方法予以避免。

12.2.3 减小立管中水沫飞溅可降低系统气压波动

以往有一些特殊管件存在使立管水流溅落的结构，导致产生飞溅水沫，降低水流下落速度，但达到的实际效果并不理想。根据与排水立管负压值 P_1 相关的关系式可以看出：

$$P_1 = -1.53\rho\beta\left(\frac{1}{K_p}\right)^{\frac{1}{5}} \cdot \left(\frac{Q}{d_j}\right)^{\frac{4}{5}} \tag{12-2}$$

式中　P_1——立管内最大负压值（Pa）；

　　　ρ——空气密度（kg/m³）；

　　　K_P——管壁粗糙高度（m）；

　　　Q——排水流量（L/s）；

　　　d_j——管道内径（cm）；

　　　β——空气阻力系数。

在 K_P、Q 及 d_j 参数不变条件下，立管内由于水流飞溅产生的气雾状水沫，往往会使管内气体密度 ρ 成数十倍的增加，同时导致空气阻力系数 β 的增加，这就是采用溅落结构管件设计往往会加剧系统内压力波动的原因所在。因此，在特殊管件研发过程中，应避免采用溅落结构来降低水流速度。

12.2.4 保持立管附壁水膜流连续平滑的表面形状可减小空气流通阻力

立管附壁水膜流表面的连续平滑程度对管内通气阻力有较大影响。表面波动的附壁水膜会在气、水交界面附近产生较大的气体扰动，具有更大的夹带气体下行的趋势，增大气体流通阻力。例如，多肋短螺距内螺旋管由于在管壁摩擦阻力作用下具有螺旋水流形态衰减的特性，衰变成直流形态的附壁水膜流表面会由于肋的缘故，产生跳跃波动的下落水流。由此可以看出，内螺旋管可以增加管壁阻力，降低水流下落速度，但同时也增大通气阻力。因此，在特殊管件和特殊管材设计中，如何塑造一个内壁平滑连续的附壁水膜流形态，是一个值得深入研究的课题。

12.2.5 克服光壁立管加强型旋流器特殊单立管排水系统螺旋水流形态衰减的技术措施

在采用光壁立管的加强型旋流器特殊单立管排水系统中，螺旋水流由于管壁阻力的作用，往往在离开旋流器下降约 1.5m 距离时，基本上衰减成为竖直下落的直流附壁水膜流。因此，在层高较大的光壁立管加强型旋流器特殊单立管排水系统中的上、下两个楼层旋流器之间，增加设置一个具有导流叶片的旋流管件，是一个不错的选择。例如，采用带有扩容结构和导流叶片的立管检查口，可明显提高立管的排水能力。

12.2.6 上部立管接口螺旋偏置的加强型旋流器可以减小立管小角度倾斜对水流形态的影响

在高层尤其是超高层建筑中，建筑物结构或建筑物固有振动造成的排水立管倾斜，往往会破坏加强型旋流器特殊单立管排水系统的螺旋水流形态。采用上部立管接口螺旋偏置的加强型旋流器是解决这个问题的一个理想思路。这种结构设计可以使上部立管水流在进入加强型旋流器之前得到修正，使其始终保持以特定的旋转偏角进入加强型旋流器，避免上部立管水流的侧偏对旋流器内后续加强螺旋水流造成的不利影响。

12.2.7　特殊单立管排水系统立管底部弯头配置

目前，建筑特殊单立管排水系统立管底部弯头的配置有多种方式：大曲率异径弯头、90°大曲率弯头加异径管、双 45°弯头加异径管等。经深入研究，这三种立管底部弯头的配置方式具有不同的调整系统压力分布状态的作用。

设置大曲率异径弯头：排水立管底部通气状况显著改善，可大幅度降低立管底部正压；但对排水能力较大的特殊单立管排水系统，也有可能出现立管底部负压抵近极限值的情况。

设置 90°大曲率弯头加异径管：排水立管底部通气状况有所改善，立管底部正压也有所降低；且在用于排水能力较大的特殊单立管排水系统时，还有可能使立管底部原本负压过大的状况得到改善。

设置双 45°弯头加异径管：排水立管底部通气状况较差，立管底部正压较高。一般仅可用于楼层高度较低，安装空间受限，且排水能力有较大余量的特殊单立管排水系统。

因此，要使整个系统达到最佳状态，应根据不同楼层高度、不同系统配置及系统水流状态合理选用立管底部弯头配置方式。

例如，在泫氏排水试验塔进行的 GY 加强型旋流器特殊单立管排水系统测试中，采用大曲率异径弯头，排水流量为 10L/s 时，由于立管底部通气过于畅顺，压力极限值主要反映在底部负压接近−400Pa；后来改用 3D（D 为立管管径）的 90°大曲率弯头加异径管配置方式，立管底部负压得到有效调整，使系统排水能力增大到 12L/s。

12.2.8　排水横干管扩径设计

在建筑排水系统中，排水立管与排水横干管的排水能力相差较大。由于特殊单立管排水系统无专用通气管或辅助通气管来消减立管底部正压，所以，在系统设计时应根据横干管排水流量采用比立管管径扩大 1~2 级的管材。例如，当 DN100 特殊单立管流量达到 6.5L/s 时，其排水当量约为 900 左右，横干管管径不应小于 DN150（DN150 横干管在 2%坡度时的排水当量为 850）。因此，底部横干管（或排出管）应根据立管设计流量选择与其排水当量相适应的管径。

12.2.9　排水横干管存在旋流时对系统排水能力的不利影响

当立管水流旋流力度较大，导致排水横干管（或排出管）起端仍有旋流存在时，由于水膜流的附壁效应，即使采用大曲率底部异径弯头，仍有可能出现水跃现象，造成立管底部正压增加，这时应在底部弯头的上方设置整流接头对立管下部旋转水流加以修正。但实验证明，采用光壁立管和大曲率底部异径弯头的加强型旋流器特殊单立管排水系统，由于水流离开旋流器约 1.5m 时已衰减成成直流附壁水膜，进入底部弯头时不会再有旋流存在，不设置整流接头也不会影响系统排水能力。而采用突然扩径的底部弯头结构，即便是直流下落的水流，也有可能产生阻碍横干管通气的水跃现象。因此，在系统底部管件配置时，除尽可能采用大曲率异径弯头外，还应根据进入底部弯头前立管水流形态决定是否需要设置整流接头。

12.2.10　瞬间流量峰值对特殊单立管排水系统排水能力的不利影响

实验证明，在排水横支管产生瞬间流量峰值或坐便器含有较多固形物的废水瞬时排出时，对系统排水能力的影响远小于大流量的定常流态。因为，系统水封损失值与压力波动作用于水封表面的持续时间有关。作用时间越长，水封振荡次数越多，水封损失越大。测试结果表明，瞬间流量峰值造成的地漏水封损失大约仅为相同流量定常流态的 50%。日本关东大学多年的研究成果也证实了这一结论。

12.2.11　推进研发大直径加强型旋流器

目前，国内外只有 DN100（dn110）一种直径的特殊单立管排水系统（集合管系统有 dn125 的），按照有关工程技术标准规定：DN100（dn110）特殊单立管排水系统仅适用于每个楼层排水横支管管径不大于 DN100（dn110）或楼层排水横支管的设计排水流量不大于 2.5L/s 的场所（如仅设一个坐便器、洗脸盆、浴盆等卫生器具及家用洗衣机的小卫生间），而不适用于横支管设计排水流量大于 2.5L/s 的场所及多厕位公共卫生间。因此，研发 DN125 和 DN150 大直径加强型旋流器（或苏维托）和配套特殊管件，可以用于采用集中管井敷设排水立管的高层住宅建筑每层双卫生间的特殊单立管排水系统，还可用于公共建筑的特殊单立管排水系统。

12.2.12　加强型旋流器特殊单立管排水系统增大横支管排水流量实验

按照现行相关标准，DN100（dn110）排水立管在进行排水能力测试时，每层横支管最大允许排水量为 2.5L/s。在对 DN100 的 GY 加强型旋流器特殊单立管排水系统进行测试时，发现系统总排水量同样为 10L/s，如果改用每层按 3.33L/s 排水，相应减少排水层数，管内压力极限值有所降低，系统排水能力也有所增加。这说明同时排水层数对系统排水能力具有影响，同时排水楼层越多，通气阻力越大，系统排水能力则越低。同时也说明，GY 加强型旋流器特殊单立管排水系统的横支管可以承担两个坐便器的排水流量。

12.3　建筑特殊单立管排水系统近期研究实验成果

建筑特殊单立管排水技术的推广应用，促进了对建筑排水技术的深入研究。特别是以泫氏排水实验塔为代表的国内多座排水实验塔的相继建成，以及全国建筑排水管道系统技术中心的成立，为中国建筑排水理论研究、工程标准制订、工程设计方案验证及建筑排水新产品研发、测试提供了一个高水平的实验研究平台。一批实验研究成果和系统实验数据的相继获得，填补了国内外建筑排水技术相关试验数据的空白，开阔了视野，明确了今后的研究方向。

12.3.1　泫氏排水实验塔简介

泫氏排水实验塔（图 12-3-1）自 2010 年开始建设，塔高 60.3m，地上 19 层，地下 1 层，是国内首座专门用于建筑排水系统等比例模拟的试验装置。泫氏排水实验塔的建设方案，依照中国工程建设标准化协会标准《住宅生活排水系统立管排水能力测试标准》

CECS 336：2013，并参考了日本及欧洲等发达国家先进案例，兼顾了公共建筑排水系统测试需求，吸收了国内知名专家和著名院校学者的意见和建议。实验塔塔体采用等比例建筑结构设计，可模拟再现真实的建筑排水场景。测控系统采用国内外先进仪器、仪表，确保测试精度。测试数据采集系统对系统压力、水封液位及放水流量三个数据实时同步采集，客观真实地再现排水系统运行过程中各种参数之间的对应关系。实验室工程技术人员自主研发了测控系统软件，实现测试全过程在中央控制室（图12-3-2）集中控制和自动运行，避免了人为操作因素对测试结果的影响，确保了实验操作程序的标准化和准确性；还可满足定流量法和瞬间流量法（器具流量法）等不同测试方法的系统测试。为确保压力和水封测试数据相互印证，在各楼层排水横支管上安装了标准测试地漏；水封自动补水系统则大大提高了试验效率。泫氏排水实验塔完善的硬件设施，使其成为中国目前建筑排水管道系统测试技术最先进、测试功能最完备的实验装置。填补了中国建筑排水试验装置的空白，彻底改变了中国建筑排水实验研究手段落后的局面。

图 12-3-1　泫氏排水实验塔

图 12-3-2　泫氏排水实验塔中央控制室

12.3.2　加强型旋流器特殊单立管排水系统排水能力验证试验

1）试验目的：

验证湖南大学实验塔与泫氏排水实验塔高度差对系统排水能力的影响。

2）试验方法：

通过测试 GY 加强型旋流器特殊单立管排水系统的排水能力，与湖南大学实验塔测试结果进行对比。

3）试验结果：

（1）GY 加强型旋流器特殊单立管排水系统的排水能力与湖南大学实验塔测试结果相同，为 10L/s；

（2）系统压力极限值增大 10％左右；说明排水楼层增高（多 6 层），系统排水能力确实有所下降（图 12-3-3、图 12-3-4）。

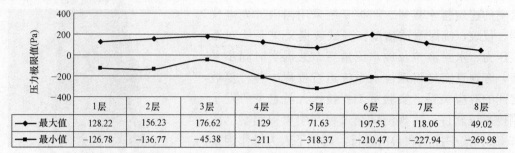

	1层	2层	3层	4层	5层	6层	7层	8层
◆ 最大值	128.22	156.23	176.62	129	71.63	197.53	118.06	49.02
■ 最小值	−126.78	−136.77	−45.38	−211	−318.37	−210.47	−227.94	−269.98

图 12-3-3　湖南大学实验塔测试排水流量 10L/s 时管内压力曲线

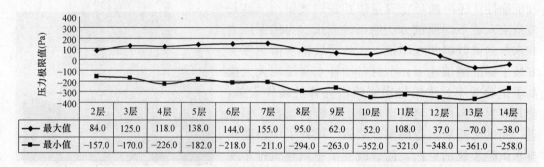

	2层	3层	4层	5层	6层	7层	8层	9层	10层	11层	12层	13层	14层
◆ 最大值	84.0	125.0	118.0	138.0	144.0	155.0	95.0	62.0	52.0	108.0	37.0	−70.0	−38.0
■ 最小值	−157.0	−170.0	−226.0	−182.0	−218.0	−211.0	−294.0	−263.0	−352.0	−321.0	−348.0	−361.0	−258.0

图 12-3-4　泫氏排水实验塔测试排水流量 10L/s 时管内压力曲线

12.3.3　加强型旋流器特殊双立管排水系统排水能力测试

1）试验目的：

测试特殊双立管排水系统的最大排水能力。

2）试验方法：

对 GY 加强型旋流器特殊双立管排水系统进行测试，放水楼层排水流量自上而下依次为 4L、4L、4L、4L、2L。

3）试验结果：

GY 加强型旋流器特殊双立管排水系统最大排水能力为 18L/s（图 12-3-5）。

12.3.4　变更排水试验方法对比测试

1）试验项目一：

不同排水持续时间的系统压力极限值及水封损失值对比测试。

（1）试验目的：

不同排水持续时间对系统压力变化及水封损失值的影响。

（2）试验方法：

采用定流量法，在同一系统、相同流量下，分别测试排水持续时间为 5s、10s、20s、

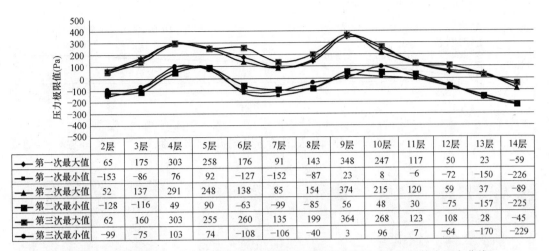

	2层	3层	4层	5层	6层	7层	8层	9层	10层	11层	12层	13层	14层
第一次最大值	65	175	303	258	176	91	143	348	247	117	50	23	−59
第一次最小值	−153	−86	76	92	−127	−152	−87	23	8	−6	−72	−150	−226
第二次最大值	52	137	291	248	138	85	154	374	215	120	59	37	−89
第二次最小值	−128	−116	49	90	−63	−99	−85	56	48	30	−75	−157	−225
第三次最大值	62	160	303	255	260	135	199	364	268	123	108	28	−45
第三次最小值	−99	−75	103	74	−108	−106	−40	3	96	7	−64	−170	−229

图 12-3-5　泫氏排水实验塔测试特殊双立管排水系统排水流量 18L/s 时管内压力曲线

40s、60s、80s、100s 和 120s 时的水封损失值和压力波动极限值。

（3）试验结果（图 12-3-6～图 12-3-9）：

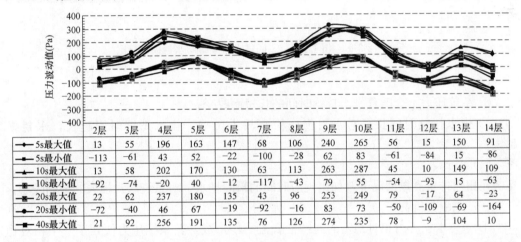

	2层	3层	4层	5层	6层	7层	8层	9层	10层	11层	12层	13层	14层
5s最大值	13	55	196	163	147	68	106	240	265	56	15	150	91
5s最小值	−113	−61	43	52	−22	−100	−28	62	83	−61	−84	15	−86
10s最大值	13	58	202	170	130	63	113	263	287	45	10	149	109
10s最小值	−92	−74	−20	40	−12	−117	−43	79	55	−54	−93	15	−63
20s最大值	22	62	237	180	135	43	96	253	249	79	−17	64	−23
20s最小值	−72	−40	46	67	−19	−92	−16	83	73	−50	−109	−69	−164
40s最大值	21	92	256	191	135	76	126	274	235	78	−9	104	10

图 12-3-6　不同排水持续时间各楼层最大和最小压力值曲线

注：加强型旋流器特殊双立管系统，试验楼层 18 层，排水层顶部 4 层，测试楼层数量 14 层，排水总流量 16L/s。

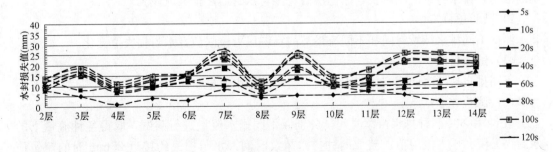

图 12-3-7　不同排水持续时间水封损失曲线

注：加强型旋流器特殊双立管系统，试验楼层 18 层，排水层顶部 4 层，测试楼层数量 14 层，排水总流量 16L/s。

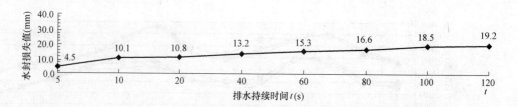

图 12-3-8　不同排水持续时间水封损失平均值曲线

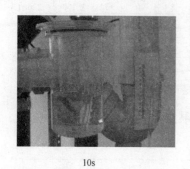

10s　　　　　　　　　　60s　　　　　　　　　　120s

图 12-3-9　相同流量、不同排水持续时间水封损失对比

（4）测试结果对比：

① 系统压力不会随着排水持续时间的长短而改变；

② 排水持续时间长短对水封损失值有较大影响，排水持续时间越长，水封损失越大。

（5）结论：

在相同排水流量情况下，如出现短时间的瞬间排水，对系统水封损失的影响较小。

（6）原因分析：

① 当排水立管内相对稳定的连续汇合流一经形成，其系统压力便处于一个相对稳定的平衡状态，这种平衡状态在 5～10s 的排水持续时间内便可建立，且不会随着排水时间的延长而发生改变；

② 水封在压力波动的交替作用下会产生惯性振荡，这种反复的惯性振荡会造成水封不断溢出，排水持续时间越长，振荡次数越多，水封溢出损失就越大。

2）试验项目二：

测试不同排水持续时间和不同流量下的系统压力极限值及水封损失值变化。

（1）试验目的：

不同排水持续时间达到相同水封损失值时的排水流量及压力极限值。

（2）试验方法：

取 5s 和 60s 两种排水持续时间，分别以不同排水流量进行测试，取得各种流量下的水封损失值和压力极限值；获取两种排水持续时间，水封损失约接近 25mm 时的流量值和压力极限值。

（3）试验结果：

① 排水持续时间 5s 时，不同流量下的系统最大压力极限值（图 12-3-10）：

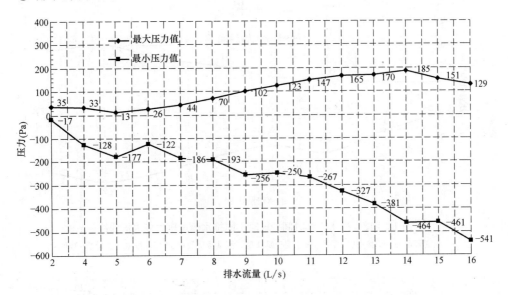

图 12-3-10　排水持续时间 5s 时不同排水流量下压力极限值曲线

注：双立管系统，试验楼层 18 层，排水层顶部 4 层，测试楼层数量 14 层，排水总流量 2~16L/s。

② 排水持续时间 5s 时，不同流量下的系统最大水封损失值（图 12-3-11）：

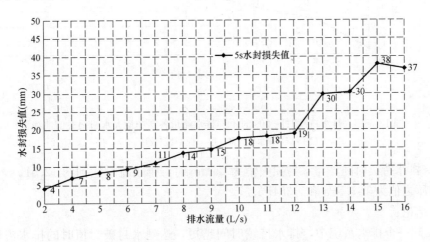

图 12-3-11　排水持续时间 5s 时不同排水流量各层中最大水封损失值曲线

注：双立管系统，试验楼层 18 层，排水层顶部 4 层，测试楼层数量 14 层，排水总流量 2~16L/s。

③ 排水持续时间 60s 时，不同排水流量下的系统最大压力极限值（图 12-3-12）：

④ 排水持续时间 60s 时，不同排水流量下的系统最大水封损失值（图 12-3-13）：

（4）试验结果对比：

从两个同样达到 25mm 水封损失值时的实验数据进行对比发现：

① 60s 排水持续时间，当水封损失值为 25mm 时，排水流量达到 7L/s，对应的系统极限压力值为 112Pa 和 −277Pa；

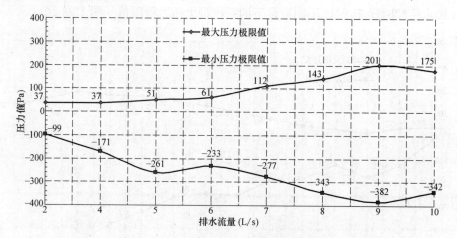

图 12-3-12　排水持续时间 60s 时不同排水流量压力极限值曲线

注：双立管系统，试验楼层 18 层，排水层顶部 4 层，测试楼层数量 14 层，排水总流量 2～16L/s。

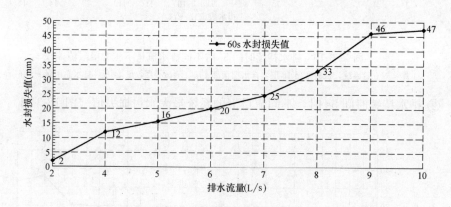

图 12-3-13　排水持续时间 60s 时不同排水流量各层中最大水封损失值曲线

注：双立管系统，试验楼层 18 层，排水层顶部 4 层，测试楼层数量 14 层，排水总流量 2～16L/s。

② 5s 排水持续时间，与水封损失值为 25mm 时，排水流量达到约 12.5L/s，对应的系统极限压力值为 167.5Pa 和 −354Pa。

（5）结论：

① 在同一个排水系统中，排水持续时间越短，达到水封破封值时的排水流量越大，压力值越高；

② 在相同排水流量情况下，瞬间排水对水封损失的影响比较小；

③ 达到同一水封损失值时，瞬间排水所需的排水流量比较大，此时测得的极限压力值也比较大。

3）试验项目三：

测试不同数据采集时间间隔下的系统压力极限值及水封损失值。

（1）试验目的：

不同振荡频率压力波峰值的采集对系统最大压力值获取及水封损失的影响。

（2）试验方法：

定流量法，在未滤波处理条件下，采用 50ms 和 500ms 两种数据采集时间间隔进行对比试验，分别获取同一系统相同流量、相同排水持续时间时的水封损失值和压力极限值。

（3）试验结果（图 12-3-14、图 12-3-15）：

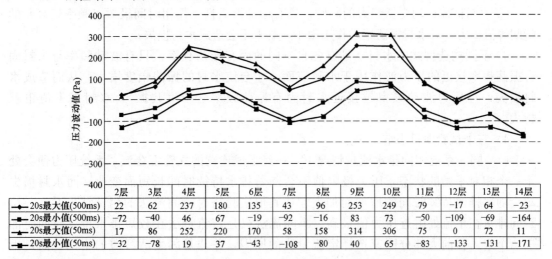

	2层	3层	4层	5层	6层	7层	8层	9层	10层	11层	12层	13层	14层
20s最大值(500ms)	22	62	237	180	135	43	96	253	249	79	−17	64	−23
20s最小值(500ms)	−72	−40	46	67	−19	−92	−16	83	73	−50	−109	−69	−164
20s最大值(50ms)	17	86	252	220	170	58	158	314	306	75	0	72	11
20s最小值(50ms)	−32	−78	19	37	−43	−108	−80	40	65	−83	−133	−131	−171

图 12-3-14　20s 排水持续时间，500ms 与 50ms 采集间隔压力测试结果对照

注：加强型旋流器特殊双立管系统，试验楼层 18 层，排水层顶部 4 层，测试楼层数量 14 层，排水总流量 16L/s。

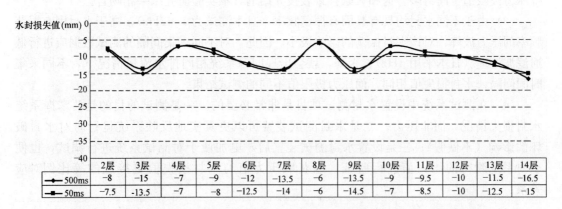

	2层	3层	4层	5层	6层	7层	8层	9层	10层	11层	12层	13层	14层
500ms	−8	−15	−7	−9	−12	−13.5	−6	−13.5	−9	−9.5	−10	−11.5	−16.5
50ms	−7.5	−13.5	−7	−8	−12.5	−14	−6	−14.5	−7	−8.5	−10	−12.5	−15

图 12-3-15　20s 排水持续时间，500ms 和 50ms 采集间隔水封损失测试结果对照

注：加强型旋流器特殊双立管系统，试验楼层 18 层，排水层顶部 4 层，测试楼层数量 14 层，排水总流量 16L/s。

（4）试验结果对比：

① 同一系统相同试验方法情况下，较短的数据采集时间间隔测得的系统压力极限值较高；

② 不同的数据采集时间间隔其水封损失值基本不变。

（5）结论：

① 当测试系统采集的数据未进行选择性滤波处理时，不同的数据采集时间间隔获取的压力极限值也不相同；间隔越小，压力极限值越高；

② 不同的数据采集时间间隔对水封损失值基本没有影响。

(6) 原因分析：

① 较小的数据采集时间间隔，采集到较高频率和较高压力振荡波峰值的概率增大，测得的压力极限值也增高；

② 水封液体运动受惯性力的制约，具有运动滞后性；作用时间极短（频率较高）的瞬间峰值压力，对水封振荡运动作用很小，基本不会造成水封损失；

③ 不同构造型式的水封，具有各自不同的固有振荡频率，只有波动频率与水封固有振荡频率接近的压力波作用于水封液面，才会使水封的振荡幅度增大，从而造成水封损失；且压力波动频率越接近水封固有振荡频率（产生共振），水封损失值也就越大。

4）三个试验项目小结

(1) 同一系统相同排水流量情况下，一经形成连续的立管汇合流，系统压力便会处于一个相对平衡的状态，压力极限值不会随着排水持续时间长短而变化；而水封损失却会随着排水持续时间的增加而加大。从其他实验塔对瞬间流法的测试结果看，各层瞬间排水在汇流处附近压力值最高。瞬间流法只是定流量法在较短排水持续时间时的一个个案。目前大部分国家选择定流量法的原因，并非是因生活习惯的不同，而是因为较长排水持续时间的定常流法，更能反映水封损失的最不利状态。日本标准是采用60s排水持续时间。

(2) 从另一个角度看，要达到同样的水封损失值，瞬间排水所需的流量要大得多，系统压力极限值也高得多。这和大冢雅致教授介绍的日本实验研究结果相吻合。

(3) 由于不同水封均具有其固有振荡频率（日本测试为1~2Hz），高于水封固有振荡频率的压力波峰，对该水封振荡的影响极小。因此，对不同采集间隔的测试数据应进行低通滤波处理（日本采用3Hz）。否则，就会出现同一系统相同排水流量情况下，不同采集时间间隔，水封损失值相同，而压力极限值不同的测试结果。

(4) 在测试系统中设置水封测试项目是非常必要的。一是测试的目的是要掌握系统水封损失情况，而非压力；二是水封测试装置可以更真实地反映系统运行时对水封破坏的影响（不做假）；三是设置水封测试装置后，更加便于对测试系统进行调试，也便于对系统测得的压力值进行验证，以获取压力值与水封损失值更接近的等比例对应关系。

12.3.5 立管旋流管件与普通三通管件系统排水能力对比试验

1）试验目的：

立管旋流管件与90°顺水三通的系统排水能力对比试验。

2）试验方法：

定流量法。采用双立管排水系统测试。

3）试验结果（图12-3-16~图12-3-19）：

(1) 旋流管件双立管排水系统排水能力为11L/s；

(2) 90°顺水三通双立管排水系统排水能力为9L/s。

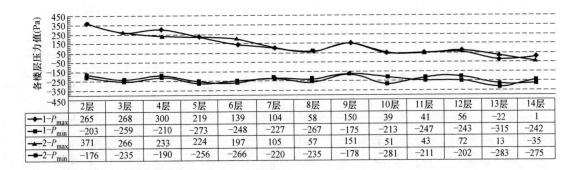

	2层	3层	4层	5层	6层	7层	8层	9层	10层	11层	12层	13层	14层
$1-P_{max}$	265	268	300	219	139	104	58	150	39	41	56	-22	1
$1-P_{min}$	-203	-259	-210	-273	-248	-227	-267	-175	-213	-247	-243	-315	-242
$2-P_{max}$	371	266	233	224	197	105	57	151	51	43	72	13	-35
$2-P_{min}$	-176	-235	-190	-256	-266	-220	-235	-178	-281	-211	-202	-283	-275

图 12-3-16　60s 持续排水时间各楼层系统压力波动曲线

注：旋流三通双立管系统，试验楼层 18 层，排水层顶部 4 层，测试楼层 14 层，
排水总流量 11L/s，17 层、18 层为 3L/，15 层、16 层为 2.5L/s。

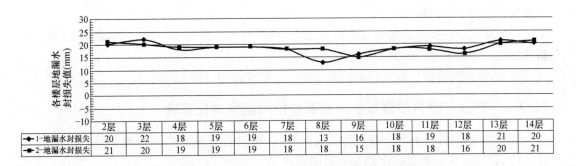

	2层	3层	4层	5层	6层	7层	8层	9层	10层	11层	12层	13层	14层
1-地漏水封损失	20	22	18	19	19	18	13	16	18	19	18	21	20
2-地漏水封损失	21	20	19	19	19	18	18	15	18	18	16	20	21

图 12-3-17　60s 持续排水时间各楼层地漏水封损失曲线

注：旋流三通双立管系统，试验楼层 18 层，排水层顶部 4 层，测试楼层 14 层，
排水总流量 11L/s，17 层、18 层为 3L/，15 层、16 层为 2.5L/s。

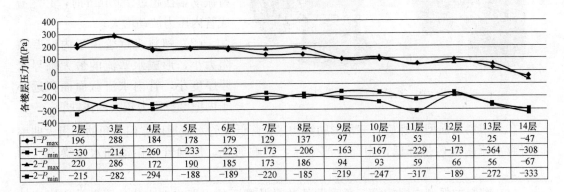

	2层	3层	4层	5层	6层	7层	8层	9层	10层	11层	12层	13层	14层
$1-P_{max}$	196	288	184	178	179	129	137	97	107	53	91	25	-47
$1-P_{min}$	-330	-214	-260	-233	-223	-173	-206	-163	-167	-229	-173	-364	-308
$2-P_{max}$	220	286	172	190	185	173	186	94	93	59	66	56	-67
$2-P_{min}$	-215	-282	-294	-188	-189	-220	-185	-219	-247	-317	-189	-272	-333

图 12-3-18　60s 持续排水时间各楼层系统压力波动曲线

注：90°顺水三通双立管系统，试验楼层 18 层，排水层顶部 4 层，测试楼层共 14 层，排水总流量 9L/s。

4）结论：

（1）90°顺水三通（T 形三通）双立管排水系统排水能力与 2010 年湖南大学对 45°顺水三通（TY 形三通）所测得的结果基本相同，均为 9L/s。原因是两种型式三通的水舌阻

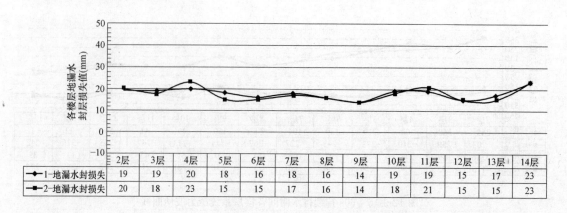

图 12-3-19　60s 持续排水时间各楼层地漏水封损失曲线

注：90°顺水三通双立管系统，试验楼层 18 层，排水层顶部 4 层，测试楼层共 14 层，排水总流量 9L/s。

	2层	3层	4层	5层	6层	7层	8层	9层	10层	11层	12层	13层	14层
1-地漏水封损失	19	19	20	18	16	18	16	14	19	19	15	17	23
2-地漏水封损失	20	18	23	15	15	17	16	14	18	21	15	15	23

力相同，阻力系数均较大；

（2）旋流管件双立管排水系统排水能力比 90°顺水三通和 45°顺水三通提高 22％。分析其原因：消除水舌，阻力系数相对小。

5）铸铁旋流管件已编入相关国家标准，应推荐使用（图 12-3-20）。

12.3.6　铸铁与塑料加强型旋流器系统排水能力对比试验

从许多试验情况分析（相关测试数据略），塑料管材系统当排水流量达到一定程度（8.5L/s 以上）时，再要往上增加相对困难。

图 12-3-20　铸铁旋流三通管件

1）原因分析：

（1）塑料管材的刚性差，排水流量大时会产生强烈的振动，当管材振动偏摆超过±10mm 时，必然造成管内压力波动增大；

（2）塑料光壁管由于内壁摩擦阻力小，形成水塞流的最大临界水膜厚度小，管内水流截面面积远小于内壁摩擦阻力较大的铸铁管；

（3）塑料加强型内螺旋管三角形肋结构尽管降低立管水流速度，但三角肋的极大曲率可导致水流附壁效果降低，中部飞溅水沫，影响通气，加剧管材振动和水流噪声（图 12-3-21）；

（4）塑料加强型内螺旋管三角形肋的数量及螺距的设置也对水流的附壁效应影响较大。肋数量过多、螺距过小，都有可能相对减弱水流附壁效果。

2）改进建议：

（1）适当增加塑料排水立管固定支架、管卡；减小管道振动，有利于系统流量的提升；

（2）适当改进螺旋肋的结构形状和数量。在减小立管水流速度的同时，提高水流附壁效果。如采用曲面螺旋肋或曲面内螺旋槽（图 12-3-22）结构；适当增加肋的高度，减少肋的数量等。上海深海宏添建材有限公司在这方面进行了很好的改进尝试，取得比较理想的试验效果，将其应用于加强型旋流器特殊单立管排水系统，初步测试的排水能力已经超过 10L/s。

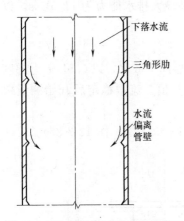

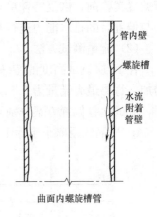

图 12-3-21　塑料加强型内螺旋管三角形螺旋肋水流形态示意

图 12-3-22　曲面肋内螺旋管和曲面内螺旋槽管水流形态分析

12.3.7　双立管排水系统 H 管不同安装位置对系统排水能力影响试验

经测试，在双立管排水系统中，当 H 管安装在立管与横支管连接三通（或四通）下方时（图 12-3-23），系统排水能力最大。如旋流三通双立管排水系统，H 管分别安装在楼层中部、三通上部及三通下方，测得的排水流量分别为 7.5L/s、7.5L/s 和 11L/s；T 形三通双立管排水系统，H 管分别安装在楼层中部、三通上部及三通下方，测得的排水流量分别为 7.5L/s、7.5L/s 和 9L/s。

12.3.8　特殊单立管排水系统立管偏置对系统排水能力影响试验

1）试验目的：

通过在泫氏排水实验塔对 GY 加强型旋流器特殊单立管排水系统进行实验，补充现行规程中所列出的几种偏置方式的最大排水能力，供设计人员参考。

2）试验装置：

泫氏排水实验塔，试验楼层 18 层，排水层由顶层向下 4 层，测试层 14 层；

流量测试，涡轮流量计；

压力测试，压力变送器；

水封测试，液位变送器、P 形存水弯、U 型液位监测管、标准透明测试地漏、现场水封监视摄像等。

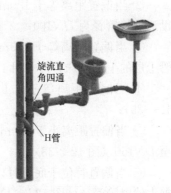

图 12-3-23　H 管在立管三通下方安装

3）测试项目：

系统流量、压力波动测试，压力极限值、水封波动及水封损失值测试。

4）试验方法：

（1）系统组成

GY加强型旋流器特殊单立管排水系统由W型柔性接口GY加强型旋流器、W型接口铸铁排水管材、4D（D为立管管径）大曲率异径弯头及其他普通排水管件等组成。进行偏置实验前，恢复特殊单立管排水系统，并验证测试结果最大排水能力为11.5L/s，以便与偏置后的排水能力进行对比。

（2）流量测试方法

在18层测试高度的特殊单立管排水系统中，由顶层逐层向下放水，以0.5L/s为梯度增加，每层最大流量为2.5L/s，通水能力为施加的累计流量值。流量稳定后开始测量数据，测试立管偏置方案分别采用以下几种方式：

① 当偏置距离小于等于1.0m时，采用45°弯头连接（图12-3-24、图12-3-26）。

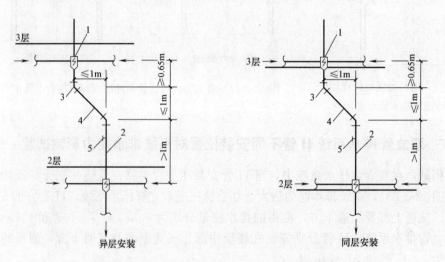

异层安装 同层安装

图12-3-24 立管偏置发生在3层，用45°弯头连接

1—加强型旋流器；2—排水立管；3—45°弯头；4—偏置直管段；5—立管检查口

② 当偏置距离等于1.0m时，在偏置后的立管上部设置辅助通气管（图12-3-28），辅助通气管管径为$DN100$；

③ 当偏置距离等于2.0m时，辅助通气管从偏置横管下层的上部特殊管件接至偏置管上层的上部特殊管件（图12-3-31）；

④ 当偏置距离等于2.0m时，偏置方式使用变径，横管管径扩大至$DN150$（图12-3-35）；

⑤ 当偏置距离小于3.0m时，偏置方式使用2个大曲率异径弯头、偏置横管管径扩大至$DN150$（图12-3-38）；

⑥ 当偏置管位于底层时，辅助通气管应从横干管接至偏置管上层的上部特殊管件或加大偏置管管径（图12-3-41）。

5）试验判定条件：

本次试验参考湖南大学实验塔的排水测试方法，并结合泫氏排水实验塔的实验条件，本实验通水能力判定条件同时满足以下条件：

（1）非放水层所有测压点的瞬间压力波动在±400pa范围以内；

（2）非放水层所有地漏的一次水封损失不大于25mm；

（3）每个流量下的实验至少进行2次，并连续满足（1）和（2）的条件。

6）试验结果：

（1）当偏置距离等于1.0m时，采用45°弯头连接（图12-3-24、图12-3-26）。

① 偏置发生在3层，偏置距离不大于1.0m时，实验测得的最大排水流量为6.5L/s（图12-3-24）。从压力极限值分布图可以看出，3层出现正压区，但其他楼层压力极限值相对比较稳定，说明系统中发生在3层的立管偏置使2层的排气不畅，导致3层的正压过大（图12-3-25）。3次试验数据反映出，3层压力极限值全过程处于正压状态，水封波动极限值同样出现的3层。

② 偏置发生在6层，偏置距离不大于1.0m时，实验测得的最大排水流量为6.5 L/s（图12-3-26）。从压力极限值分布图可以看出，6层出现正压区，其他楼层压力极限值相对比较稳定，说明系统中发生在6层的立管偏置使5层的排气不畅，导致6层的正压过大（图12-3-27）。并且不同楼层偏置对比看，发生在3层与6层的偏置对系统的影响基本相似，均使偏置层的正压增加，下一层因通气不畅通使系统最大排水能力下降（图12-3-25、图12-3-27）。

（2）当偏置距离等于1.0m时，在偏置后的立管上部设置辅助通气管（图12-3-28），辅助通气管管径应为DN100。

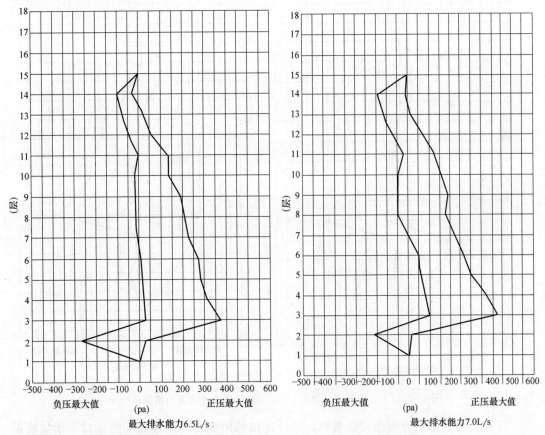

图 12-3-25 立管偏置发生在3层，用45°弯头连接压力极限值分布

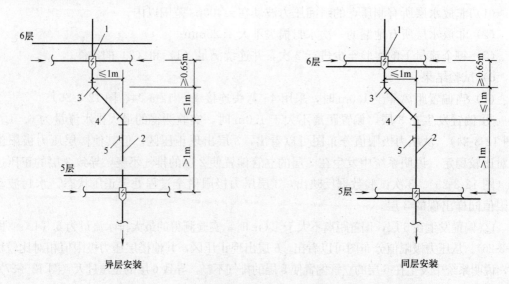

图 12-3-26　立管偏置发生在 6 层，用 45°弯头连接

1—加强型旋流器；2—排水立管；3—45°弯头；4—偏置直管段；5—立管检查口

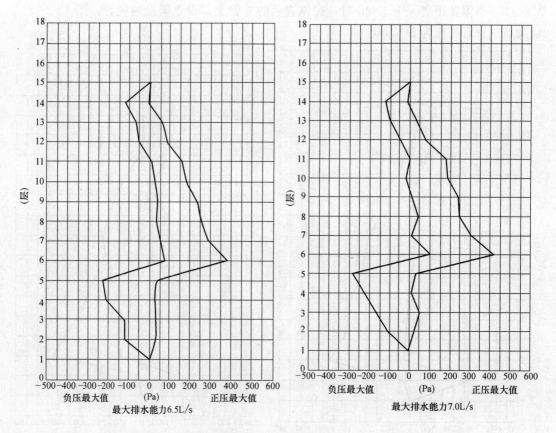

图 12-3-27　立管偏置发生在 6 层，用 45°弯头连接压力极限值分布

① 从压力极限值分布图可以看出，正压区依然出现在 3 层偏置前的位置，增加辅助通气后，最大排水能力均有所提升，达到 7.3L/s（图 12-3-29）。

178

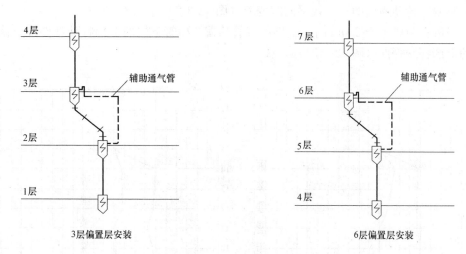

图 12-3-28　偏置立管用 45°弯头连接并增加辅助通气管

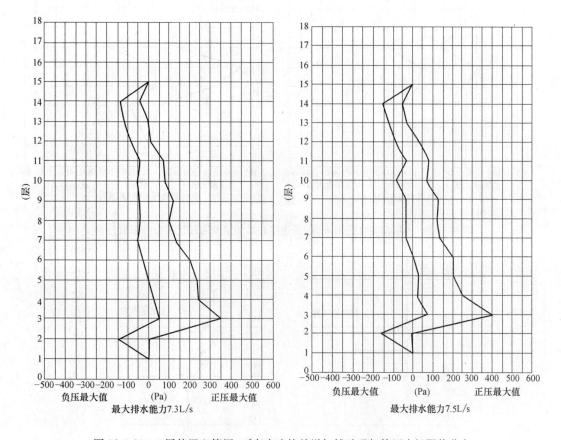

图 12-3-29　3 层偏置立管用 45°弯头连接并增加辅助通气管压力极限值分布

② 从压力极限值分布图可以看出，5 层在偏置后出现较大的负压区，增加辅助通气后，最大排水能力与在 3 层偏置时相同，达到 7.3L/s（图 12-3-30）。但从压力极限值分布图比较来看，偏置层的正压与下一层的负压波动较大，说明如果偏置层向上偏移时，由

于受高度影响，辅助通气的补气效果同时变差（图 12-3-29、图 12-3-30）。

（3）当偏置距离等于 2.0m 时，辅助通气管从偏置横管下层的上部特殊管件接至偏置管上层的上部特殊管件（图 12-3-31）。

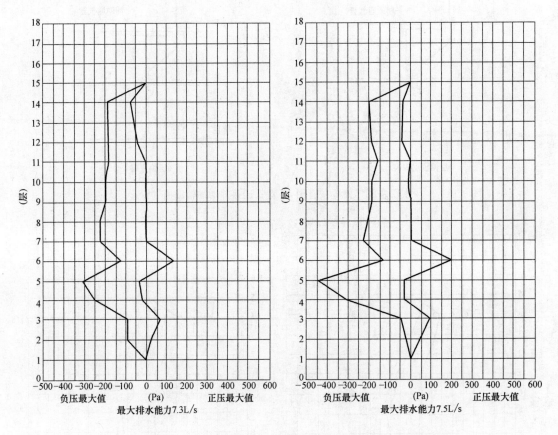

图 12-3-30　6 层偏置立管用 45°弯头连接并增加辅助通气管压力极限值分布

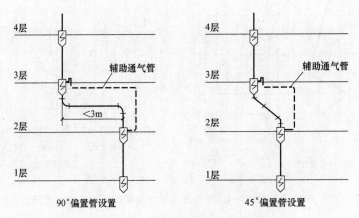

图 12-3-31　中间楼层偏置管设置

当偏置距离不大于 3.0m 时（本实验偏置距离设定为 2.0m），采用 $DN100 \times 45°$ 弯头、直管 45°倾斜安装，且增加辅助通气后，测得的最大排水能力为 5.0L/s（图 12-3-31）。从压力极限值分布图可以看出，正压区依然出现在 3 层偏置前的位置，可见，在偏置距离增大后，通水能力有所下降，且 3 层依然出现较高的正压区；而受负压影响，2 层地漏水封损失加大（图 12-3-32）。

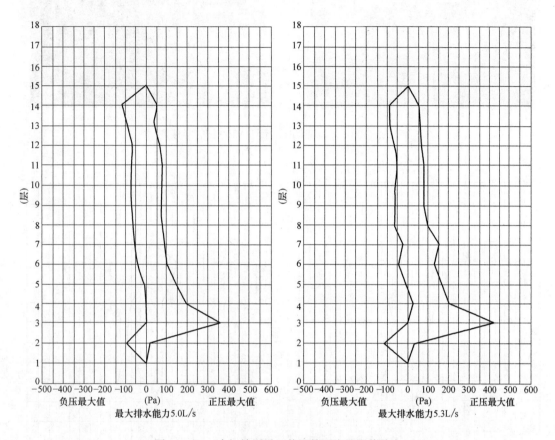

图 12-3-32　中间楼层设置偏置管压力极限值分布

从压力极限值分布图可以明显反映出，2 层偏置距离增加到 2.0m 后对 3 层压力的影响。中间楼层发生较大距离偏置时，首先要解决通气问题。DN100 同径偏置，通气效果差，即使增加辅助通气装置，效果也同样不佳。

根据实验条件，对 3 层偏置方式进行调整：

① 方案一：在实验塔 3 层立管偏置，水平偏置距离 2.0m，增加辅助通气装置（图 12-3-33）。由于采用的是 DN100 小曲率弯头且不扩径处理，立管水流偏置进入横管时，出现严重的水跃现象，测得最大排水能力同样为 5.0L/s，此解决方案效果不佳（图 12-3-34）。

② 方案二：水平偏置距离 2m，加大偏置横管管径至 DN150，使用异径管变径的安装方式（图 12-3-35），测得的最大排水能力为 8.4L/s，此解决方案使系统排水能力大大改善。

立管偏置发生在实验塔 3 层时，从压力极限值分布图可以看出，依然是 3 层出现较大正压区，同时在 2 层出现较大负压区，说明在 2 层偏置采用扩径加 DN150 小曲率弯头，改善了水流流态，没有形成严重的水跃现象，同时因对横管进行扩大管径处理，使排水性能明显提升（图 12-3-36）。

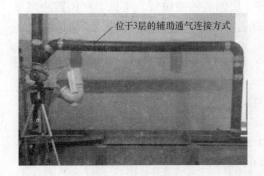

图 12-3-33　增设辅助通气管 DN100 同管径偏置

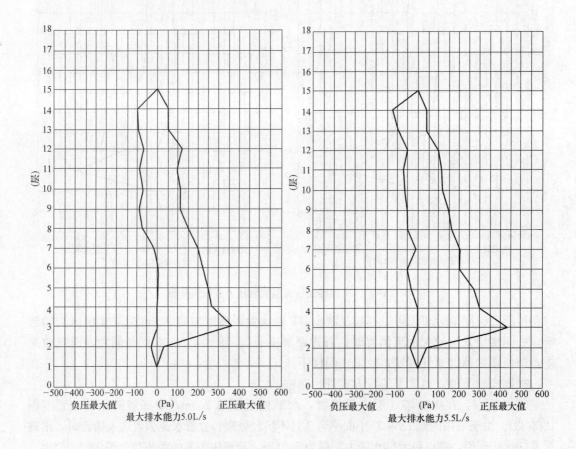

图 12-3-34　增加辅助通气管 DN100 同管径偏置压力极限值分布

　　立管偏置发生在实验塔 6 层时，从压力极限值分布图可以看出，依然是 6 层出现较大正压区，同时在 5 层出现较大负压区；但从测试结果看，与在 3 层发生偏置相比，排水能力却有所提升，达到 9.0L/s，排水流量在 9.5L/s 时，5 层地漏水封损失达到 29mm，视为不合格。比较以上几个压力极限值分布图可以看出，偏置楼层增高，系统整体负压增大，有利于使系统在偏置层的正压得到适当抵消，从而使系统整体排水能力得到提升（图12-3-36、图 12-3-37）。

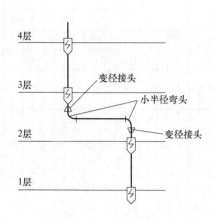
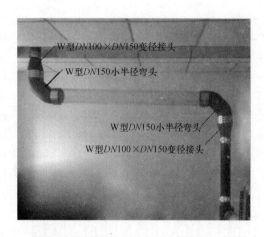

图 12-3-35　偏置横管管径加大至 $DN150$，异径管加 $DN150$ 小曲率弯头

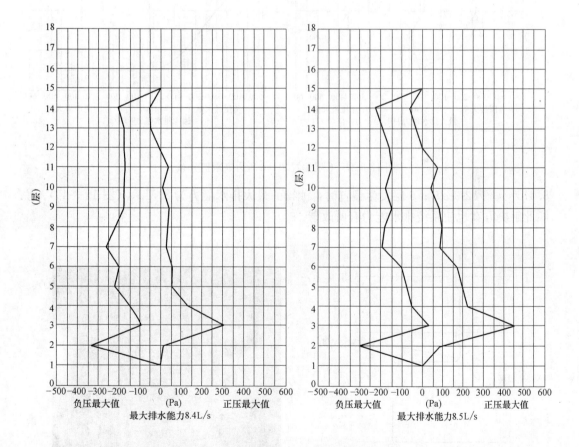

图 12-3-36　3 层偏置 2.0m 压力极限值分布

③ 方案三：当偏置距离等于 2.0m 时，使用 2 个大曲率异径弯头、偏置横管管径扩大至 $DN150$ 的偏置方式（图 12-3-38）。3 层发生立管偏置时，测得的最大排水能力同样为

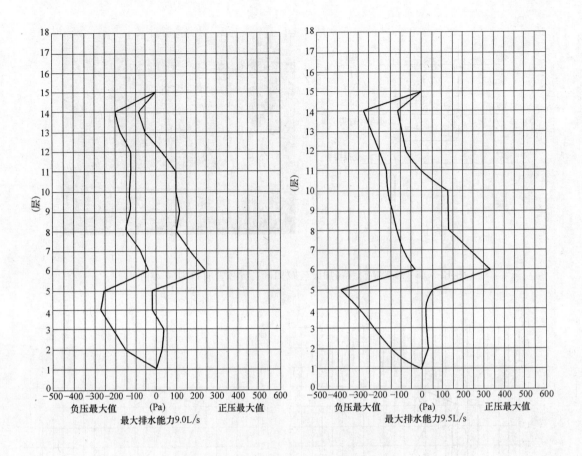

图 12-3-37　6 层偏置 2.0m 压力极限值分布

8.4L/s（图 12-3-39）；6 层发生偏置时，测得的最大排水能力为 8.5L/s（图 12-3-40）。说明此解决方案也使系统排水能力有所改善。

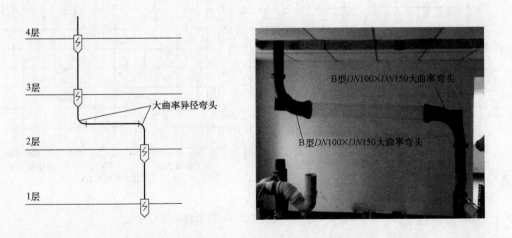

图 12-3-38　偏置横管管径加大至 DN150 并采用大曲率异径弯头

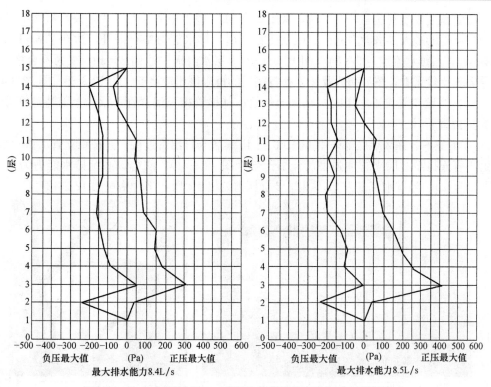

图 12-3-39　3 层偏置 2.0m 采用大曲率异径弯头压力极限值分布

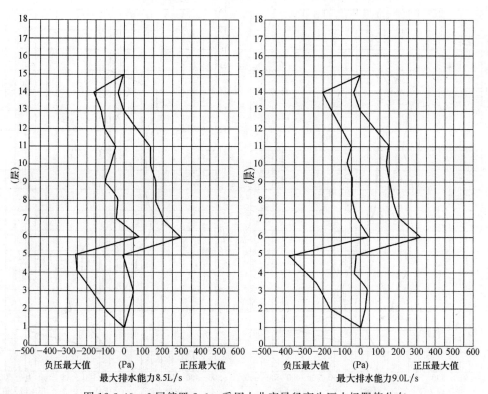

图 12-3-40　6 层偏置 2.0m 采用大曲率异径弯头压力极限值分布

立管偏置发生在实验塔 6 层时，采用 2 个 3D（D 为立管管径）大曲率异径弯头进行偏置时，测得的最大排水能力比在 3 层发生偏置时，排水能力略有提升，达到了 8.5L/s（图 12-3-40）；当排水流量为 9/s 时（图 12-3-40），5 层水封损失达到 28mm，视为不合格。从 4 个分布图比较来看，图形趋势及发生在各楼层的极限值比较接近（图 12-3-39、图 12-3-40）。

（4）当偏置管位于底层时，辅助通气管应从横管接至偏置管上层的上部特殊管件，或加大偏置管管径。

① 方案一：在 2 层底部采用 DN100 斜 45°偏置与排出管连接，并在距立管 1.0m 处将辅助通气管连接至 2 层立管加强型旋流器上部（图 12-3-41）。测得该系统排水能力为 8.5L/s（图 12-3-42）。当排水流量为 9L/s 时，2 层压力超出 400Pa，不合格（图 12-3-42）。

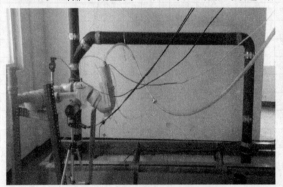

图 12-3-41　底层偏置采用 DN100 直管斜置增加辅助通气管

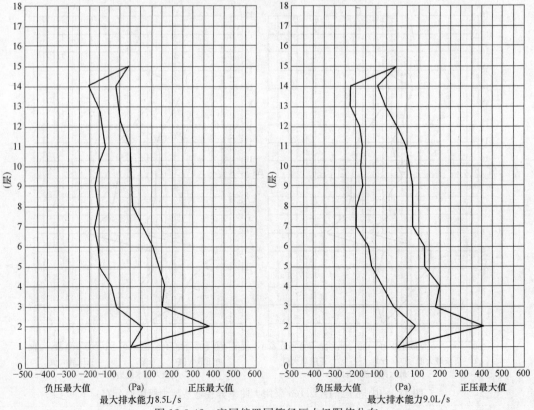

图 12-3-42　底层偏置同管径压力极限值分布

② 方案二：在 2 层底部采用 $DN100 \times DN150$ 异径管变径后，斜 45°偏置与排出管连接（图 12-3-43），测得的排水能力为 10.3L/s。从压力极限分布图可以看出，整个系统处于负压状态，当排水流量为 10.5/s 时，7 层负压超过 -400Pa，不合格（图 12-3-44）。

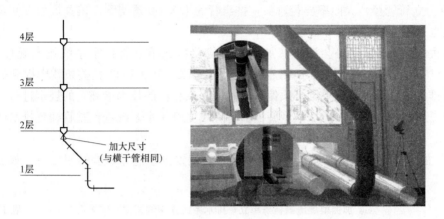

图 12-3-43　底层偏置采用 $DN100 \times DN150$ 异径管变径后斜 45°偏置

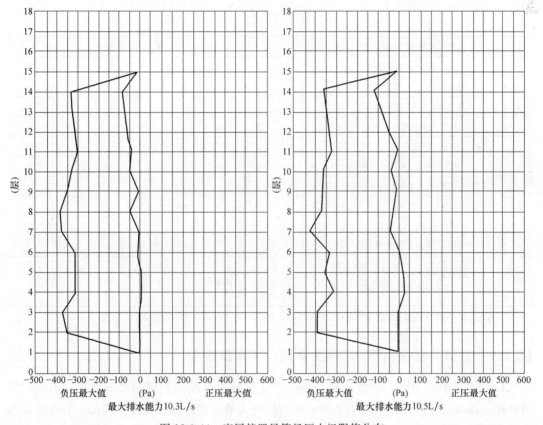

图 12-3-44　底层偏置异管径压力极限值分布

7）结论：

GY 加强型旋流器特殊单立管排水系统通过采取不同形式的立管偏置措施进行实验，立管排水能力均有所下降。同时，在对不同楼层进行同样偏置方式的对比实验中，发现偏置受楼层高度的影响不太明显，甚至出现偏置楼层高度增加，排水能力反而有小幅提升的现象。

此次试验对象为 GY 加强型旋流器特殊单立管排水系统，管材为铸铁管，底部均采用 4D（D 为立管管径）大曲率异径弯头，排出管为 DN150 透明管，偏置管为方便观察，部分管段也采用透明管。

本次试验主要针对协会标准《加强型旋流器特殊单立管排水系统技术规程》CECS 307：2012 及《特殊单立管排水系统技术规程》CECS 79：2011 相关条款中提到的"特殊单立管排水系统因受条件限制必须偏置时，应采取相应的技术措施"的规定进行。本文就规程中提到的相应条款，对加强型旋流器特殊单立管排水系统进行立管偏置排水能力相应对比实验，以供读者在工程设计时参考。

GY 加强型旋流器特殊单立管排水系统立管偏置排水能力试验结果汇总，如表 12-3-1 所示。

GY 加强型旋流器特殊单立管排水系统立管偏置试验结果汇总　　　　表 12-3-1

序号	偏置方式	偏置距离（m）	偏置楼层	偏置横管管径 DN（mm）	立管无偏置时最大排水能力（L/s）	立管偏置后最大排水能力（L/s）	立管偏置后排水能力降低
1	横管 45°倾斜连接	1	3	100		6.5	43.5%
2	横管 45°倾斜连接	1	6	100		6.5	43.5%
3	横管 45°倾斜连接＋辅助通气管	1	3	100		7.3	36.5%
4	横管 45°倾斜连接＋辅助通气管	1	6	100		7.3	36.5%
5	横管水平偏置＋辅助通气管	2	3	100		5.0	56.5%
6	横管扩径至 DN150 水平偏置	2	3	150		8.4	27.0%
7	横管扩径至 DN150 水平偏置	2	6	150	11.5	9.0	21.7%
8	横管采用 3D 大曲率异径弯头扩径水平偏置	2	3	150		8.4	27.0%
9	横管采用 3D 大曲率异径弯头扩径水平偏置	2	6	150		8.5	26.1%
10	底层横管 45°倾斜同径连接＋DN150 扩径排出管＋辅助通气管	2	1	100		8.5	26.1%
11	底层横管扩径至 DN150＋45°倾斜连接至 DN150 排出管	2	1	150		10.3	10.4%

注：测试系统：GY 加强型旋流器特殊单立管排水系统，立管管径：DN100，测试楼层高度：18 层。

12.3.9　立管底部采用双 45°弯头容易产生水跃现象

1）立管底部采用双 45°弯头时，在横干管起始端出现较明显的水跃现象。不仅阻塞横管排气通道，使系统排水能力下降；而且使进入横干管水流的初速度降低，容易造成污物阻塞管道（图 12-3-45、图 12-3-46）。

2）立管底部采用大曲率异径弯头时，横管内水流通畅，排水流量达到 10L/s，仍未出现水跃现象（图 12-3-47）；且在水流进入横干管时，具有较高的水流速度。

3）从表 12-3-2 中也可以看出，其排水能力相差 5%～10%。

图 12-3-45　异径管＋双 45°弯头排水试验

图 12-3-46　双 45°弯头＋异径管排水试验

图 12-3-47　10L/s 流量时立管底部安装大曲率异径弯头试验实拍

立管底部双 45°弯头和大曲率异径弯头排水能力测试对比情况　　表 12-3-2

序号	系统形式	系统说明	H 管相对位置	最大排水能力（L/s）
1	旋流三通双立管	45°弯头＋$DN100 \times DN150$ 变径＋排出管 $DN150$	H 管位于旋流三通下方	10
2	旋流三通双立管	$DN100 \times DN150$ 大曲率底部弯头＋排出管 $DN150$	H 管位于旋流三通下方	11
3	T 形三通双立管	45°弯头＋$DN100 \times DN150$ 变径＋排出管 $DN150$	H 管位于三通下方	8.5
4	T 形三通双立管	$DN100 \times DN150$ 大曲率底部弯头＋排出管 $DN150$	H 管位于三通下方	9

4）原因分析：

（1）曲率半径 R_d 较大的弯头，可使下落水流具有较长水平加速路径（$L_d > L_X$），使进入横干管的水流获得较大的流速 V_d，减小横管充满度，避免出现水跃现象；

（2）重力水流具有附着曲率较小（半径较大）曲面流动的附壁效应，双 45°弯头或弯头加变径的配置，都会使管道内出现不连续的曲率突变结构，使水流容易产生沿结构曲率方向"弹离"的水跃现象（图 12-3-48）。

5）改进建议：

（1）立管底部弯头应避免采用双 45°弯头；

（2）尽可能采用曲率变化平滑的 90°大曲率弯头；

（3）流量较大的排水系统应采用 90°大曲率异径弯头，或采用曲率较小的渐变异径管；切忌在立管底部或与横管连接处采用漏门型异径管（图 12-3-49）。

12.3.10　排水立管中"漏斗形水塞"现象对系统排水性能影响

在进行立管排水能力试验时，常常会发现同一系统由于管道安装的细微变化，排水能

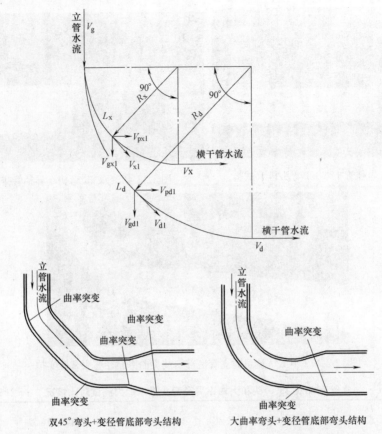

图 12-3-48　立管底部双 45°弯头或大曲率弯头加变径配置水流分析

90°大曲率异径弯头　　　90°大曲率弯头　　　渐变变径管　　　漏门型变径管

图 12-3-49　立管底部弯头及异径管实物

力会出现较大差异。在采用透明管材重复这些试验观察后发现，当管材内壁出现环状凸出结构时，即使是较小流量的附壁水流，也会在这个部位出现一个持续的漏斗形水流（图12-3-50）。由于这个持续的漏斗形水流完全封闭立管空气通道，阻碍管内气流畅通，本书将它命名为"漏斗形水塞"现象。

　　根据康达附壁效应理论，流体（水流或气流）具有离开本来的流动方向，改为随着凸出的物体表面流动的倾向。当凸出物体表面曲率变化较大时，流体会改变原来方向，沿着凸出物表面的方向偏移。排水立管在正常排水时，由于重力流的附壁效应，管内水流是沿着管道内壁附壁下落的。当管材内壁出现环状凸出结构时（图 12-3-51），由于水流流经表面的曲率发生突变，迫使分布在整个立管内壁四周的附壁水流改变方向，向管道中心偏移，形成漏斗形水流（图 12-3-52）。只要立管水流形态为附壁水膜流，当管材内壁出现环状凸出结构时，这种漏斗形水流在整个排水过程中会持续出现。"漏斗形水塞"现象会造成排水过程中空气通道受阻，通气阻力激增，压力波动加剧，导致系统排水能力下降。

1）排水立管内"漏斗形水塞"现象形成原因

从目前实验情况分析，造成立管"漏斗形水塞"现象主要有以下三方面原因：

（1）管道连接件在立管内壁形成环状突出结构，如无承口铸铁排水管材采用橡胶密封圈不锈钢卡箍连接时，如果密封胶圈中间密封肋过高，或选用 W1 型薄壁管材，都会在管材接口内壁出现环状橡胶圈凸出结构

图 12-3-50　排水立管中的"漏斗形水塞"现象

（图 12-3-51、图 12-3-52）；当环状凸出结构高度超过 0.5mm 时，便会出现"漏斗形水塞"现象。

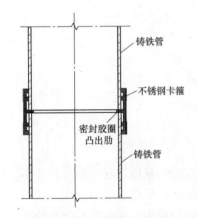

图 12-3-51　管内突出结构

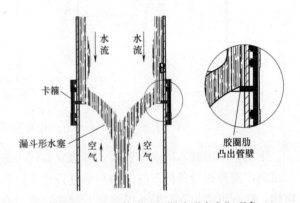

图 12-3-52　立管出现"漏斗形水塞"现象

（2）管道焊接安装时，在立管内壁形成环状凸出结构，如采用高密度聚乙烯（HDPE）塑料管材热熔对接连接时，管材内壁接口处会形成热熔固化的环状凸出结构（图 12-3-53），这种结构也会形成"漏斗形水塞"现象；

（3）管材与管件的内径差形成立管内壁环状凸出结构，当排水管材与管件内径不一致时，其接口处会形成阶梯形环状凸出结构（图 12-3-54），这种结构也会导致"漏斗形水塞"现象。

2）"漏斗形水塞"现象对立管排水性能影响

归纳起来，排水立管中"漏斗形水塞"现象具有四个显著特征：一是"漏斗形水塞"产生于排水立管接口处的环状凸出结构部位；二是即使在较小排水流量时也会出现；三是在整个排水过程中会持续出现；四是排水立管高度越高，立管接口部位环状凸出结构越多，整个排水立管"漏斗形水塞"产生的数量也就越多。

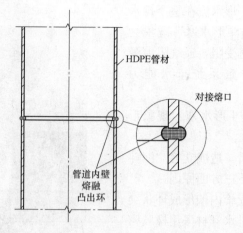

图 12-3-53　HDPE 塑料管热熔对接形成内壁环状凸出结构

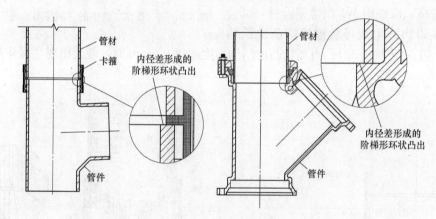

图 12-3-54　管材与管件内径差形成立管内壁环状凸出结构

　　下面，本书就不同壁厚管材、排水立管同一测试高度和相同壁厚管材、排水立管不同测试高度两种试验条件下的试验结果进行比较研究，可以证明：只要立管内存在环状凸出结构，就有可能出现"漏斗形水塞"现象，它会在整个排水过程中形成多个封闭立管通气通道的持续性水塞，增大立管通气阻力，导致系统压力波动加剧，水封损失增加，排水能力下降；且排水立管越高，带来的影响越大。

　　（1）不同壁厚管材、排水立管同一测试高度试验结果比较

　　在泫氏排水实验塔（18 层）对 GY 加强型旋流器特殊单立管排水系统进行比较试验。试验在不同壁厚管材、排水立管同一测试高度条件下，立管管材分别采用 W 型和 W1 型不同壁厚的铸铁排水管，接口采用橡胶密封圈不锈钢卡箍连接。由于 W1 型铸铁管管材壁厚较薄，当管道接口采用橡胶密封圈中间肋较高的不锈钢卡箍连接时，胶圈肋在立管内壁形成环状凸出结构，会产生"漏斗形水塞"现象。而 W 型铸铁管管材壁厚较厚，采用同样的连接方式，立管内壁无环状凸出结构，则不会产生"漏斗形水塞"现象。

　　从采用不同壁厚管材、排水立管同一测试高度进行的试验结果比较发现：采用 W 型管材的 GY 加强型旋流器特殊单立管排水系统最大排水能力为 11.5L/s，而采用 W1 型薄壁管材仅为 8.5L/s，排水能力下降了 26.1%。这说明在同一系统中，"漏斗形水塞"现象

的出现，会造成系统压力波动的增加和排水能力的降低。

（2）相同壁厚管材、排水立管不同测试高度试验结果比较

同样是 GY 加强型旋流器特殊单立管排水系统，2014 年 4 月在 33 层万科实验塔进行测试时发现，排水能力骤降至 4L/s。经查阅当时的试验基础资料，发现在万科塔试验时，立管管材采用的均是 W1 型薄壁铸铁管材，立管内壁每个接口部位均存在超过 1mm 高度的橡胶密封圈环状凸出结构，会产生"漏斗形水塞"现象。而在泫氏实验塔和湖南大学实验塔采用 W 型厚壁管材测试，管内壁无橡胶密封圈环状凸出结构，不会产生"漏斗形水塞"现象。

将万科实验塔采用 W1 型薄壁管材的 GY 加强型旋流器特殊单立管排水系统测试结果，与同一系统在泫氏实验塔采用 W1 型薄壁管材试验结果进行比较发现：同样存在"漏斗形水塞"现象的系统，测试楼层较高的万科塔，排水能力下降了 53%；而与泫氏实验塔和湖南大学实验塔同一系统采用 W 型厚壁管材、无"漏斗形水塞"现象的测试结果相比，排水能力分别降低了 60% 和 65%。

首先，根据以往试验经验，随着排水立管高度的增加，由于系统通气阻力增大，排水能力会有所降低；按照 18 层与 33 层的高度差，排水能力至多降低 10%～15%。其次，两个实验塔的测试装置不完全相同，测试方法和判定标准也存在一定差异，这显然都是导致测试结果存在较大偏差的原因。但如此高的降低幅度，证明"漏斗形水塞"现象对系统排水能力的影响是显而易见的。因此，出现"漏斗形水塞"是造成系统排水能力大幅下降的主要原因之一；且在同样存在"漏斗形水塞"现象的立管系统中，楼层高度越高，排水能力下降幅度越大。

由此可以看出，"漏斗形水塞"现象对立管系统的影响远大于立管横支管入口的水舌影响。尽管其形成的封闭水塞厚度比水舌小，但它会在整个立管的每个接口部位出现，数量较多。同时，它也不同于通常意义上立管内大流量产生的瞬间水塞现象，而会在不同流量下持续发生。"漏斗形水塞"严重阻碍伸顶通气管对系统的补气效果和气流向下通道的畅通，造成系统压力波动幅度增大。因此，"漏斗形水塞"现象对高层和超高层建筑排水系统的影响，要比多层建筑更为明显。尤其对排水、通气共用一根立管的特殊单立管排水系统影响更甚。要充分重视这一现象，在产品设计、工程设计和施工安装过程中，采取必要的措施，避免立管"漏斗形水塞"现象的发生。

3）排水立管"漏斗形水塞"现象预防措施

"漏斗形水塞"现象对建筑排水系统立管排水能力的影响是不容忽视的，但只要在产品设计、工程设计、施工安装及管材配件选择等方面多加注意，就可以减小和避免这种不利现象的发生。通过实验也发现，"漏斗形水塞"现象往往是在立管内壁环状凸出物凸出高度不小于 1mm 时发生的，只要凸出高度小于 0.5mm，就可以减小"漏斗形水塞"现象的发生机会。下面提供几点具体预防措施：

（1）在采用不锈钢卡箍连接的铸铁排水立管中，卡箍橡胶密封圈中间密封肋的高度（图 12-3-55 中的 h）应至少比管材壁厚小 0.5mm，防止在安装紧固过程中由于受到箍带的挤压，胶圈密封肋凸出立管内壁（图 12-3-51）；

（2）在采用热熔时接安装方式的塑料管排水系统中，熔接完成后，必须清除立管内壁接口的熔融固化堆积物（图 12-3-56），防止管内壁出现环状凸出结构；该项施工要求在国

不锈钢卡箍橡胶密封圈　　　　　　　　　　　　密封肋

图 12-3-55　铸铁排水管卡箍橡胶密封圈

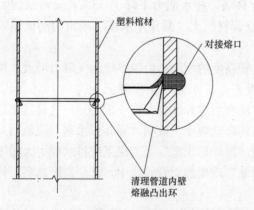

塑料棺材

对接熔口

清理管道内壁
熔融凸出环

图 12-3-56　清除立管内壁对接口的熔融固化堆积物

外是严格执行的，而国内绝大部分施工安装不进行管道内壁接口清理，这会大大降低立管排水能力；目前，上海深海宏添建材有限公司等一些塑料管材企业开发的承插热熔连接塑料管材以及端面式连接、沟槽式连接、承插橡胶密封圈连接等，可有效避免"漏斗形水塞"现象的发生；

（3）在排水管材的选用上，应采用直管和管件同一壁厚的产品，避免在同一立管中因使用的管材和管件壁厚不同，出现内径尺寸不一致，导致立管"漏斗形水塞"现象的发生；

（4）在产品设计时，应尽可能降低管材和管件的壁厚偏差；一些厂家在生产过程中，为便于制造和提高成品率，有意加大管件的壁厚，这往往不利于立管的排水效果，增加了"漏斗形水塞"现象发生的机会；

（5）在排水管材产品标准制定过程中，应逐步缩小管材和管件内径和壁厚偏差的允许范围。一些发达国家的产品标准对这方面的控制比较科学。如欧盟 EN877 标准和美国 ASTM A888 标准规定，管材和管件的外径及壁厚尺寸是一致的。这就从根本上杜绝了排水立管"漏斗形水塞"现象的发生。

12.3.11　全透明测试用标准地漏研制

全透明测试用标准地漏（图 12-3-57、图 12-3-58）是为进行建筑排水系统测试专门设计制作的，它具有以下显著特点：

1）采用筒式水封侧排结构；

2）采用丙烯酸透明塑料制作，便于实验时观察水封变化；

3）采用无出模斜度的软硅胶模具成型工艺制造，确保不同液位水封比不变；

4）地漏本体设有水封液位刻度，便于记录剩余水封深度数值；

5）测试用标准地漏主要技术参数如下：

（1）水封深度：50mm；

（2）水封进出口截面面积：入水侧 $S_1=19.635\text{cm}^2$，出水侧 $S_2=18.653\text{cm}^2$；

（3）水封比：$S_2/S_1=0.95$；

（4）水封容积：$V=255.7\text{mL}$；

（5）地漏排出口截面面积：16.62cm^2；

（6）水位刻度线分度值：1mm。

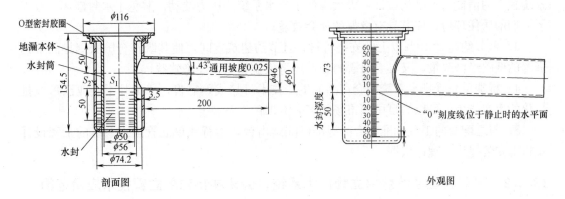

图 12-3-57　全透明测试用标准地漏设计

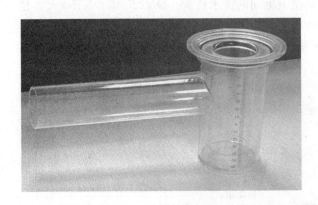

图 12-3-58　全透明测试用标准地漏实物

12.4　建筑特殊单立管排水系统发展方向

建筑特殊单立管排水技术的推广应用，促进了中国建筑排水整体技术水平的大幅度提升。大量的水力学试验结果和新型特殊管件的研制，不仅使建筑特殊单立管排水技术日趋完善、应用越来越广泛，也促进了传统排水技术的不断改进。展望建筑特殊单立管排水技术及工程应用的发展前景，可以预见：

12.4.1　建筑特殊单立管排水系统必将在中高层住宅得到越来越广泛的应用

建筑特殊单立管排水技术在中国推广的时间并不长，但却得到了迅速的发展。按照特殊单立管排水技术推广较早的日本发展情况看，特殊单立管排水系统将逐步成为中、高层住宅建筑的主要排水方式，其原因：

1）其超强排水能力扩展了特殊单立管排水技术的应用范围，特别是加强型旋流器特殊单立管排水系统的研制成功，标志着特殊单立管排水系统的排水能力以每秒大于10L的流量，首次超过了传统的双立管排水系统，使其可以在所有的中、高层及超高层住宅建筑中得到更为广泛的应用；

2）系统优良的排水通气性能改善了住宅的卫生状况，加强型旋流器特殊单立管排水系统独特的消能通气结构设计，大大降低了排水系统的压力波动，避免了水封破坏，改善了人们的居住环境，使其具有良好的社会效益；

3）可节约超过40％以上的安装管材，且节约建筑空间，使其既符合国家倡导的节约资源的低碳经济政策，又具有显著的企业经济效益和社会经济效益；

4）特殊单立管排水系统配套产品的生产技术日趋成熟完善，一批骨干企业已形成批量化的生产能力，可以满足中国市场的庞大需求；

5）与之配套的工程标准和产品标准已陆续出台，为特殊单立管排水系统的工程设计及施工安装提供了理论依据。

12.4.2 研制大直径特殊单立管排水系统将会拓展特殊单立管技术应用范围

按照目前已有的工程技术标准，特殊单立管排水技术还仅限于用在 DN100 直径的立管系统。一个特殊管件只能承担一个单厕位卫生间的排水负荷。DN125 和 DN150 大直径特殊管件的研制开发将会进一步拓展特殊单立管排水技术的应用范围：

1）大直径特殊单立管排水系统的研发，将进一步拓展该项技术在多厕位卫生间公共建筑排水系统中的应用；

2）大直径特殊单立管排水系统的研发，可以用于采用集中管井敷设立管的高层住宅建筑每层双卫生间的排水，有效地节约建筑空间，且便于立管安装（图 12-4-1）；

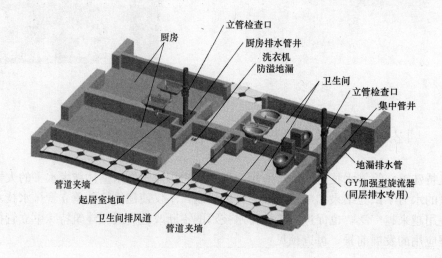

图 12-4-1　特殊单立管双卫生间同层排水

3）大直径特殊单立管排水系统的研发，将进一步满足大流量和超高层建筑排水的需求。

12.4.3　发展特殊单立管排水技术将会促进传统排水技术进一步完善和提高

特殊单立管排水技术的推广应用，为进一步改善和提高传统排水系统的排水性能开拓思路。利用特殊单立管排水技术中特殊管件的水力学原理改进传统排水管件，或将特殊单立管排水技术部分用于传统排水系统，这都可以使传统排水系统的排水性能得到极大改善。

在普通单立管和双立管排水系统中，采用旋流三通（图 12-4-2）替代普通三通管件，有利于消除立管中的水舌现象，在不增加建设成本的情况下，提高排水能力，改善系统通气性能，降低水封破坏的风险。通过泫氏排水实验塔实测证明，采用旋流三通替代普通三通管件，可使立管排水能力提高 22%。目前，该系列产品已编入新修订的国家标准《排水用柔性接口铸铁管、管件及附件》GB/T 12772—2016。

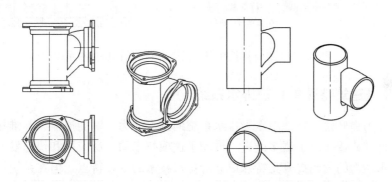

图 12-4-2　旋流三通管件

将加强型旋流器应用于建筑传统双立管排水系统中，可形成新型特殊双立管排水系统。初步试验显示：在 DN100 管径不变的情况下，采用特殊双立管排水系统，排水能力可达 18L/s，比 DN100 普通双立管系统提高 1 倍多。不仅节约了排水管材，而且极大地提高了卫生器具水封的安全性能。

在普通单立管和双立管排水系统中，立管底部采用大曲率异径弯头，可有效防止底层卫生间产生正压喷溅。

12.4.4　同层排水横支管敷设方式将是一种更广泛的设计选择

同层排水是近几年来广受住户和建设单位欢迎的新型排水技术。特殊单立管排水系统所采用

图 12-4-3　同层排水专用加强型旋流器

的特殊管件的多接口结构，更便于同层排水横支管的敷设。生产企业针对这项技术在特殊单立管排水系统中的应用，研发了多种同层排水专用的特殊管件（图 12-4-3），使特殊单

立管排水系统与同层排水系统相结合的建筑排水方式（图 12-4-4）得到越来越广泛的应用。

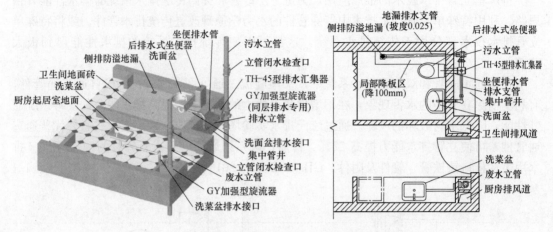

图 12-4-4　某保障性住房工程特殊单立管同层排水系统

12.4.5　改进建筑特殊单立管排水系统

近年来，为提升建筑特殊单立管排水系统的排水能力，对旋流器、苏维托等主要特殊配件的内、外部构造作出了诸多改进，推动了这项技术的广泛应用和快速发展。

系统排水能力的大幅提升是特殊单立管排水技术的主要特点，但在系统排水能力提升的同时，尚应注重其工程应用方面的研究，应适应工程施工安装方面的要求和确保使用的可靠性，主要反映在特殊管件穿越楼板时的防水要求和施工安装的方便性。

由于特殊管件外形不规则，如旋流器的扩容锥形变径，苏维托的双环 Y 形构造，在穿越楼板处均为不规则形状，在穿越楼板孔洞处无法设置套管；同时在管道穿楼板位置二次浇筑混凝土施工难度增大。稍有不慎，浇筑不严密，即易产生渗漏，对下层用户带来影响。

特殊管件的不规则形状，也给施工安装带来不便，增加工作量。

在高层建筑中，对于塑料排水管道系统，需要设置阻火装置，而常用的阻火装置为圆环形状，适应不了特殊管件，为解决阻火问题，只能缠绕阻火胶带。

所以，在今后特殊单立管排水技术研发进程中，除考虑提升排水能力的因素外，还应同时加强特殊管件的构造形式、施工便捷和阻水、阻火更加可靠等方面的深入研究。

第13章 建筑生活排水系统流量测试

中国确定排水立管管径的方法曾先后经历三个阶段：

第一阶段是经验法——根据卫生器具数量或排水当量总数确定排水立管管径；

第二阶段是终限理论法——根据终限理论，结合水塞理论计算排水立管排水能力，再根据排水流量确定排水立管管径；

第三阶段是实测法——根据排水测试塔实测的排水立管排水流量值确定排水立管管径。

第一阶段，由于当时建筑物高度还不是很高，建筑物卫生器具数量也不是很多，可以根据卫生器具数量或排水当量总数确定排水立管管径，而不计算其排水流量值。采用这个方法的相关标准有《室内给水排水和热水供应设计规范》BJG 15—1964（以下简称"64版《规范》"）和《室内给水排水和热水供应设计规范》TJ 15—1974（以下简称"74版《规范》"），具体规定如表13-0-1所示。

64版《规范》和74版《规范》规定　　　　　　　　　　　表13-0-1

管　径 （mm）	立管允许负荷当量总数		
	住　宅	集体宿舍、旅馆、医院、办公楼、学校	工业企业生活间、公共浴室、洗衣房、公共食堂、实验室、影剧院、体育场等
50	16	10	5
75	36	22	12
100	250	120	22

第二阶段，湖南大学胡鹤钧老师从美国引进终限理论。理论要点：排水立管内形成附壁环状水膜流，水膜厚度与下降速度近似成正比，随着水流下降速度的增加，水膜所受摩擦力也随之增加，当水膜所受的摩擦力和重力达到平衡时，水膜的下降速度和水膜厚度不再变化，此时的流速即为终限流速；从排水横支管水流入口处至终限流速形成处的管段高度即称为终限长度。

与此相关的排水理论还有水塞理论，在水膜流阶段，排水立管内充水率在1/3～1/4（7/24）之间，这时立管内的气压虽有波动，但对水封的影响不大，即排水立管水膜流时的通水能力可作为确定排水立管最大排水流量的依据。当充水率超过1/3时，横向隔膜的形成与破坏愈来愈频繁，水膜厚度不断增加，隔膜下部的压力不能冲破水膜，最后形成较稳定的水塞。将水流面积乘以终限流速可得出双立管排水系统排水立管的最大排水流量，将其除以2可作为普通单立管排水系统排水立管的最大排水流量。具体数值：双立管系统9L/s，普通单立管系统4.5L/s。这在《建筑给水排水设计规范》GBJ 15—1988（以下简称"88版《规范》"）和《建筑给水排水设计规范》GBJ 15—1988（1997年版）（以下简称"97版《规范》"）中都曾有过的具体规定。

建筑特殊单立管排水技术的推广应用，催生了第三阶段的排水系统流量测试。因为特殊单立管排水系统的排水能力既不同于普通单立管排水系统，也不同于普通双立管排水系统；既不能用终限理论去推断解析，也不能用已有公式去计算确定，唯一的办法就是进行系统排水流量测试。

13.1 建筑生活排水系统立管排水能力测试装置

测试所用的排水管道系统包括排水立管、通气立管、排水横支管和排水横干管（或排出管）等，具体要求如下（摘自协会标准《住宅生活排水系统立管排水能力测试标准》CECS 336：2013）：

1）排水立管、通气立管应垂直安装（除测试有特殊要求者外），立管垂直度偏差应满足现行国家标准《建筑给水排水及采暖工程施工质量验收规范》GB 50242—2002 的要求；

2）排水横管的坡度，塑料管应采用标准坡度 0.026；铸铁管应采用通用坡度；

3）排水立管每层应有排水横支管预留接口，排水立管底部应连接排水横干管（或排出管），排水横干管（或排出管）应以自由出流方式接至集水池，排水横干管长度从排水立管中心线算起不宜小于 8m；

4）测试层每根排水横支管应接 1 个 $DN100$ P 形存水弯、1 个 $DN75$ P 形存水弯和 1 个 $DN50$ 地漏；建议在存水弯处附设 $\phi 8$ 透明胶管，以便观测存水弯水位及其波动情况；

5）排水测试装置管道连接（图 13-1-1）的卫生器具与卫生器具的距离、卫生器具与排水立管的距离、存水弯与存水弯的距离、存水弯与排水立管的距离等应符合表 13-1-1 的要求；存水弯和地漏的水封深度应为 50mm，水封深度误差不得大于 ±1mm；

建筑排水测试系统设施间距   表 13-1-1

L_1	L_2	L_3	L_4	L_5	H_1	H_2
最小配件安装尺寸	550mm	最小配件尺寸	测压点距立管中心约 450～600mm	≥8m（测试报告中应详细注明实际测试装置采用的具体长度）	2.8～3.2m	测试报告应注明具体数据

6）存水弯和地漏的断面积比应为 1.0～1.2，$DN50$ 地漏的水封容积不应小于 165mL，$DN75$ 地漏的水封容积不应小于 330mL，$DN100$ 地漏的水封容积不应小于 565mL；

7）伸顶通气管应伸出屋面，伸顶通气管伸出屋面高度和通气帽的形式及设置方式应符合现行国家标准《建筑给水排水设计规范》GB 50015—2003（2009 年版）的规定；

8）待测试管道的连接应采用可拆卸连接方式，如橡胶密封圈连接、法兰压盖连接、卡箍连接、法兰连接等；非测试管道的连接可采用不可拆卸连接方式，如胶粘连接、热熔连接、电熔连接等；

9）测试所用管材，管件应符合相关产品标准要求。

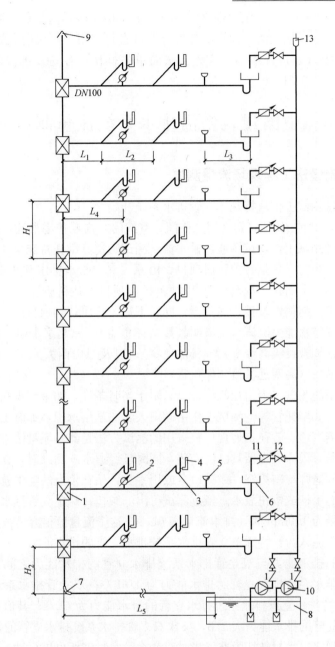

图 13-1-1　生活排水系统测试装置示意

1—立管横支管接头；2—测压点；3—存水弯；4—监测管；5—地漏；6—放水箱；
7—立管底部弯头；8—集水池；9—通气帽；10—水泵；11—流量计；12—控制阀；13—排气阀

13.2　测试系统管道连接气密性试验

协会标准《住宅生活排水系统立管排水能力测试标准》CECS 336：2013 规定：进行气密性试验时，将排水管道用管堵密封，然后用真空泵抽吸管内空气，将负压值降至

—0.08MPa，稳压 10min 后，压力变化值不应大于 0.01MPa，这是负压检验法。

另一种方法是正压检验法，即将所有敞口管口密封，用鼓风机向立管底部管口鼓风，用肥皂水检验各接口处是否渗漏，这种方法简单易操作，容易发现渗漏处并及时采取措施。

13.3 中国建筑生活排水系统流量测试回顾

13.3.1 器具流量法工程现场流量测试

中国排水流量测试工作从特殊单立管排水系统开始。

1978 年，北京"前三门"（崇文门、前门、宣武门）高层住宅群建成以后，曾进行中国第一次排水流量测试工作，试图通过排水流量测试确定苏维托特殊单立管排水系统排水立管的排水能力。当时，这是一项科研项目，由原《室内给水排水和热水供应设计规范》国家标准管理组（以下简称"规范组"）以规范科研项目下达科研计划。项目由湖南大学土木工程学院承担，胡鹤钧教授具体负责。同时下达的科研计划项目还有清华大学承担的屋面雨水排水系统排水能力测试（王继明教授具体负责）；原北京市建筑设计院承担的医院污水处理（萧正辉教授级高级工程师具体负责）；以及原山西太原工学院承担的镀锌钢管、铸铁管水头损失（高明远教授具体负责）。

流量测试所用的测试仪表由规范组提供。限于当时条件，如果与现在的测试手段相比那自然是初级的，如毕托管等。测试工作由湖南大学的学生承担，那时工程已经建成，但尚未投入使用，测试地点就在工地现场；采用的测试方法是器具流量法。那也是由当时的具体条件所决定的，因为卫生器具已经安装，同时已经通水。测试时，在每个楼层安排一名学生，由楼下的老师统一指挥，或喊口令或用手势，站在楼上的学生就按统一指挥启动大便器冲洗水箱的手柄或按钮放水。经过测试得出苏维托特殊单立管排水系统排水立管的排水能力，当管径为 100mm 时，排水流量为 6L/s。这个流量值很容易被大家所接受，因为当时业内人士普遍认为：特殊单立管排水系统排水立管的排水能力应介于普通单立管排水系统排水立管的排水能力与双立管排水系统排水立管的排水能力之间。按当时规范规定，普通单立管排水系统排水立管的排水能力为 4.5L/s；双立管排水系统排水立管的排水能力为 9L/s；特殊单立管排水系统排水立管的排水能力为 6L/s；其值正好比普通单立管排水系统排水立管的排水能力大 1/3，又比双立管排水系统排水立管的排水能力小 1/3。

测试结果的判定以水封破坏为准。当时对什么是水封破坏也进行过一番讨论。

当年测试时，曾发现各楼层操作难以同步，不同楼层的学生从听到口令再动手操作难免产生误差，操作的持续时间也存在差异，同时数据依靠肉眼观察，这也造成误差。每层只排放一个大便器的冲洗水量，这个流量是否合适，是偏大还是偏小，也是一个值得探讨的问题。这个流量测试结果后来列入相关规范条文，如《建筑给水排水设计规范》GBJ 15-1988、《特殊单立管排水系统设计规程》CECS 79∶96 等。

特殊单立管排水系统排水立管排水能力 6L/s 的确认，还在于另一个佐证材料。原湖南省建材研究设计院在该院理化楼工程安装环流器和环旋器后，曾通过原株洲塑料厂加工 2 个透明塑料管件，专程送到清华大学请王继明老师测定其排水能力，测定结果也是6L/s

和 5.5L/s。

同一时期对特殊单立管排水系统进行测试的还有长沙芙蓉宾馆的旋流器特殊单立管排水系统。测试地点也是工程现场，测试方法也是器具流量法，每层排水流量也是一个大便器的冲洗水量，测出的排水立管最大排水能力也是 6L/s。

13.3.2　定流量法测试塔测试

20 世纪 90 年代，普通型内螺旋管从韩国引入中国。随后，挂靠在北京市市政工程设计研究总院的中国工程建设标准化协会管道结构专业委员会着手编制了协会标准《建筑排水用硬聚氯乙烯螺旋管管道工程设计、施工及验收规程》CECS 94：1997。该标准在编制过程中曾在日本对排水系统进行过流量测试，该规程有如下条文说明："螺旋管立管的通水能力，日本三菱树脂（株）对此进行了排水性能测试。试验管径 dn 为 110mm，塔高17 层，各层横管与立管均采用配套螺旋进水型管件。试验用 3 种流量，3.0L/s、4.0L/s、5.0L/s 在 15 层、16 层进水，每层支管上均设压力计测定管内空气压力波动情况，并用平壁管做对比试验。试验结果以 5.0L/s 这一组曲线为例，在 15 层和 16 层进水，管内最大负压发生在 14 层，其值为 22.5mmH$_2$O，最大正压值发生在 3 层和 1 层，其值为18mmH$_2$O，而平壁管在 14 层的负压值为 43mmH$_2$O，最大负压值发生在 10 层为60mmH$_2$O。我国 GBJ 15 规定存水弯的水封深度不得小于 50mm，因此规定的水封破坏临界值是 45mmH$_2$O，即用负压 45mmH$_2$O 作为设计排水立管系统的控制负荷值。该规范第3.4.14 条还规定了生活污水立管 DN100 在无专用通气立管的情况下最大排水能力为4.5L/s，这是指 DN100 平壁管系列，而 dn110 的 PVC-U 管相当于铸铁管 DN100 的管子。根据试验，dn110PVC-U 螺旋管排水流量超过 5.0L/s 至 6.0L/s 时，立管内最大负压值不会超过 45mmH$_2$O。按现行《建筑给水排水设计规范》GBJ 15—1988 规定，dn75、110、160 的生活排水立管最大排水能力相应为 2.5L/s、4.5L/s、10.0L/s，按此比例，本规程第 5.0.4 条第 1 款将螺旋管立管排水能力相应的采用 3.0L/s、6.0L/s、13.0L/s。"

以上这一大段文字是首次在中国规范中正式介绍日本的定流量法。该测试法要点：

1）在排水测试塔进行测试，而不是工程现场；

2）按照测试要求将管件、管材进行组装；

3）排水立管上层放水，每层放水流量不超过 2.5L/s；

4）判定标准按排水管系内气压值±45mmH$_2$O 确定。

通过以上介绍可以了解到，内螺旋管排水系统排水立管的最大排水能力，不完全取决于流量实测值，而是根据实测后的理论推算值。

13.3.3　建筑排水管道气压情况试验

这是一个很值得介绍的排水系统测试。测试的目的是了解排水管道系统的压力情况和影响因素。具体测试情况如下：

测试地点：同济大学留学生楼

测试时间：2004～2005 年

测试工作主持人：同济大学环境科学与工程学院市政工程系研究生　张晓燕

指导老师：高乃云、朱立明、马信国（高老师、朱老师两位为同济大学教授，马信国

高级工程师为华东建筑设计研究院给水排水专业专家）

测试条件：试验建筑共 12 层，每层层高 2.8m；系统采用单立管排水方式，设伸顶通气管；排水立管采用硬聚氯乙烯（PVC-U）内螺旋管，排水立管、排水横支管管径均为 $dn110$；每层设坐式大便器、洗涤池、地漏各 1 个，坐便器平均流量按 1.5L/s 计；水封破坏界定值为±40mmH$_2$O；水封深度控制在 50mm。

这是一次探索排水系统客观规律的试验，试验以测试排水系统压力变化为主题，不同于以流量测试为主要目的的测试。测试工作的不足之处是流量采用容积法，精度稍差些。

通过试验得出以下主要结论：

1) 排水系统的气密性应引起重视。气密性较差时会直接影响测试结果，工程案例必然会污染环境。漏气点在管道接口处、立管检查口处、卫生器具水封装置处、地漏盖板四周缝隙处等。

通过观察，胶粘接口的管道气密性要优于螺纹连接接口、橡胶垫圈密封接口的管道；垂直管道的气密性要优于弯曲管道。

2) 地漏水封容易被破坏。导致地漏水封破坏的原因：蒸发；原来地漏水封就没有水，即深圳俞文迪先生所说的"处女地漏"；排水管系内的压力波动，这是实际运行时的主要原因。测试装置每层有坐式大便器、洗涤盆和地漏各 1 个，水封深度都为 50mm。通过测试，地漏水封被破坏，其他卫生器具水封未被破坏。这就提示水封深度尽管很重要，但水封除水封深度外，还应有水封容量要求，水封深度和水封容量构成水封强度的概念。这也就是后来马信国高级工程师在编制行业标准《地漏》CJ/T 186—2003 中规定地漏水封容量的原因所在。

现在认识又有了进一步深化，影响水封强度的因素应该有三个，一是水封深度；二是水封容量；三是水封断面面积比，即水封出口处断面面积与水封入口处断面面积之比，其值应大于 1。钟罩式地漏水封特别容易被破坏，主要原因就是断面面积比小于 1。

3) 影响排水立管压力变化的因素：

(1) 排水负荷，排水负荷大，气压波动大；排水负荷小，气压波动小；

(2) 通气量，不通气立管情况最差，伸顶通气和吸气阀通气情况相当，立管顶端完全敞开情况最好；

(3) 出水管坡度，坡度大小对排水立管的排水能力影响不大；

(4) 出水状态，淹没出流情况最差，半淹没出流与自由出流情况大致相仿；

(5) 进水位置，是指相同进水量在不同楼层进入，排水楼层位置越高，影响越大，对排水系统安全性越不利。

4) 水封保护措施：

(1) 减少管系内压力波动；

(2) 保证水封深度；

(3) 保证水封容量，尤其是地漏水封；

(4) 水封出水口断面面积与进水口断面面积比值应合理。

5) 排水对策：

(1) 限制排水流量，工程设计时，不按排水系统排水立管的最大通水能力设计，适当留有余地；

（2）加强排水管系的通风，尽量少设或不设不通气立管；

（3）可以安装吸气阀进行辅助通气，不宜对吸气阀设置进行封杀；

（4）排出管不应采取淹没出流方式。

6）通过试验认识到排水试验至关重要，通过试验可以从本质上认识事物客观规律，试验是认识事物本质不可或缺的重要手段。

这个试验对后续工作产生深远影响，许多结论得到证实，如排水系统气密性的重要性；排水楼层位置越高，对管系内气压波动影响越大等。

13.3.4　在日本的排水流量测试

2006 年，《建筑给水排水设计规范》国家标准管理组为该规范修订需要，在日本进行一次排水性能试验，取得一些数据，得出一些结论。有些成果已体现在规范条文中，有些则由于种种原因未予采纳。由此可见，测试固然重要，而更重要的是对测试成果的取舍。测试情况如下：

试验日期：2006 年 11 月 1 日至 2007 年 4 月 10 日

试验地点：日本积水栗东工厂排水测试塔和积水栗东工厂试验场

委托方：中国《建筑给水排水设计规范》国家标准管理组

试验要求：排水性能试验，包括排水立管和排水横干管。立管排水性能试验项目，如表 13-3-1 所示；底层单独排水试验项目，如表 13-3-2 所示。

立管排水性能试验项目　　表 13-3-1

试验管材	立管管径(mm)	试验内容			采用管材
		伸顶通气	专用通气	自循环通气	
PVC-U 管	160	√	—	—	日本管材
	110	√	√	—	中国管材
	75	√	—	—	日本管材
铸铁管	150	—	—	—	—
	100	√	√	√	日本管材
	75	√	—	—	日本管材

底层单独排水试验项目　　表 13-3-2

试验管材	横干管管径(mm)	横干管长度(m)	横干管坡度
PVC-U 管	160	8	1.0/100
	110	8	1.2/100
	75	8	1.5/100
铸铁管	100	8	1.2/100
	75	8	1.5/100

试验中，有的采用中国管材，有的采用日本管材，但两者外径相同而内径不同，这就直接影响排水立管的通水面积和通水能力。日本管材规格尺寸和中国管材规格尺寸比较，如表 13-3-3 所示；排水系统立管排水能力测定汇总，如表 13-3-4 所示。

通过测试可以得出如下结论：

1）排水立管管径越大，立管排水能力越大，如表 13-3-5 所示；

日本管材规格尺寸和中国管材规格尺寸比较　　　　表 13-3-3

管　材	公称外径/公称直径（mm）	内径（mm）		试验用管材
		中国规格	日本规格	
PVC-U 管	160	152	154	日本管材
	110	104	107	中国管材
	75	70.4	71	日本管材
铸铁管	150	150	150	日本管材
	100	100	100	
	75	75	75	

排水系统立管排水能力测定汇总　（L/s）　　　　表 13-3-4

管道系统形式	试验编号	立管（mm）	管件		横干管（mm）	排水楼层（层）	单层流量	排水能力
			上部	下部				
伸顶通气	1	日 160	日 LT	日 LL	日 160	17	2.5	3.2
	2					10		6.5
	3	中 110	中 LT	中 LL	中 110	17	2.5	1.5
	4					10		2.0
	5	日 75	日 45T	日 45T×2	日 75	17	1.0	1.1
	6					10		1.4
	7	日铸 75	日铸 TY	日铸 45T×2	日铸 75	17	1.0	1.1
	8					10		1.7
	9	日铸 100	日铸 TY	日铸 45T×2	日铸 100	17	1.0	2.8
	10					10		3.1
专用通气	11	中 110	中 LT	中 LL	中 110	17	2.5	2.7
	12					10		3.5
	13	日铸 100	日铸 TY	日铸 45×2	日铸 100	17	2.5	5.2
	14					10		5.9
自循环通气	15	日铸 100	日铸 TY	日铸 45×2	日铸 100	10	2.5	4.2

管径与排水能力关系　　　　表 13-3-5

系统形式	试验编号	管材	立管管径（mm）	横干管管径（mm）	排水楼层（层）	排水能力（L/s）
伸顶通气	5	PVC-U	75	75	17	1.1
	3		110	110		1.5
	1		160	160		3.2
	6		65	65	10	1.4
	4		110	110		2.0
	2		160	160		6.5
	7	铸铁	75	75	17	1.1
	9		100	100		2.8
	8		75	75	10	1.7
	10		100	100		3.1

2）管径相同，排水楼层不同，排水能力也不同，楼层越高，排水能力越小，如表
13-3-6 所示；

不同排水楼层的排水能力　　　　　　　　　　　　　　　　　　表 13-3-6

系统形式	试验编号	管材	立管管径(mm)	横干管管径(mm)	排水楼层(层)	排水能力(L/s)
伸顶通气	5	PVC-U	75	75	17	1.1
	6				10	1.4
	3		110	110	17	1.5
	4				10	2.0
	1		160	160	17	3.2
	2				10	6.5
	7	铸铁	75	75	17	1.1
	8				10	1.7
	9		100	100	17	2.8
	10				10	3.1
专用通气	11	PVC-U	110	110	17	2.7
	12				10	3.5
	13	铸铁	100	100	17	5.2
	14				10	5.9

3）双立管排水系统排水立管的排水能力比单立管排水系统排水立管的排水能力大，
如表 13-3-7 所示；

双立管与单立管排水能力比较　　　　　　　　　　　　　　　　表 13-3-7

系统形式	试验编号	管材	立管管径(mm)	横干管管径(mm)	排水楼层(层)	排水能力(L/s)
单立管	3	PVC-U	110	110	17	1.5
双立管	11					2.7
单立管	4				10	2.0
双立管	12					3.5
单立管	9	铸铁	100	100	17	2.8
双立管	13					5.2
单立管	10				10	3.1
双立管	14					5.9

4）铸铁管的排水能力比塑料管的排水能力大，如表 13-3-8 所示；

铸铁管与塑料管排水能力比较　　　　　　　　　　　　　　　　表 13-3-8

系统形式	试验编号	管材	立管管径(mm)	横干管管径(mm)	排水楼层(层)	排水能力(L/s)
伸顶通气	5	PVC-U	75	75	17	1.1
	7	铸铁	75	75		1.1
	6	PVC-U	75	75	10	1.4
	8	铸铁	75	75		1.7
	3	PVC-U	110	110	17	1.5
	9	铸铁	100	100		2.8
	4	PVC-U	110	110	10	2.0
	10	铸铁	100	100		3.1

系统形式	试验编号	管材	立管管径(mm)	横干管管径(mm)	排水楼层(层)	排水能力(L/s)
专用通气	11	PVC-U	110	110	17	2.7
	13	铸铁	100	100		5.2
	12	PVC-U	110	110	10	3.5
	14	铸铁	100	100		5.9

5）自循环通气排水系统的排水能力大于单立管排水系统，但小于双立管排水系统，如表 13-3-9 所示；

自循环通气排水系统的排水能力   表 13-3-9

系统形式	试验编号	管材	立管管径	横干管管径	排水楼层	排水能力
伸顶通气	10	铸铁	100	100	10	3.1
专用通气	14		100	100		5.9
自循环通气	15		100	100		4.2

6）总结：

这次在日本测试的优点：在测试塔测试，可以按照测试意愿构思设计；测试仪器先进，自动记录，减少人为误差；测试判定原则是合理的（允许系统内压力波动值为±400Pa）。

这次测试也存在一些遗憾，如：

（1）未能对特殊单立管排水系统作相应测试工作；

（2）排水立管底部弯头放大管径的做法在中国已经十分普遍，测试时未能体现这一情况，这会直接影响测试数据；

（3）不同类型的三通管件对排水流量影响较大，测试未能充分体现；专用通气立管管径、连接方式（结合通气管或 H 管每层连接、隔层连接或多层连接）对排水能力也有一定影响；

（4）日本双立管排水系统和中国双立管排水系统的排水立管和通气立管的连接方式不尽相同，日本采用结合通气管连接，中国多采用 H 管连接；

（5）测试管材有的是采用日本的管材、管件，其材质、内径尺寸、通水面积和表面光洁度等与中国的管材、管件有差异；

（6）测试方法采用的是日本排水流量测试方法，而不是中国排水流量测试方法。

在这次测试前后，中国从日本引进了 AD 型特殊单立管排水系统、CHT 型特殊单立管排水系统和集合管型特殊单立管排水系统。这些系统都在日本进行过流量测试，测试都符合日本测试标准《公寓住宅排水立管系统排水能力试验方法》SHASE—S218—2014，日本测试方法将在本章后面介绍。

一般说来，讲述测试方法是不涉及具体测试数据或测试结果的，之所以在这里引用较多的测试数据，是因为借用这些数据能更好地说明问题，同时因为有关手册又删减了相关内容，因此在此作适当补充。

13.4　器具流量法

住宅生活排水系统排水立管性能测试包括流量测试、压力测试、流速测试、噪声测试、泡沫液测试和通气量测试等项目，其中最主要的是流量测试。流量测试是确定排水系统选型的主要依据。排水立管的流量测试主要有两种方法：器具流量法和定流量法，器具流量法又称瞬间流量法或器具法；定流量法又称常流量法或长流水法。定流量法又按楼层流量分配的不同分为欧洲模式定流量法和日本模式定流量法。过去常认为器具流量法和定流量法是两种完全不同、完全对立的流量测试方法，其实不然，它们之间是有内在联系的。这种情况犹如建筑给水方式的变频供水和叠压供水一样，当箱式叠压供水设备的低位水箱容积扩大至某一容积值、水泵不从直接市政管网吸水时，这种供水模式就转化为变频供水方式。流量测试先从器具流量法说起。

器具流量法又分两种，按照测试场所、测试条件的不同，又分工程现场测试和测试塔测试。工程现场测试基本上都是采用同步放水方式测试，测试塔测试可以设计不同的时间差放水方式测试。

器具流量法最早应用在业已建成的工程中，对排水系统进行流量实测。中国最早的测试对象是北京"前三门"高层住宅工程的苏维托特殊单立管排水系统和湖南省长沙市芙蓉宾馆的旋流器特殊单立管排水系统。测试方法是建筑物的每个楼层有一位测试人员，建筑物外有一位总负责人统一发布口令或作出手势，楼层测试人员听到口令或手势后统一操作，同时开启大便器冲洗水箱按钮，向排水系统放水，实测排水立管的压力值和流量值。这种测试方法的缺点是显然的，测试人员操作时的动作会有先后，手在按钮的停留时间也会有长短差异，这势必直接影响到测试结果的准确性。解决办法是采用智能化自动控制，统一动作以减少人为误差。

13.4.1　同时放水方式器具流量法

器具流量法测试，当操作从人工手动改为自动后，带来的新问题：由于每层排水横支管管材相同、管径相同、管道坡度相同、管道长度相同、放水量相同、放水位置相同，所以当每层都按一个大便器水量（1.5L/s）放水时，其流速相同，水流在横支管内的流动时间也相同；当上层水流到达本层立管与横支管交汇点三通等管件时，本层水流也同时到达下层三通处，不同楼层水流在不同楼层同时转入排水立管。这就出现一种现象，即不同楼层水流不会相遇，当上层水流流到下层交汇点（三通）时，下层水流也在同一时间流向更下一层交汇点。因此对排水立管而言，立管的每一楼层管段只有单层的排水流量在流动，立管内气压的正负压变化也是在单层排水流量 1.5L/s 的作用下出现的结果，而立管的总流量则是各层排水流量的总和。测试的楼层越高，排水总流量就越大。如每层排水流量为一个大便器水量 1.5L/s，10 层高的排水立管总流量为 1.5L/s×10＝15L/s；20 层高的排水立管，其总流量可达 1.5L/s×20＝30L/s；30 层高的排水立管，其总流量可达 1.5L/s×30＝45L/s；依此类推。楼层越高，流量越大，这显然是不合理的。这种测试方法称为同时放水方式器具流量法，这种放水方式测不出排水立管真正的排水能力，其测出的排水立管排水流量值明显偏大。

13.4.2　时间差放水方式器具流量法

要解决同时放水方式器具流量法的缺陷，方法是要让不同楼层水流在排水立管内交汇，为此要找出上下楼层水流交汇的时间差，而且是排水流量峰值交汇的时间差。具体做法是上层先放水，下层推迟放水，两层放水有个时间差，按时间差放水使上、下层水流在立管段交汇。当顶层水流与下一层水流有一个时间差后，两层水流在下一层交汇点交汇合流。立管内气压的正负压变化是在两层汇合水量（$2 \times 1.5L/s = 3.0L/s$）的作用下出现的结果。而其他楼层水流仍然是各自在同一时间进入排水立管。水流交汇的楼层，立管相应管段的流量为 1.5L/s 乘以楼层数，水流不交汇的楼层，其立管相应管段的流量仍为 1.5L/s，而排水立管总流量则为水流交汇楼层的流量值加上 1.5L/s 与不交汇的楼层数的乘积。

当两层汇合水流的水量不够时，需要多层汇合，这就需要加大时间差，可以使顶层排放的水逐层与下层、再下一层……的横支管水流交汇，一直到与底层排水横支管的水流交汇为止。每多交汇一层，交汇流量值依次递增，系统内压力也会有相应变化。顶层水流与不同楼层水流交汇，会得出顶层与交汇层的不同时间差；要求顶层水流与底层水流交汇，会得出顶层与底层放水的时间差，这是最大的时间差，往往需要最多的时间，还会有最大的流量值，因为这个流量值是所有楼层水量的总和。为找出不同楼层排水流量交汇的时间差要做大量工作，工作量十分可观；要找出不同楼层排水流量峰值的时间差，工作量就更大。

多层交汇看似解决了矛盾，解决了同时放水方式器具流量法的矛盾。而实际上又出现了新的问题：一是交汇流量只能是层数的整倍数，每层排水流量为 1.5L/s，交汇流量按此流量成倍递增或递减，两层交汇流量为 3.0L/s，三层交汇流量为 4.5L/s，四层交汇流量为 6.0L/s……依此类推，而不能是其他流量值，如 6.5L/s，而实际上排水立管最大排水能力有可能不是正整数，要解决这一问题是要让其他卫生器具参与，这相应增加控制的复杂性；二是不管有多少层的排水流量交汇，而排水立管总流量始终未变；三是当顶层流量与底层流量交汇后，完全有可能超过排水立管最大排水能力；四是原理上顶层放水对排水立管排水能力的影响大，而现在恰恰相反，交汇点到了底层才得到交汇流量的最大值，这个最大交汇流量值只对下层有影响，对上层难能产生影响，这也是不尽合理的地方。

对此的解决办法：一是适当减少放水楼层层数，而且从下层减起，即上层放水，而下层不放水；二是排水试验从顶部放水做起，自上而下增加放水楼层；三是每层不是一个大便器的排水量，而是排放每层最大排水量（一个大便器加一个卫生器具的排水量，即 1.5L/s+1.0L/s=2.5L/s）；对于第三点还有另一种处理方法，那就是每层排放不同数值的排水流量，顶层排水量 2.5L/s，其他楼层依次递减，但这仍然存在上下层排水交汇点的时间差、测试数据重现性差、每层排水量不同时的流量分配等问题。要解决这个难题，思路趋向定流量法，即测试时让每层排水流量不变，使上、下层排水流量交汇工作简化。

器具流量法的优点是相对接近实际用水情况，如多层放水、水从卫生器具排水管出流等。不同的排水系统通过同样的测试方法也可以作出比较，其最大的难度是难以测出生活排水系统排水管道的最大排水能力；而当有了测试结果后，如何纳入规范条文确定排水立管最大排水能力数值，才是器具流量法真正的难点所在。

13.5 定流量法

定流量法又称常流量法或长流水法，是由供水装置向排水系统持续放水，放水流量持续不变时，考察该流量对排水系统气压波动及水封损失影响的一种测试方法。定流量法主要有欧洲模式定流量法和日本模式定流量法，两者都属于定流量法，但有少许差别，具体内容详见 13.4.6 节。与器具流量法相比，定流量法更科学、数据重现性更好。

供水装置，可采用水泵水箱供水或水泵直接供水。建议采用循环供水方式以节约用水。

13.6　中国流量测试方法

中国流量测试方法有以下几种：

1）湖大流量测试法；

2）协会标准《住宅生活排水系统立管排水能力测试标准》CECS 336：2013；

3）协会标准《公共建筑生活排水系统立管排水能力测试标准》CECS ×××：201×（在编）；

4）行业标准《住宅排水系统排水能力测试标准》CJJ ×××—201×（在编）。

下面分别进行介绍。

13.6.1　湖大流量测试法

中国各种类型特殊单立管排水系统主要集中在湖南大学土木工程学院实验楼测试塔进行流量测试。

13.6.1.1　湖南大学测试塔测试装置与测试方法

1）测试装置（图 13-6-1）：

（1）测试立管高度为 34.75m；

（2）测试装置最高排水横支管与排出管高差大于 30m；

（3）测试装置模拟层高为 2.8m。

2）测试项目：

以测试特殊单立管排水系统排水立管的最大排水能力为主，也测试普通单立管（排水）系统和普通双立管排水系统。

3）测试装置安装：

（1）排水立管垂直安装，垂直度偏差每 1m 不大于 3mm；

（2）排水横管坡度采用标准坡度，排水横支管坡向排水立管，排出管坡向集水坑；

（3）每层有排水横支管接至排水立管；

（4）每根排水横支管安装 1 个 $DN100$ P 形存水弯、1 个 $DN75$ P 形存水弯和 1 个 $DN50$ 地漏（已封闭）；

（5）存水弯的水封深度均为 50mm；

（6）存水弯与排水立管的距离和存水弯之间的距离应符合表 13-1-1 的要求（图 13-1-1）；

（7）在存水弯上应设 $\phi10$ 透明连通管，以观测存水弯水位变化情况；

（8）排出管长度（从立管中心线算起）等于 2m；

（9）伸顶通气管伸出屋面高度和通气帽的形式和设置应符合现行规范要求；

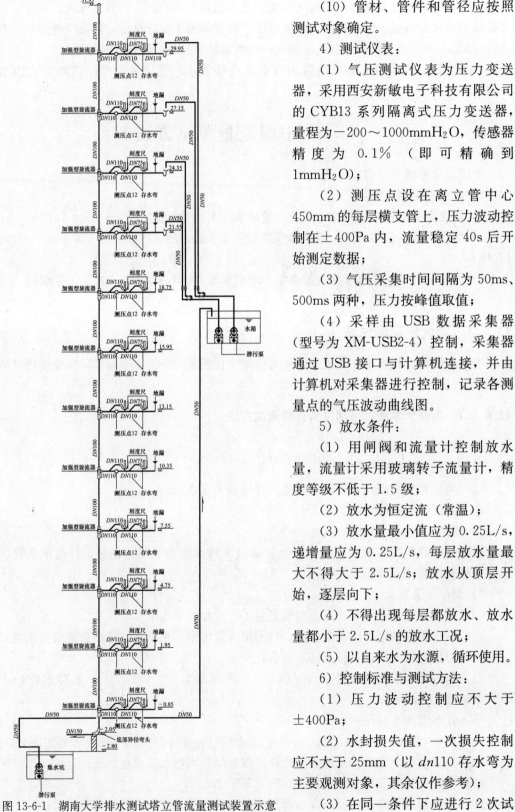

图 13-6-1 湖南大学排水测试塔立管流量测试装置示意

（10）管材、管件和管径应按照测试对象确定。

4）测试仪表：

（1）气压测试仪表为压力变送器，采用西安新敏电子科技有限公司的 CYB13 系列隔离式压力变送器，量程为 $-200 \sim 1000 mmH_2O$，传感器精度为 0.1‰（即可精确到 $1 mmH_2O$）；

（2）测压点设在离立管中心 450mm 的每层横支管上，压力波动控制在 $\pm 400 Pa$ 内，流量稳定 40s 后开始测定数据；

（3）气压采集时间间隔为 50ms、500ms 两种，压力按峰值取值；

（4）采样由 USB 数据采集器（型号为 XM-USB2-4）控制，采集器通过 USB 接口与计算机连接，并由计算机对采集器进行控制，记录各测量点的气压波动曲线图。

5）放水条件：

（1）用闸阀和流量计控制放水量，流量计采用玻璃转子流量计，精度等级不低于 1.5 级；

（2）放水为恒定流（常温）；

（3）放水量最小值应为 0.25L/s，递增量应为 0.25L/s，每层放水量最大不得大于 2.5L/s；放水从顶层开始，逐层向下；

（4）不得出现每层都放水、放水量都小于 2.5L/s 的放水工况；

（5）以自来水为水源，循环使用。

6）控制标准与测试方法：

（1）压力波动控制应不大于 $\pm 400 Pa$；

（2）水封损失值，一次损失控制应不大于 25mm（以 dn110 存水弯为主要观测对象，其余仅作参考）；

（3）在同一条件下应进行 2 次试

验，测定结果取平均值，2次值差异比例超过10％时应重新测试；

（4）采用压力值和水封损失值双控模式，并以压力值为主控项目，以此确定排水立管的最大排水能力；

（5）采集时间间隔为50ms、500ms；

（6）测试前应对系统进行气密性试验；

（7）测试时，1～8层为测试层，9～12层为放水层，每层最大放水流量2.5L/s。

13.6.1.2　湖南大学测试塔测试成果

从2009年至今，湖南大学排水测试塔对中国众多企业进行过排水流量测试，部分测试数据如表13-6-1所示。

湖南大学排水测试塔部分测试数据　　　　　　　　　　表13-6-1

序号	系统类型	立管管材	排出管管径	立管实测排水流量(L/s)
1	普通单立管	硬聚氯乙烯(PVC-U)排水管	$dn110$	2.5
2	普通双立管(H管隔层连接)		$dn160$	6.0
3	普通双立管(H管每层连接)			
4	普通双立管(H管隔层连接)	铸铁管	DN100	6.0
5	普通双立管(H管隔层连接)		DN150	6.5
6	普通双立管(H管每层连接)			9.0
7	WAB-Ⅰ型特殊单立管	硬聚氯乙烯(PVC-U)排水管	DN160	7.5
8		铸铁管	DN150	8.0
9	WAB-Ⅱ型特殊单立管	硬聚氯乙烯(PVC-U)排水管	DN160	6.5
10		铸铁管	DN150	7.5
11	GY型特殊单立管	铸铁管(湖大12层实测)	DN150	10.0
12		铸铁管(泫氏18层实测)		12.0
13	GH-Ⅰ型漩流降噪特殊单立管	硬聚氯乙烯(PVC-U)排水管	$dn160$	6.0
14		中空壁消音硬聚氯乙烯(PVC-U)排水管		
15		高密度聚乙烯(HDPE)排水管		
16	GH-Ⅱ型漩流降噪特殊单立管	硬聚氯乙烯(PVC-U)加强型内螺旋排水管	$dn160$	10.0
17	CHT型特殊单立管(CB4N-1接头)	硬聚氯乙烯(PVC-U)排水管	$dn160$	6.0
18		铸铁管	DN150	6.5
19	CHT型特殊单立管(CB4N-2接头)	普通硬聚氯乙烯(PVC-U)内螺旋管	$dn160$	5.0
20		铸铁管	DN150	6.0
21	CHT型特殊单立管(CB4S-1接头)	硬聚氯乙烯(PVC-U)排水管	$dn160$	7.5
22		普通硬聚氯乙烯(PVC-U)内螺旋管		
23	CHT型特殊单立管(CB4S-2接头)	铸铁管	DN150	9.5
24	HT型特殊单立管	聚丙烯(PP)加强型内螺旋排水管	$dn160$	8.5
25	铸铁苏维托	铸铁管、GY型苏维托	DN150	7.5
26		硬聚氯乙烯(PVC-U)排水管	$dn160$	6.0

注：测试中以气压波动峰值不超过±400Pa、水封损失不超过25mmH$_2$O为基准。

13.6.1.3 湖大定流量测试法与日本定流量测试法比较

近几年来，在湖大测试塔进行了普通单立管排水系统、特殊单立管排水系统、双立管排水系统的大量测试。国内各种类型、各种材质、各种特殊管件的特殊单立管排水系统都在该测试塔、按照湖大定流量法进行了测试，取得了测试数据，得出了可靠结论。

湖大定流量法在日本定流量法的基础上作了某些调整，测试过程基本按日本定流量法进行操作，但也有几点不同：

1）自（最）上（层）而下放水，不允许每层放水；

2）每层最大放水流量 2.5L/s，放水量按 0.25L/s 递增或递减；

3）放水为长流水、恒定流；由水泵直接供水保持流量稳定，用玻璃转子流量计计量放水量；

4）所有存水弯水封深度均为 50mm；

5）压力测试点在排水横支管上，距离立管 450～600mm，放水楼层不考察压力波动和水封损失；

6）压力采集时间间隔为 50ms、500ms；

7）在进行正式测试前必须进行系统气密性试验，发现渗漏处及时处理，保证系统无渗漏以确保测试结果准确、可靠；

8）判定标准既按±400Pa 压力控制，同时也按剩余水封深度不小于 25mm 控制，简称压力、水封深度双控制，同时满足压力波动和水封损失两项要求的流量即为系统最大排水能力。

13.6.2 协会标准《住宅生活排水系统立管排水能力测试标准》CECS 336：2013

该标准于 2010 年开始制订，2012 年完成，是中国第一本关于建筑排水系统排水能力的测试标准。由悉地（北京）国际建筑设计顾问有限公司和华东建筑设计研究院有限公司主编。

内容分总则，术语，基本规定，测试装置，流量，压力测试，判定标准，折减系数共7章；附录为流量测试报告。是在湖大定流量法和总结大量测试成果的基础上制订的。

当年也曾认为测试标准属于方法标准，应申报产品行业标准，但遗憾的是未能获得批准，才转为申请工程建设协会标准立项编制。

该协会标准适用于住宅等居住类建筑（包括公寓、有专用卫生间的宾馆客房、医院病房、养老院住房等）的重力流生活排水系统采用定流量法进行的流量、压力等测试。

其条款规定：测试项目为流量测试和压力测试。测试方法为定流量法；工程现场当采用定流量法有困难时，也可采用器具流量法。要求系统测试前进行气密性试验，以保证测试结果正确。

排水测试塔建筑高度要求不小于 30m，排出管长度不小于 8m，供水方式采用水箱供水方式或水泵直接供水方式，供水应采用循环供水方式。测试塔每层应有供水设施。

存水弯和地漏的水封深度应为 50mm，地漏水封容积不小于 165mL（DN50）、330mL（DN75）、565mL（DN100）。气压测试仪表采用压力变送器。

流量测试采用定流量法，测试流量为恒定流。流量测试时，从顶层开始放水，逐层向下，每层放水量不大于 2.5L/s（一个大便器和一个其他卫生器具的流量），最小不小于 0.25L/s，按 0.25L/s 递增或递减。本层达到 2.5L/s 后，保持该流量值，再转向下层放水。放水位置在排水横支管始端注水，为淹没注水或密闭注水方式。流量测试数据采集时间应为 200ms。

判定标准按管内压力值判定，排水管内最大压力值不大于 400Pa，最小压力值不小于 —400Pa。当按压力值判定有困难时，也可按存水弯水封剩余水深或水封损失值判定，其判定标准：存水弯水封剩余水深不小于 25mm，或水封损失不大于 25mm。

折减系数分水质折减系数和系统立管高度折减系数。在编制过程中也曾考虑过管材折减系数、测试方法折减系数和判定标准折减系数三项，但后来定稿时未予考虑测试方法折减系数和判定标准折减系数。

该标准曾经想列入流速测试、通气量测试和泡沫液测试，后因条件不够具备，未能列入。

13.6.3　协会标准《公共建筑生活排水系统立管排水能力测试标准》CECS ×××：201×（在编）

该标准是在完成协会标准《住宅生活排水系统立管排水能力测试标准》CECS 336：2013 之后，接着申请立项编制的测试标准。于 2013 年着手制订，由悉地国际设计顾问（深圳）有限公司和山西泫氏实业集团有限公司承担主编，预计 2016 年可望完成。

适用范围为公共建筑重力流生活排水系统采用定流量法进行的流量和压力等测试。公共建筑由于排水横支管所负荷的卫生器具数量较多，排水流量较大，因此每层放水最大流量与住宅不同，按排水横支管管径不同、管道坡度不同、管道最大设计充满度不同而确定。

由于特殊单立管技术的不断推进，在该标准中除对普通单立管排水系统、特殊单立管排水系统和普通双立管排水系统进行测试外，还增加特殊双立管排水系统测试。特殊双立管排水系统与普通双立管排水系统相比，虽然立管管材数量没有减少，管道所占用的位置和空间没有变化，但通水能力明显提高，而且提高的幅度相当可观，这就又引出排水立管管径与排水横支管同径和缩径的问题。一般情况下，排水系统的排水立管管径不应小于排水横支管管径，而当排水横支管管径为 DN125（dn125）或 DN150（dn160），且排水立管又有足够的排水能力时，应允许排水立管管径小于排水横支管管径，但立管管径不得小于 DN100（dn110）。该标准还涉及特殊双立管的特殊管件问题，如排水立管与通气立管的连接，对于普通双立管排水系统，在中国多数采用 H 管；而对于特殊双立管排水系统，则有可能要采用旋流 H 管。总体上讲，公共建筑生活排水系统排水立管的排水能力测试是个新课题，国内外都无可借鉴，许多问题有待探索，这本标准的制订是"摸着石子过河"的尝试，可能成功，也可能失败，因为这毕竟是有史以来国内外同行针对公共建筑领域编制的第一本排水系统立管排水能力测试标准。

在这本测试标准中，为增加测试难度，强化测试条件，除采取上层放水、每层排放最大排水流量外，又增加测试用标准地漏的设置。测试地漏仅用于测试，不用于实际排水，其特点是断面面积比小于 1。当测试时，测试地漏的水封如不被破坏，则实际工程中断面面积比大于 1 的地漏水封也不会被破坏。

13.6.4 行业标准《住宅排水系统排水能力测试标准》CJJ ×××—201× （在编）

该行业标准从 2013 年开始制订，于 2015 年 1 月通过专家审查。由中国建筑设计研究院国家住宅与居住环境工程技术研究中心负责主编。适用于住宅建筑重力流生活排水系统，采用瞬间流量法（即器具流量法）或定流量法对系统流量和压力进行测试。

内容分总则、术语、排水测试装置、测试方法、判定标准共 5 章，附录为测量筒、瞬间流发生器、气密性试验、测试结果记录表等 5 章；是在万科实验塔测试结果的基础上制订的。

该标准规定瞬间流量法和定流量法两种测试方法。瞬间流量法采用瞬间流发生器，在确定系统最大负压判定值后进行汇合流量测试。流量判定是按排水立管内压力值确定的。排水系统内压力判定标准：排水系统内最大压力不得大于 400Pa，排水系统内最小压力不得小于－400Pa。这种测试流量判定标准存在以下几个方面的问题：

1）该测试判定标准没有对系统水封的测试，无法对系统压力值进行验证；

2）瞬间流量法和定流量法两种测试方法在相同压力波动值情况下，水封损失值是不相同的；这会出现相同水封损失值时，瞬间流量法测得的流量值要大许多的情况，不能反映系统的最不利状态；

3）瞬间流量法在同一试验中，不同立管高度测得的流量是不相同的；在最大汇合流量处流量最大，立管底部流量最小，这给工程应用带来困难，如按最大流量值设计，不能反映系统的最不利状态；反之，按最小流量值设计，又过于保守；

4）瞬间流量法测试过程中，确定各排水层形成最大汇合流的排水间隔受人为因素影响较大，因为不同内壁结构和粗糙度的管材、不同立管与横支管连接管件的结构形状等，当排水时间间隔相同时，其最大汇合流的位置是不相同的，测得的流量值缺乏可比性；

5）尽管本标准提出两种测试方法，但瞬间流量法在工程设计中仍难以得到实际应用：一方面，与定流量法相比，测试结果的重现性很差，无法判别其真伪；另一方面，本标准规定的瞬间流量法不能反映系统的最不利状态。

13.7 外国流量测试方法

关于外国流量测试法，到目前为止所了解的也只有欧洲模式测试方法和日本模式测试方法两种。遗憾的是欧洲模式测试方法至今未能见到正式文本，而只有测试报告和测试结果，我们可以从测试结果揣测其测试方法。

13.7.1 欧洲模式定流量法

吉博力（上海）房屋卫生设备工程技术有限公司在欧洲进行过排水流量测试，情况如下：

1）欧洲测试记录

测试塔高度：23.5m（相当于 8 层住宅）

排水总流量：8.7L/s

每层流量分配：顶层2.5L/s（8层）

（每层放水）以下楼层 2.0L/s（7 层）

$\qquad\qquad\qquad\quad$ 1.5L/s（6 层）

$\qquad\qquad\qquad\quad$ 1.0L/s（5 层）

$\qquad\qquad\qquad\quad$ 0.8L/s（4 层、3 层）

$\qquad\qquad\qquad\quad$ 0.7L/s（2 层、1 层）

排水立管管径：$dn110$

排水管材：高密度聚乙烯（HDPE）排水管

水封深度：160mm，水封破坏不大于 40mm

2）上海测试记录

后来，吉博力公司在上海也按照欧洲模式测试方法进行过排水流量测试，测试情况如下：

检测单位：同济大学环境保护产品检测中心

检测地点：同济大学水力实验室

受检单位：吉博力（上海）房屋卫生设备工程技术有限公司

检验项目：流量及每层横支管压力

产品名称：吉博力苏维托特殊单立管排水系统

型号规格：$dn110$

排水管材：高密度聚乙烯（HDPE）排水管

检验类别：委托检验

每层流量分配：15 层 2.0L/s

$\qquad\qquad\qquad$ 14 层 1.5L/s

$\qquad\qquad\qquad$ 13 层 1.0L/s

$\qquad\qquad\qquad$ 6～12 层（3.3/7）L/s

$\qquad\qquad\qquad$ 1～5 层不放水

排水系统：恒定流

排水流量：共计 7.8L/s

该测试数据（7.8L/s）与欧洲测试数据（8.5L/s）较为接近，但两者测试有较大不同，包括测试地点、测试塔高度、测试仪表、判定标准等，最大的区别在于楼层流量分配有很大的随意性，这就影响测试结果。但以上两次测试也有共同点，如：

1）各层或多层放水；

2）各层放水流量自上而下递减；

3）每层最大放水流量不大于 2.5L/s；

4）常流量，长流水，测试方法属于定流量法。

这个方法称欧洲模式测试方法。相对而言，这个测试方法较贴近实际生活，因为实际生活有可能是多层排水，而各层排水流量又是各不相同的。欧洲模式定流量法的最大缺陷是各层排水流量的分配有较大的随意性，没有可以遵循的明确规律，因此测试结果难有可比性，解决方法是采用日本模式定流量法。

有一种观点认为，欧洲模式测试方法是器具流量法（瞬间流量法），这是一种误解，欧洲模式测试方法也是定流量法，只是不同于日本模式定流量法的定流量法。

13.7.2 日本模式定流量法

日本模式定流量法在日本空气调和·卫生工学会协会标准《公寓住宅排水立管系统排水能力试验方法》SHASE—S218—2014（上一版本为 HASS 218—2008）中有明确规定。

该测试方法特点是强化排水条件：

1) 住宅实际排水情况为变流量、瞬间排水，而测试按定流量、长流水进行；

2) 住宅实际排水情况是建筑物每层都有可能排水；而测试按建筑物上部几层排水进行，因为上层排水对排水立管的排水能力影响较大，最为不利；

3) 住宅实际排水情况是建筑物各层排水量为任意数值，而测试按住宅每层最大排水流量值 2.5L/s 考虑。

这三项措施大大强化了排水条件，按此流量测试通过的排水系统可以放心用在实际工程。这种方法在其他测试标准中也常见，如行业标准《建筑同层排水部件》CJ/T 363—2011 对壁挂式大便器进行荷载试验时，荷载值为 4kN，实际使用时，人的质量不可能达到这一数值，这也是强化测试条件的做法。

日本模式定流量法的具体做法：

1) 自上而下放水；

2) 每层最大放水流量 2.5L/s，放水量按 0.25L/s 递增或递减；

3) 水流为长流水、恒定流；

4) 存水弯水封深度 50mm，压力控制 $\pm$ 40mmH$_2$O（$\pm$ 400Pa）。

有人认为日本模式定流量法源自日本的生活方式，说日本人喜欢在浴盆泡澡，浴盆放水时间较长，这就是流量测试长流水的来源。其实这是一种主观臆想。浴盆放水绝不是定流量，而是变流量，随着浴盆水位下降，排水流量是递减的，直至为零。其间当水位下降到某一高度水面时会出现漩涡，气与水混合而下，与水体单相流也有区别。日本测试方法的实质和目的是用一种合理的、可行的方法用以确定排水立管的最大排水能力。

13.8 结 束 语

中国从没有排水测试塔，到有自建的测试塔；从仅有一个测试塔，到有多个测试塔；从有高度较低的测试塔，到有相当高度、甚至建成世界最高的测试塔，这是一系列积极进步。这些发展和进步不仅说明中国的国力日益增强，也说明中国建筑给水排水领域对基础科研的重视。有了排水测试塔，测试方法必定会提上议事日程。至于采用哪种测试方法，争论由来已久。本书倾向于定流量法，观点至今未变，理由如上所述。但是本书也表示：只要是一种统一的测试方法，采用统一的判定标准，具有可比性；对测试结果不作主观的、有倾向性的、随意性的改动；对任何排水系统都能够公正对待，本书也会同意其他测试方法。但应当承认，与器具流量法相比，定流量法更科学、数据重现性更好，更能反映出系统的最不利状态。与欧洲模式测试法相比，日本模式测试法和湖大测试法更具有可操作性；将测试数据转化为规范数据更为简便。这就是本书的基本观点和基本立场。

第14章 工程实例

本章列举一些建筑特殊单立管排水系统的工程设计与应用实例，包括住宅、公寓、宾馆、酒店、综合楼等常见建筑类型。由于科学技术的快速发展和标准、规范的不断更新，这些工程仅反映现阶段建筑特殊单立管排水系统的常规做法，仅供读者参考借鉴。

14.1 山东青岛凯景广场

14.1.1 工程概况

凯景广场位于山东省青岛市市北区中央商务区内，北临敦化路，西临连云港路，占地面积 20700m²，总建筑面积 140672.2m²。其中 1~5 号楼为一类高层住宅楼，共计约 670户。1 号、2 号楼 30 层，建筑高度 92.6m；3 号楼 31 层，建筑高度 95.6m；4 号楼 33 层，建筑高度 98.15m；5 号楼 32 层，建筑高度 99.8m。6 号楼为一类高层多功能公共建筑，23 层，建筑高度 98m。地下部分 2 层，地下 2 层局部为人防区域，其他地下部分为车库及设备用房；车库停车部分为 2 层机械立体式停车，共计 1014 辆。本工程于 2011 年 11月开工建设（图 14-1-1）。

图 14-1-1 青岛凯景广场施工现场实景

14.1.2 排水系统形式

1~5 号高层住宅：厨房排水采用普通伸顶单立管排水系统，卫生间排水采用 GH-Ⅱ型漩流降噪特殊单立管排水系统。6 号高层多功能公共建筑：3 层及以上公共卫生间采用设有专用通气立管的双立管排水系统，专用卫生间（小卫生间）采用 GH-Ⅱ型漩流降噪特殊单立管排水系统（图 14-1-2～图 14-1-4）。

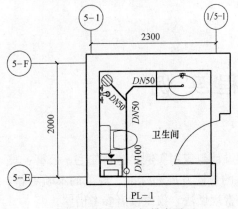

图 14-1-2 卫生间排水平面

图 14-1-3 现场安装

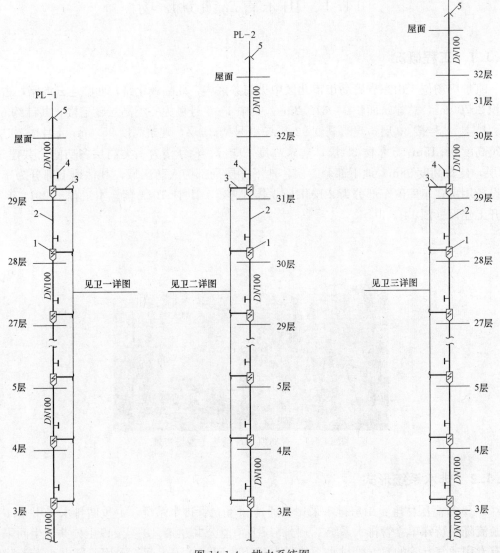

图 14-1-4 排水系统图

1—加强型旋流器；2—排水立管；3—排水横支管；4—立管检查口；5—通气帽

14.2   云南昆明"文化空间"大型国际文化市场

14.2.1   工程概况

　　本工程为云南省昆明市西山区金碧七号片区西坝新村城中村改造项目——"文化空间"大型国际文化市场，位于昆明主城区一环路边，东至环城西路，南至规划道路，西至规划道路和现状宿舍区，北至新闻路。该项目所处的新闻路，是昆明城市历史文化富集区，有着浓厚的文化历史底蕴。该项目于 2012 年 3 月 16 日开工，竣工于 2013 年 12 月 31 日。总建筑面积为 361600m²。由城市南北向道路分割为两个地块：A1 和 A2 地块。A1 地块建住宅楼 5 幢，其中 3 幢建筑面积合计 91607.72m²，40 层；其余 2 幢建筑面积合计 21750.65m²，分别为 23 层和 13 层；地下室建筑面积 53558m²。A2 地块建商业办公楼 5 幢，其中 3 幢建筑面积合计 135670.48m²，31 层，建筑高度为 98.6m；其余 2 幢为多层商铺，建筑面积合计 6434.68m²，均为 6 层；地下室建筑面积 52657m²（图 14-2-1）。

图 14-2-1   "文化空间"大型国际文化市场实景

14.2.2   排水系统形式

　　本工程高层住宅及商业办公卫生间为同层排水，部分为异层排水。立管系统采用徐水兴华铸造有限公司研制生产的 GY 加强型旋流器特殊单立管排水系统，排水立管及排水出户管采用橡胶密封圈机制柔性接口排水铸铁管，卡箍连接或法兰承插式接口。排水横支管采用硬聚氯乙烯（PVC-U）塑料管粘接。立管上部特殊接头采用铸铁 GY 加强型旋流器，立管下部配置铸铁整流接头和铸铁大曲率底部异径弯头（图 14-2-2～图14-2-4）。

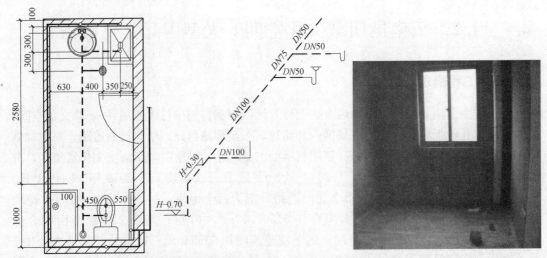

图 14-2-2　卫生间排水平面及系统图　　　　　　　图 14-2-3　卫生间现场安装

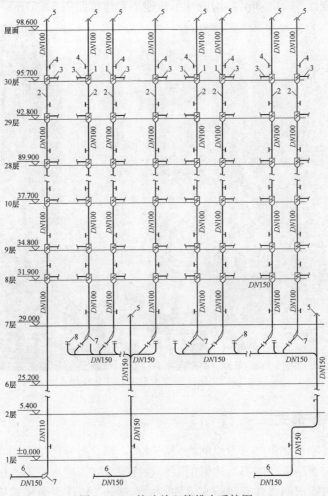

图 14-2-4　特殊单立管排水系统图

1—排水立管；2—伸顶通气管；3—排水出户管；4—大曲率底部异径弯头；

5—整流接头；6—立管检查口；7—GY 加强型旋流器；8—通气帽

14.3　云南昆明宏盛达·月星商业中心

14.3.1　工程概况

宏盛达·月星商业中心位于云南省昆明市西山区马街街道办事处明波社区，明波立交桥西南面。项目总建筑面积 286690m²，其中地上建筑面积为 213571m²，地下建筑面积为 73119m²。该项目用地范围内地上共拟布置 5 幢 26～34 层建筑（图 14-3-1）。该项目 3 号楼为 34 层办公楼，建筑面积 41650m²，其中地下建筑为 1225m²，建筑总高度为 99.45m。

图 14-3-1　宏盛达·月星商业中心实景

14.3.2　排水系统形式

宏盛达·月星商业中心工程卫生间排水设计为特殊单立管排水系统，建设施工中选用徐水兴华铸造有限公司生产研制的 GY 加强型旋流器特殊单立管排水系统系列产品。排水系统管材采用机制柔性接口 W 型卡箍式排水铸铁管、管件及配套不锈钢卡箍连接附件。立管上部特殊管件采用 W 型接口 GY 加强型旋流器，下部特殊管件采用铸铁 GY 型底部整流接头和 B 型接口 GY 型大曲率底部异径弯头（图 14-3-2、图 14-3-3）。

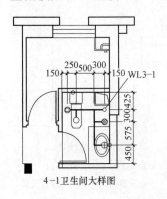

4-1卫生间大样图

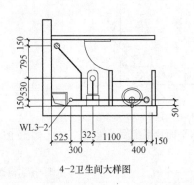

4-2卫生间大样图

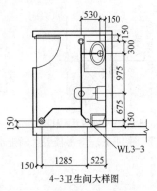

4-3卫生间大样图

图 14-3-2　3 号楼卫生间排水平面及系统图

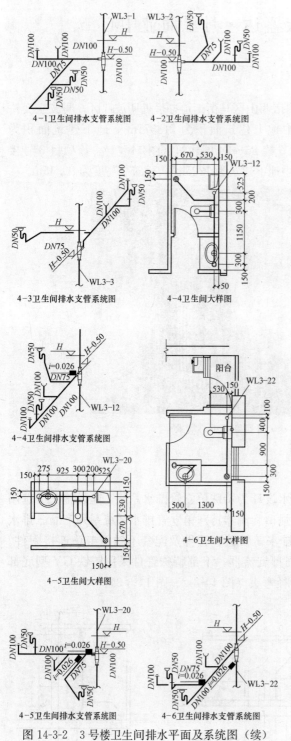

图 14-3-2 3号楼卫生间排水平面及系统图（续）

图 14-3-3 3号楼排水系统图

1—GY加强型旋流器；2—排水立管；

3—排水横支管；4—立管检查口；5—伸顶通气管；

6—大曲率底部异径弯头；7—排水出户管；

8—偏置管；9—整流接头

14.4　浙江杭州天阳·半岛国际

14.4.1　工程概况

天阳·半岛国际高端住宅项目位于浙江省杭州市滨江核心区，距钱塘江边仅 400m，滨盛路以南，长河路以东，滨江三桥与四桥之间，是滨江近年来重点发展的区块之一。总建筑面积约 240000m²，由 1 幢超高层住宅、7 幢高层住宅、5 幢 1 层商业配套及 1 层地下车库组成，项目主力户型为 80~160m²（图 14-4-1）。

图 14-4-1　天阳·半岛国际效果图

14.4.2　排水系统形式

该项目中 45 层超高层住宅排水设计为特殊单立管排水系统，采用泫氏实业集团有限公司生产的 SUNS 型特殊单立管排水系统特殊管件：W 型 $DN100 \times 100$ 三通加强型旋流器，W 型 $DN100/150$ 大曲率底部异径弯头（图 14-4-2）。

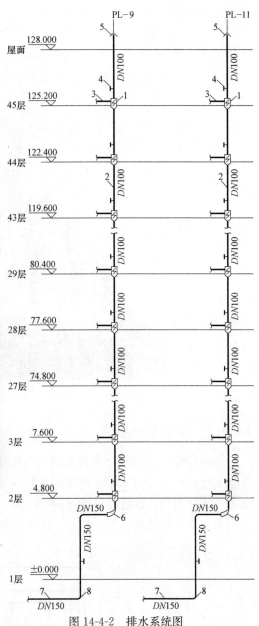

图 14-4-2　排水系统图

1—加强型旋流器；2—排水立管；3—排水横支管；4—立管检查口；5—通气帽；6—大曲率底部异径弯头；7—排水出户管；8—底部弯头

14.5　福建福州融侨·江南水都

14.5.1　工程概况

融侨·江南水都，占地 2800 亩（15 亩=1 公顷），总建筑面积约 2100000m²，坐落于福建省福州市闽江南岸，南接闽江大道，西临金山大桥，拥有沿闽江南岸 3000m 江岸线，为外江内湖环绕的建筑群落，可容纳 10 万人居住，项目于 2001 年开工建设。江南水都共分为八期，本工程为 5D、5E 地块，总建筑面积 250000m²，由 2 幢 41 层和 3 幢 32 层塔式住宅及 1 幢 40 层和 3 幢 41 层单元式住宅组成（图 14-5-1）。

图 14-5-1　融侨·江南水都效果图

14.5.2　排水系统形式

该项目住宅卫生间全部排水设计为特殊单立管排水系统，排水横支管设计为降板同层排水系统。在施工过程中全部采用泫氏实业集团有限公司生产的 SUNS 型特殊单立管排水系统特殊管件：B 型接口 $DN100 \times 100 \times 100$ 四通加强型旋流器，B 型接口 $DN100/150$ 大曲率底部异径弯头（图 14-5-2、图 14-5-3）。

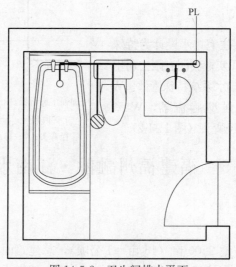

图 14-5-2　卫生间排水平面

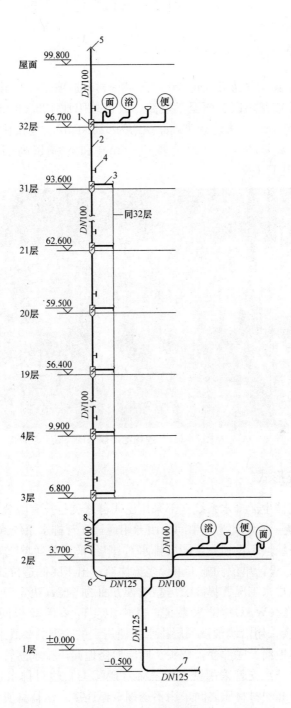

图 14-5-3　排水系统图

1—加强型旋流器；2—排水立管；3—排水横支管；4—立管检查口；5—通气帽；

6—大曲率底部异径弯头；7—排水出户管；8—45°斜三通

14.6 云南昆明莲花池畔

14.6.1 工程概况

莲花池畔坐落于云南省昆明市五华区，为城中村改造项目，北至教场中路、东至云南省物理研究所、南至莲花小区、西至学府路。改造总用地 126.56 亩（15 亩＝1 公顷），拆迁总面积为 102938.5m²，重建总建筑面积约为 525500m²，建设住宅、商业及公共配套设施，共有 7 幢高层（32 层，建筑高度 90.6m）和 5 幢超高层（46 层，建筑高度 129.4m）住宅楼（图 14-6-1）。

图 14-6-1 莲花池畔效果图

14.6.2 排水系统形式

本项目所有住宅楼生活排水系统全部采用昆明群之英科技有限公司生产的建筑同层检修（WAB）排水系统。原设计为卫生间采用专用通气立管排水系统（同层排水），厨房采用普通单立管排水系统（不设地漏，同层排水），阳台采用普通单立管排水系统（异层排水），后经建设单位、设计单位和施工单位多方协商，出于降低造价成本、缩短安装工期、增加有效空间、改善排水工况、提高家居品质等方面的考虑，决定卫生间、厨房和阳台全部采用建筑同层检修（WAB）排水系统，其中卫生间采用降板同层排水（结构降板350mm），厨房和阳台采用沿墙敷设同层排水。使用到的主要特殊配件包括：各种型号的导流接头、导流连体地漏、底部变径弯头、同层检修地漏，排水立管及横干管采用机制柔性接口铸铁排水管，排水支管采用硬聚氯乙烯（PVC-U）塑料排水管，铸铁材质和铸铁材质之间、铸铁材质和塑料材质之间采用不锈钢卡箍连接，塑料材质和塑料材质之间采用胶粘连接。

该排水系统的特色之处在于：采用特殊单立管排水系统替代专用通气立管排水系统，提高了卫生间空间使用效率；卫生间地漏采用同层检修地漏，洗脸盆排水和淋浴排水接入同层检修地漏后再排至立管，同层检修地漏等同于共用水封，使得包括坐便器在内的所有卫生器具的水封存水均不易干涸，并且具有同层检修和防虫防溢功能，提高了排水卫生安全性；使用同层检修地漏配套的积水排除装置，该装置经过水封且水封不易干涸，且积水排除口有防反流装置；接入同层检修地漏的卫生器具使用可调式地漏或可调式器具连接器，可根据二次装修需要自由调节高度，同时兼有减缓同层检修地漏水封蒸发和阻止排水口至同层检修地漏之间支管内生物死亡后产生异味的作用；阳台采用沿墙敷设同层排水，是国内首个阳台采用沿墙敷设同层排水的工程实例，采用排水汇集器——导流连体地漏（也属于加强型旋流器），安装完成后，在阳台下方看不到任何排水支管，并且具有水封不易干涸、同层轻易检修和防虫防溢功能（图 14-6-2～图 14-6-4）。

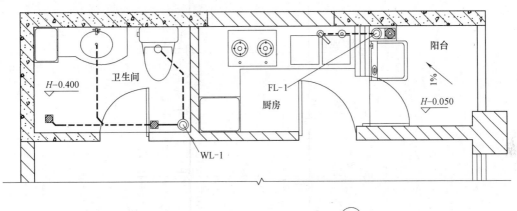

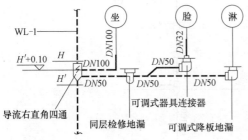

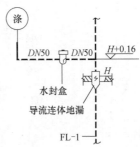

图 14-6-2　排水系统大样

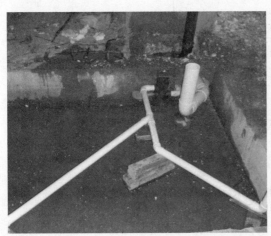

图 14-6-3　卫生间和阳台同层排水安装

229

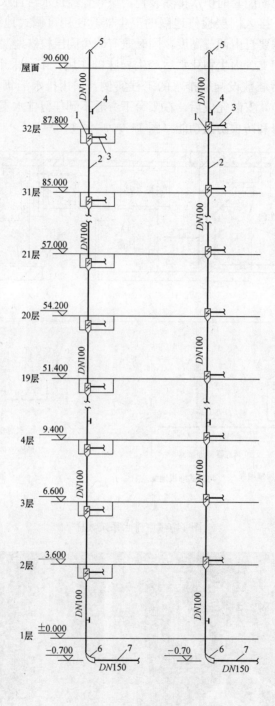

图 14-6-4　排水系统图

1—WAB导流接头；2—排水立管；3—排水横支管；4—立管检查口；

5—通气帽；6—WAB底部异径弯头；7—排水出户管

14.7　贵州贵阳亨特国际

14.7.1　工程概况

亨特国际是贵州省贵阳市首个城市综合体项目，位于南明区文昌南路中段12号，总建筑面积300000m²。融酒店、写字楼、公园、商业、会所、公寓于一体，是贵州省乃至西南地区地标性现代城市建筑，其中亨特国际金融中心高260m，56层（图14-7-1）。

14.7.2　排水系统形式

原设计方案为三立管排水系统（污、废分流，共用一根通气立管），后经建设单位、设计单位协商，决定采用昆明群之英科技有限公司生产的 WAB 型特殊单立管排水系统，仍然采用污、废分流制。所有排水横干管、排水立管和部分排水横支管采用机制柔性接口铸铁排水管，不锈钢卡箍连接（图14-7-2～图14-7-4）。

图 14-7-1　亨特国际效果图

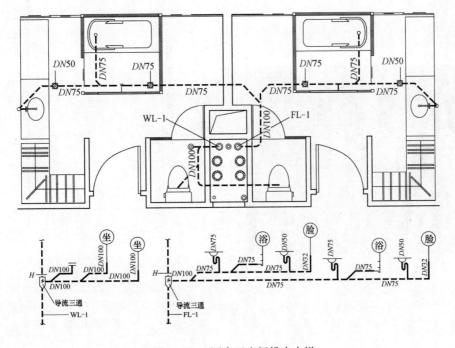

图 14-7-2　酒店卫生间排水大样

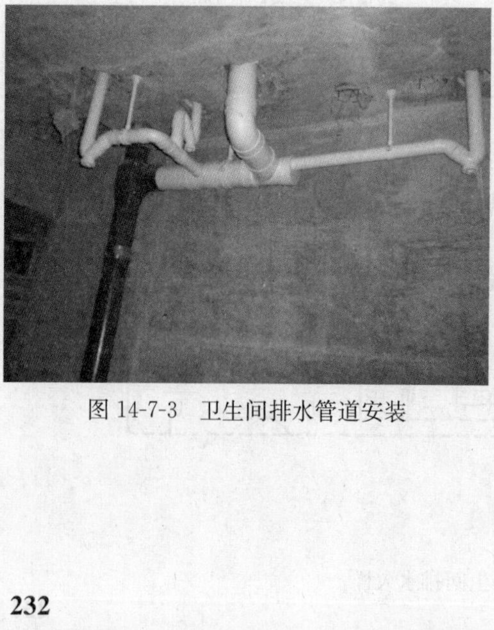

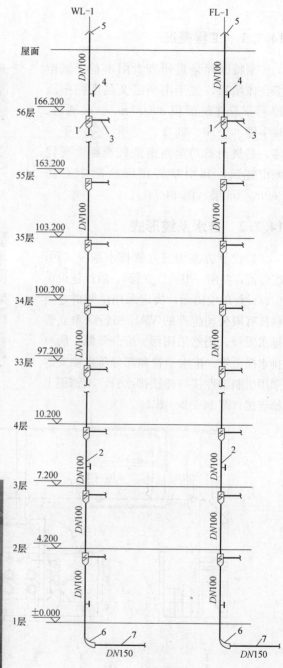

图 14-7-3 卫生间排水管道安装

图 14-7-4 排水系统图

1—WAB导流接头；2—排水立管；3—排水横支管；
4—立管检查口；5—通气帽；6—WAB底部异径弯头；
7—排水出户管

14.8　辽宁沈阳保利达江湾城

14.8.1　工程概况

保利达江湾城位于辽宁省沈阳市浑南区浑南二路 6 号，毗邻浑河南岸，在五爱隧道南出口西侧。占地面积 33344.1m²，北边为南堤中路，南边为浑南二路，东侧为天坛南街，西侧为天威街。该工程于 2009 年 6 月 1 日开工，分四期建设，总建筑面积 447320m²。一期建筑面积 145379m²，包括 9 幢高层住宅。二期建筑面积 97201.1m²，包括 7 幢高层住宅，其中 5 幢（10～14 号楼）为 32 层，建筑高度 97.5m；2 幢（15 号、16 号楼）为 31 层，建筑高度 94.5m。三期建筑面积 153719.36m²，于 2013 年 6 月开工，2014 年 12 月竣工，包括 8 幢高层住宅，其中 18 号、19 号、22 号、23 号楼为 32 层，建筑高度 97.5m；20 号、21 号、24 号、25 号楼为 31 层，建筑高度 94.5m。四期将建设集商业、办公和公寓于一体的综合楼（图 14-8-1）。

图 14-8-1　保利达江湾城实景

14.8.2　排水系统形式

在保利达江湾城一期工程排水设计中，厨房为普通伸顶单立管排水系统，卫生间采用设专用通气立管的排水系统。二期工程排水设计时的系统形式与一期工程相同，后来卫生间改用辽宁金禾实业有限公司生产的 HPS 型特殊单立管排水系统，并且将卫生间原设计的异层排水改为同层排水。三期工程排水设计时即采用 HPS 型特殊单立管排水系统。系统立管采用机制柔性接口铸铁排水管，法兰压盖连接，横支管采用高密度聚乙烯（HDPE）排水管，对焊热熔连接。立管上部特殊管件采用 HPSB 加强型旋流器及铸铁 T 型检查口，下部配置铸铁 Z 型整流接头和铸铁 L 型大曲率底部异径弯头（图 14-8-2～图 14-8-4）。

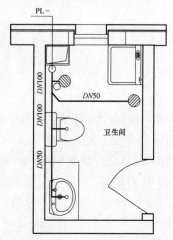

图 14-8-2 卫生间排水平面

图 14-8-3 卫生间现场安装

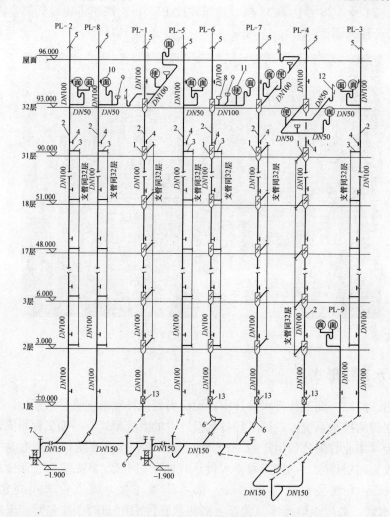

图 14-8-4 排水系统图

1—HPS 旋流接头；2—排水立管；3—排水横支管；4—立管检查口；5—通气帽；6—大曲率底部异径弯头；

7—清扫口；8—有水封地漏；9—洗衣机有水封地漏；10—洗脸盆；11—坐便器；12—浴盆；13—整流接头

14.9 上海嘉定三湘森林海尚

14.9.1 工程概况

三湘森林海尚项目坐落于上海市嘉定区南翔镇宝翔路 188 弄，毗邻沪嘉高速、轨道交通 11 号线南翔站，总建筑面积约 210000m²。该工程于 2013 年 5 月开工建设，包括 10 幢小高层和 16 幢叠加别墅。其中小高层为 18 层加阁顶层，建筑高度 64m；叠加别墅为 4 层加阁顶层，建筑高度 18.4m。

14.9.2 排水系统形式

项目卫生间排水采用"吉博力"苏维托单立管排水系统。排水立管、出户管及横支管均采用"吉博力"高密度聚乙烯（HDPE 管），热熔连接（图 14-9-1～图 14-9-3）。

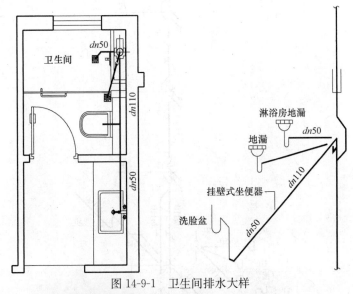

图 14-9-1 卫生间排水大样

图 14-9-2 现场安装

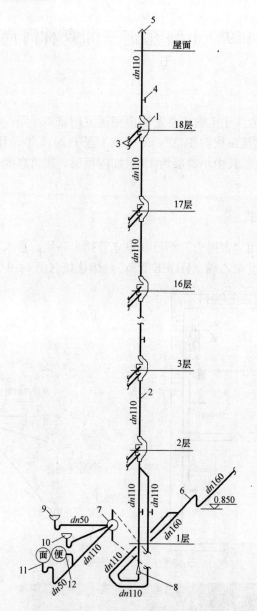

图 14-9-3　排水系统图

1—苏维托；2—排水立管；3—排水横支管；4—立管检查口；5—通气帽；6—排水出户管；7—球形五通；
8—异径管；9—淋浴房直通地漏；10—直通地漏；11—洗脸盆；12—壁挂式坐便器

14.10　山东聊城金柱·水城华府

14.10.1　工程概况

金柱·水城华府是山东省聊城市高档社区。该小区位于聊城市兴华路中段、人民广场北侧，振兴路以南，东昌路以西，南临兴华路，西靠新纺街，地处聊城中心区，为聊城城区黄金地段，建设用地总面积为 74784m² 。3～8 号住宅楼，12 层，剪力墙结构，建筑面积 57239m² ，共计 288 户，工程于 2006 年 10 月开工，2008 年 6 月竣工；小区 9～13 号住宅楼，21 层，剪力墙结构，建筑面积 85283m² ，共计 420 户，工程于 2006 年 12 月开工，2008 年 10 月竣工（图 14-10-1）。

图 14-10-1　金柱·水城华府实景

14.10.2　排水系统形式

在金柱·水城华府工程排水设计中，厨房为普通伸顶单立管排水系统，卫生间全部采用内部带消气设施的模块化同层排水节水装置（以下简称"同排节水模块"）的特殊单立管排水系统。排水立管采用 dn110 加强型内螺旋硬聚氯乙烯（PVC-U）排水管，胶粘连接；排水立管伸顶，底层单独出户；每层排水立管上设 1 个阻火圈和伸缩节（图 14-10-2～图 14-10-4）。

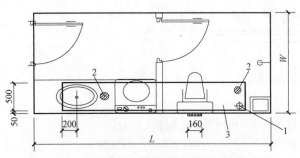

图 14-10-2　同排节水模块典型卫生间排水平面
1—排水立管；2—地漏；3—同排节水模块

图 14-10-3　同排节水模块就位安装

237

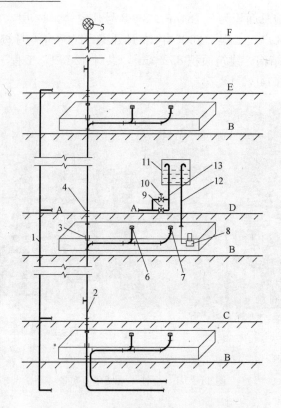

图 14-10-4 同排节水模块排水系统示意

1—给水立管；2—排水立管；3—阻火圈；4—伸缩节；5—通气帽；6—直排地漏；7—坐便器排水接入孔；

8—潜污泵；9—球阀；10—电磁阀；11—坐便器水箱；12—中水供水管；13—给水供水管；

A—给水横支管；B—楼板；C—底层卫生间地面；D—标准层卫生间地面；E—顶层卫生间地面；F—屋面

该特殊单立管排水系统在湖南大学进行试验测试，立管最大排水能力为 10L/s。每层排水立管在上层楼板下与同排节水模块楼板预埋专用件相连接，在本层楼板上与同排节水模块立管插口相连接（图 14-10-5）。

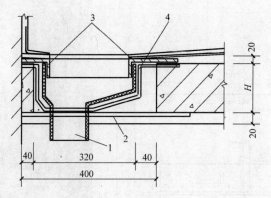

图 14-10-5 同排节水模块楼板预埋专用件与楼板连接节点做法

1—楼板预埋专用件；2—钢丝网；3—附加防水层；4—吊固钢筋；H—结构板厚

附录 A 引用相关标准名录

引用相关标准名录 表 A-0-1

序号	标准名称	标准号
1	建筑给水排水设计规范	GB 50015－2003(2009 年版)
2	建筑抗震设计规范	GB 50011－2010
3	住宅设计规范	GB 50096－2011
4	建筑给水排水及采暖工程施工质量验收规范	GB 50242－2002
5	城镇给水排水技术规范	GB 50788－2012
6	建筑机电工程抗震设计规范	GB 50981－2014
7	建筑排水用硬聚氯乙烯(PVC-U)管材	GB/T 5836.1－2006
8	建筑排水用硬聚氯乙烯(PVC-U)管件	GB/T 5836.2－2006
9	卫生陶瓷	GB 6952－2015
10	排水用柔性接口铸铁管、管件及附件	GB/T 12772－2016
11	橡胶密封件　给、排水管及污水管道用接口密封圈　材料规范	GB/T 21873－2008
12	地漏	GB/T 27710－2011
13	建筑给排水系统运行安全评价标准	(在编)
14	建筑排水塑料管道工程技术规程	CJJ/T 29－2010
15	建筑排水金属管道工程技术规程	CJJ 127－2009
16	建筑排水复合管道工程技术规程	CJJ/T 165－2011
17	建筑排水用卡箍式铸铁管及管件	CJ/T 177－2002
18	建筑排水用柔性接口承插式铸铁管及管件	CJ/T 178－2013
19	地漏	CJ/T 186－2003
20	建筑排水用高密度聚乙烯(HDPE)管材及管件	CJ/T 250－2007
21	建筑排水管道系统噪声测试方法	CJ/T 312－2009
22	建筑排水钢塑复合短螺距螺旋管材	CJ/T ×××－201×(报批稿)
23	建筑排水用塑料导流叶片型旋流器	QB/T ×××－201×(送审稿)
24	特殊单立管排水系统技术规程	CECS 79∶2011
25	建筑排水用硬聚氯乙烯内螺旋管管道工程技术规程	CECS 94∶2002
26	建筑排水柔性接口铸铁管管道工程技术规程	CECS 168∶2004
27	排水系统水封保护设计规程	CECS 172∶2004
28	建筑排水中空壁消音硬聚氯乙烯管管道工程技术规程	CECS 185∶2005
29	AD 型特殊单立管排水系统技术规程	CECS 232∶2007(2011 年版)
30	建筑同层排水系统技术规程	CECS 247∶2008
31	旋流加强(CHT)型特殊单立管排水系统技术规程	CECS 271∶2013
32	苏维托单立管排水系统技术规程	CECS 275∶2010
33	建筑排水高密度聚乙烯(HDPE)管道工程技术规程	CECS 282∶2010
34	漩流降噪特殊单立管排水系统技术规程	CECS 287∶2011
35	加强型旋流器特殊单立管排水系统技术规程	CECS 307∶2012
36	集合管型特殊单立管排水系统技术规程	CECS 327∶2012
37	住宅生活排水系统立管排水能力测试标准	CECS 336∶2013
38	建筑同层检修(WAB)排水系统技术规程	CECS 363∶2014
39	建筑排水设备附件选用安装	04S301
40	卫生设备安装	09S304
41	住宅卫生间同层排水系统安装	12S306
42	室内管道支架及吊架	03S402
43	防水套管	02S404
44	建筑排水塑料管道安装	10S406
45	住宅厨、卫给水排水管道安装	14S307
46	建筑生活排水柔性接口铸铁管道与钢塑复合管道安装	13S409
47	建筑特殊单立管排水系统安装	10SS410

附录 B　GB 加强型旋流器及旋流管件产品尺寸

本附录内容节选自新修订国家标准《排水用柔性接口铸铁管、管件及附件》GB/T 12772。GB 加强型旋流器、旋流管件是依据徐水兴华铸造有限公司研发的 GY 加强型旋流器资料制定的铸铁加强型旋流器定型产品。

B.1　GB 加强型旋流器结构

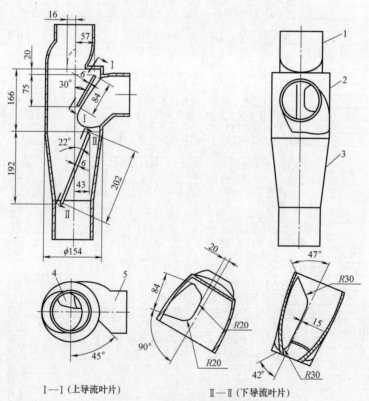

I—I (上导流叶片)　　　　　Ⅱ—Ⅱ (下导流叶片)

图 B-1-1　GB 加强型旋流器结构

1—立管接口；2—扩容段；3—锥体段；4—导流叶片；5—横支管接口

注：GB 加强型旋流器直通只有下导流叶片（包括 A 型、B 型、W 型接口）。

B.2　W 型接口加强型旋流器

W 型接口加强型旋流器直通尺寸及质量　　　　　表 B-2-1

公称尺寸 DN	尺寸(mm)					质量(kg)
	D	L	L₁	L₂	L₃	A 级
100	154	585	109	170	180	9.10

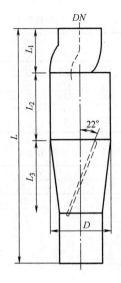

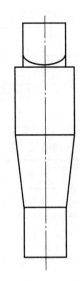

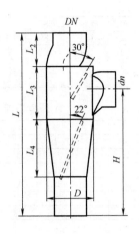

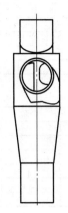

图 B-2-1　W 型接口加强型旋流器直通

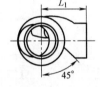

图 B-2-2　W 型接口加强型旋流器三通

W 型接口加强型旋流器三通尺寸及质量　　　　表 B-2-2

公称尺寸		尺寸(mm)							质量(kg)
DN	dn	D	L	L_1	L_2	L_3	L_4	H	A 级
100	50	154	585	145	109	170	180	379	9.53
100	75	154	585	145	109	170	180	392	9.68
100	110	154	585	150	109	170	180	404	9.91

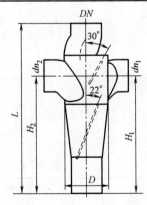

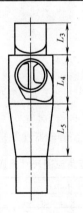

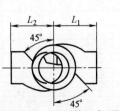

图 B-2-3　W 型接口加强型旋流器四通

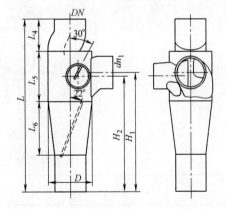

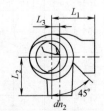

图 B-2-4　W 型接口加强型旋流器直角四通

W 型接口加强型旋流器四通尺寸及质量 表 B-2-3

公称尺寸			尺寸(mm)									质量(kg)
DN	dn_1	dn_2	D	L	L_1	L_2	L_3	L_4	L_5	H_1	H_2	A 级
100	75	50	154	585	145	145	109	170	180	392	379	10.12
100	75	75	154	585	145	145	109	170	180	392	392	10.27
100	110	50	154	585	150	145	109	170	180	404	379	10.35
100	110	75	154	585	150	145	109	170	180	404	392	10.50
100	110	110	154	585	150	150	109	170	180	404	404	10.73

W 型接口加强型旋流器直角四通尺寸及质量 表 B-2-4

公称尺寸			尺寸(mm)										质量(kg)
DN	dn_1	dn_2	D	L	L_1	L_2	L_3	L_4	L_5	L_6	H_1	H_2	A 级
100	75	50	154	585	145	125	40	109	170	180	392	379	9.99
100	75	75	154	585	145	130	27	109	170	180	392	392	10.08
100	110	50	154	585	150	125	40	109	170	180	404	379	10.22
100	110	75	154	585	150	130	27	109	170	180	404	392	10.31
100	110	110	154	585	150	150	—	109	170	180	404	404	10.61

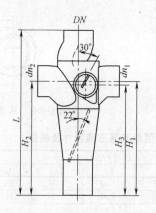
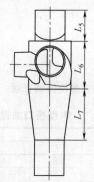
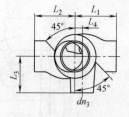

图 B-2-5 W 型接口加强型旋流器直角五通

W 型接口加强型旋流器直角五通尺寸及质量 表 B-2-5

公称尺寸				尺寸(mm)											质量(kg)
DN	dn_1	dn_2	dn_3	D	L	L_1	L_2	L_3	L_4	L_5	L_6	L_7	H_1	H_2	H_3	A 级
100	50	110	50	154	585	145	150	125	40	109	170	180	379	404	379	10.65
100	50	110	75	154	585	145	150	130	27	109	170	180	379	404	392	10.73
100	75	110	50	154	585	145	150	125	40	109	170	180	392	404	379	10.80
100	75	110	75	154	585	145	150	130	27	109	170	180	392	404	392	10.88
100	110	50	50	154	585	150	145	125	40	109	170	180	404	379	379	10.65
100	110	75	50	154	585	150	145	125	40	109	170	180	404	392	379	10.80
100	110	75	75	154	585	150	145	130	27	109	170	180	404	392	392	10.88
100	110	110	50	154	585	150	150	125	40	109	170	180	404	404	379	11.03
100	110	110	75	154	585	150	150	130	27	109	170	180	404	404	392	11.13

B.3　A型接口加强型旋流器

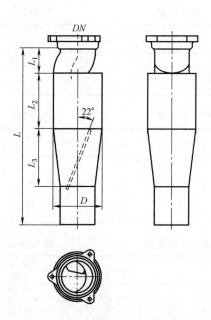

图 B-3-1　A型接口加强型旋流器直通

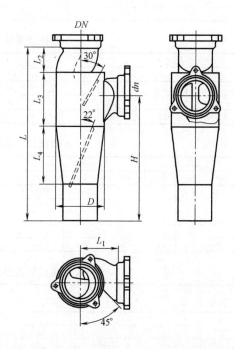

图 B-3-2　A型接口加强型旋流器三通

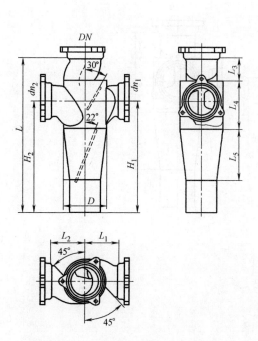

图 B-3-3　A型接口加强型旋流器四通

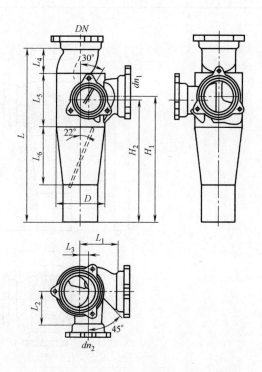

图 B-3-4　A型接口加强型旋流器直角四通

A 型接口加强型旋流器直通尺寸及质量　　　　表 B-3-1

公称尺寸	尺寸(mm)					质量(kg)
DN	D	L	L_1	L_2	L_3	A 级
100	154	547	80	170	180	9.72

A 型接口加强型旋流器三通尺寸及质量　　　　表 B-3-2

公称 尺寸		尺寸(mm)							质量(kg)
DN	dn	D	L	L_1	L_2	L_3	L_4	H	A 级
100	50	154	547	124	80	170	180	371	11.03
100	75	154	547	124	80	170	180	383	11.20
100	110	154	547	124	80	170	180	395	11.59

A 型接口加强型旋流器四通尺寸及质量　　　　表 B-3-3

公称尺寸			尺寸(mm)								质量(kg)
DN	dn_1	dn_2	D	L	L_1	L_2	L_3	L_4	L_5	H_1	H_2	A 级
100	75	50	154	547	124	124	80	170	180	371	383	12.26
100	75	75	154	547	124	124	80	170	180	383	383	12.54
100	110	50	154	547	124	124	80	170	180	371	395	12.71
100	110	75	154	547	124	124	80	170	180	383	395	13.00
100	110	110	154	547	124	124	80	170	180	395	395	13.33

A 型接口加强型旋流器直角四通尺寸及质量　　　　表 B-3-4

公称尺寸			尺寸(mm)										质量(kg)
DN	dn_1	dn_2	D	L	L_1	L_2	L_3	L_4	L_5	L_6	H_1	H_2	A 级
100	75	50	154	547	124	100	40	80	170	180	383	371	12.11
100	75	75	154	547	124	105	27	80	170	180	383	383	12.32
100	110	50	154	547	124	100	40	80	170	180	395	371	12.47
100	110	75	154	547	124	105	27	80	170	180	395	383	12.70
100	110	110	154	547	124	110	—	80	170	180	395	395	13.03

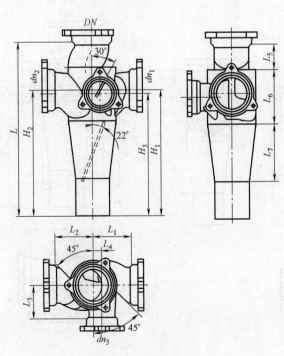

图 B-3-5　A 型接口加强型旋流器直角五通

A 型接口加强型旋流器直角五通尺寸及质量 表 B-3-5

公称尺寸				尺寸(mm)												质量(kg)
DN	dn_1	dn_2	dn_3	D	L	L_1	L_2	L_3	L_4	L_5	L_6	L_7	H_1	H_2	H_3	A 级
100	50	110	50	154	547	124	124	100	40	80	170	180	371	395	371	13.53
100	50	110	75	154	547	124	124	105	27	80	170	180	371	395	383	13.76
100	75	110	50	154	547	124	124	100	40	80	170	180	383	395	371	13.80
100	75	110	75	154	547	124	124	105	27	80	170	180	395	395	383	14.03
100	110	50	50	154	547	124	124	100	40	80	170	180	395	371	371	13.53
100	110	75	50	154	547	124	124	100	40	80	170	180	395	383	371	13.80
100	110	75	75	154	547	124	124	105	27	80	170	180	395	383	383	14.03
100	110	110	50	154	547	124	124	100	40	80	170	180	395	395	371	14.19
100	110	110	75	154	547	124	124	105	27	80	170	180	395	395	383	14.43

B.4　BⅡ型接口加强型旋流器

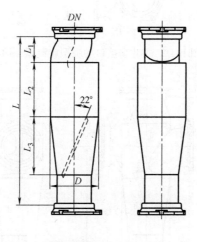

图 B-4-1　BⅡ型接口加强型旋流器直通

BⅡ型接口加强型旋流器直通尺寸及质量　表 B-4-1

公称尺寸	尺寸(mm)					质量(kg)
DN	D	L	L_1	L_2	L_3	
100	154	525	80	170	180	9.98

BⅡ型接口加强型旋流器三通尺寸及质量　表 B-4-2

公称尺寸		尺寸(mm)							质量(kg)
DN	dn	D	L	L_1	L_2	L_3	L_4	H	
100	50	154	525	113	80	170	180	348	10.67
100	75	154	525	117	80	170	180	360	10.96
100	110	154	525	119	80	170	180	373	11.26

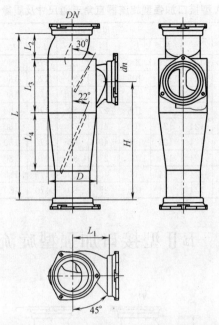

图 B-4-2　BⅡ型接口加强型旋流器三通

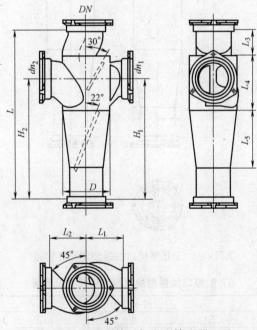

图 B-4-3　BⅡ型接口加强型旋流器四通

BⅡ型接口加强型旋流器四通尺寸及质量　　　　　　　　　　　　表 B-4-3

公称尺寸			尺寸（mm）									质量（kg）
DN	dn_1	dn_2	D	L	L_1	L_2	L_3	L_4	L_5	H_1	H_2	
100	75	50	154	525	117	113	80	170	180	360	348	11.58
100	75	75	154	525	117	117	80	170	180	360	360	11.85
100	110	50	154	525	119	113	80	170	180	373	348	11.93
100	110	75	154	525	119	117	80	170	180	373	360	12.21
100	110	110	154	525	119	119	80	170	180	373	373	12.49

BⅡ型接口加强型旋流器直角四通尺寸及质量　　　　　表 B-4-4

公称尺寸			尺寸(mm)										质量(kg)
DN	dn_1	dn_2	D	L	L_1	L_2	L_3	L_4	L_5	L_6	H_1	H_2	
100	75	50	154	525	117	130	26	80	170	180	360	348	11.77
100	75	75	154	525	117	130	10	80	170	180	360	360	12.29
100	110	50	154	525	119	130	26	80	170	180	373	348	12.20
100	110	75	154	525	119	130	10	80	170	180	373	360	12.61
100	110	110	154	525	119	149	—	80	170	180	373	373	13.37

BⅡ型接口加强型旋流器直角五通尺寸及质量　　　　　表 B-4-5

公称尺寸				尺寸(mm)												质量(kg)
DN	dn_1	dn_2	dn_3	D	L	L_1	L_2	L_3	L_4	L_5	L_6	L_7	H_1	H_2	H_3	
100	50	110	50	154	525	113	119	130	26	80	170	180	348	373	348	12.89
100	50	110	75	154	525	113	119	130	10	80	170	180	348	373	348	13.27
100	75	110	50	154	525	117	119	130	26	80	170	180	360	373	360	13.19
100	75	110	75	154	525	117	119	130	10	80	170	180	360	373	360	13.51
100	110	50	50	154	525	119	113	130	10	80	170	180	373	348	348	12.89
100	110	75	50	154	525	119	117	130	10	80	170	180	373	360	360	13.18
100	110	75	75	154	525	119	117	130	26	80	170	180	373	360	360	13.51
100	110	110	50	154	525	119	113	130	10	80	170	180	373	373	373	13.50
100	110	110	75	154	525	119	117	130	26	80	170	180	373	373	373	13.84

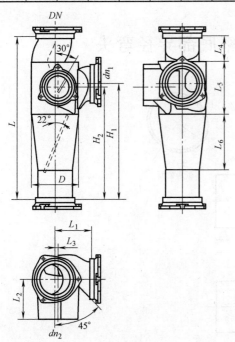

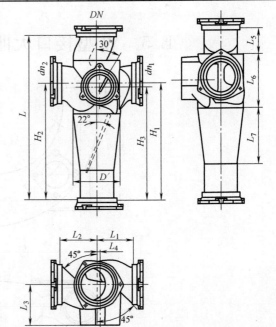

图 B-4-4　BⅡ型接口加强型旋流器直角四通　　　　图 B-4-5　BⅡ型接口加强型旋流器直角五通

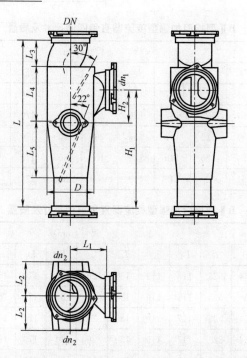

图 B-4-6 BⅡ型接口加强型旋流器直角五通（同层排水专用）

BⅡ型接口加强型旋流器直角五通（同层排水专用）尺寸及质量　　表 B-4-6

公称尺寸			尺寸(mm)									质量(kg)
DN	dn_1	dn_2	D	L	L_1	L_2	L_3	L_4	L_5	H_1	H_2	
100	110	50	154	525	119	106	80	170	180	370	100	12.45

B.5 W型接口大曲率底部异径弯头

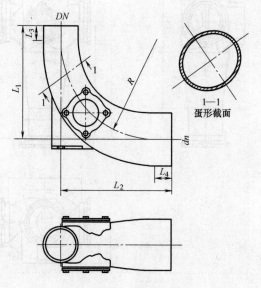

图 B-5-1 W型接口大曲率底部异径弯头

W 型接口大曲率底部异径弯头尺寸及质量　　　　表 B-5-1

公称尺寸		尺寸(mm)					质量(kg)
DN	dn	L_1	L_2	L_3	L_4	R	B 级
100	160	350	355	45	50	305	10.84
100	160	500	355	195	50	305	12.92
100	160	450	455	45	50	405	13.36
100	160	600	455	195	50	405	15.44

B.6　A 型接口大曲率底部异径弯头

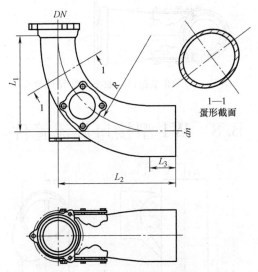

图 B-6-1　A 型接口大曲率底部异径弯头

A 型接口大曲率底部异径弯头尺寸及质量　　　　表 B-6-1

公称尺寸		尺寸(mm)				质量(kg)
DN	dn	L_1	L_2	L_3	R	B 级
100	160	305	385	80	305	12.05
100	160	455	385	80	305	14.03
100	160	405	485	80	405	14.32
100	160	555	485	80	405	16.30

B.7　BⅡ型接口大曲率底部异径弯头

BⅡ型接口大曲率底部异径弯头尺寸及质量　　　　表 B-7-1

公称尺寸		尺寸(mm)			质量(kg)
DN	dn	L_1	L_2	R	
100	160	305	305	305	10.95
100	160	455	305	305	12.75
100	160	405	405	405	12.98
100	160	555	405	405	14.78

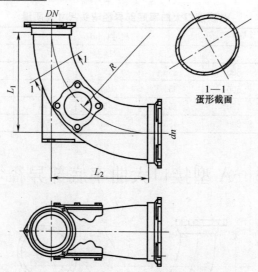

图 B-7-1 BⅡ型接口大曲率底部异径弯头

B.8 W1 型接口旋流管件

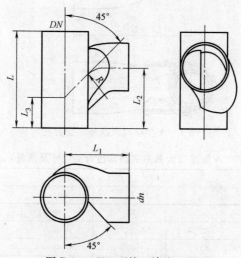

图 B-8-1 W1 型接口旋流三通

W1 型接口旋流三通尺寸及质量　　　　　　　　　　表 B-8-1

公称尺寸		尺寸(mm)					质量(kg)
DN	dn	L	L₁	L₂	L₃	R	
100	110	220	150	140	70	70	3.23
150	110	270	180	161	60	95	5.95
150	160	300	200	168	88	120	7.66

W1 型接口旋流四通尺寸及质量　　　　　　　　　　表 B-8-2

公称尺寸		尺寸(mm)					质量(kg)
DN	dn	L	L₁	L₂	L₃	R	
100	110	220	150	140	70	70	4.25
150	110	270	180	161	60	95	6.77
150	160	300	200	168	88	120	9.72

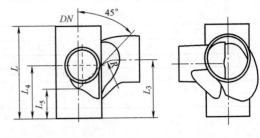

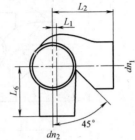

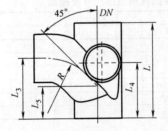

图 B-8-2　W1 型接口旋流四通

图 B-8-3　W1 型接口旋流直角四通（右向）

W1 型接口旋流直角四通（右向）尺寸及质量　　表 B-8-3

公称尺寸			尺寸(mm)								质量(kg)
DN	dn_1	dn_2	L	L_1	L_2	L_3	L_4	L_5	L_6	R	
100	110	50	220	22.5	150	140	115	70	110	70	3.50
100	110	75	220	10	150	140	127.5	70	120	70	3.61
100	110	110	235	—	150	140	140	70	120	70	3.91
150	110	110	270	19	180	161	161	60	160	95	6.56
150	160	110	300	16	200	168	168	88	150	120	8.07
150	160	160	300	—	200	168	168	88	150	120	8.57

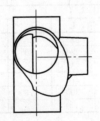

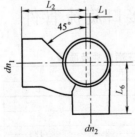

图 B-8-4　W1 型接口旋流直角四通（左向）

W1 型接口旋流直角四通（左向）尺寸及质量　　表 B-8-4

公称尺寸			尺寸(mm)								质量(kg)
DN	dn_1	dn_2	L	L_1	L_2	L_3	L_4	L_5	L_6	R	
100	110	50	220	22.5	150	140	115	70	110	70	3.48
100	110	75	220	10	150	140	127.5	70	120	70	3.54

续表

公称尺寸			尺寸(mm)								质量(kg)
DN	dn_1	dn_2	L	L_1	L_2	L_3	L_4	L_5	L_6	R	
100	110	110	235	—	150	140	140	70	120	70	3.78
150	110	110	270	19	180	161	161	60	160	95	6.70
150	160	110	300	16	200	168	168	88	150	120	8.01
150	160	160	300	—	200	168	168	88	150	120	8.37

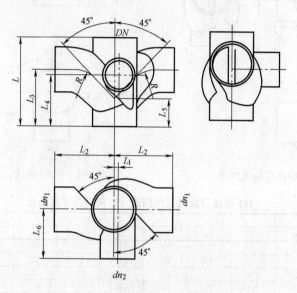

图 B-8-5　W1 型接口旋流直角五通

W1 型接口旋流直角五通尺寸及质量　　　　表 B-8-5

公称尺寸			尺寸(mm)								质量(kg)
DN	dn_1	dn_2	L	L_1	L_2	L_3	L_4	L_5	L_6	R	
100	110	50	220	22.5	150	140	115	70	110	70	4.50
100	110	75	220	10	150	140	127.5	70	120	70	4.56
100	110	110	235	—	150	140	140	70	120	70	4.81
150	110	110	270	19	180	161	161	60	160	95	8.31
150	160	110	300	16	200	168	168	88	150	120	10.62
150	160	160	300	—	200	168	168	88	150	120	10.78

B.9　A 型接口旋流管件

A 型接口旋流三通尺寸及质量　　　　表 B-9-1

公称尺寸		尺寸(mm)					质量(kg)
DN	dn	L	L_1	L_2	L_3	R	A 级
100	110	238	125	168	98	70	6.21
150	110	265	155	192	91	95	9.59
150	160	311	160	203	123	120	12.19

A 型接口旋流四通尺寸及质量　　　　表 B-9-2

公称尺寸		尺寸(mm)					质量(kg)
DN	dn	L	L_1	L_2	L_3	R	A 级
100	110	238	125	168	98	70	8.35
150	110	265	155	192	91	95	11.57
150	160	311	160	203	123	120	15.94

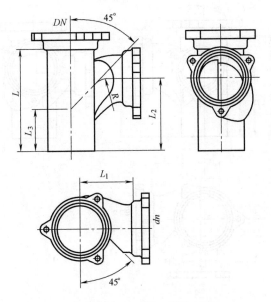

图 B-9-1　A 型接口旋流三通

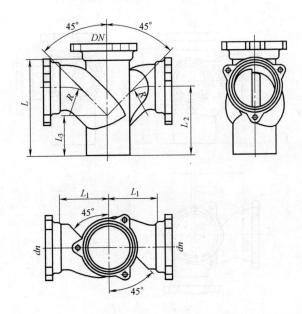

图 B-9-2　A 型接口旋流四通

<table>
A 型接口旋流直角四通（右向）尺寸及质量　　　　　　　　表 B-9-3
</table>

公称尺寸			尺寸(mm)								重量(kg)
DN	dn_1	dn_2	L	L_1	L_2	L_3	L_4	L_5	L_6	R	A 级
100	110	50	238	125	22.5	168	143	98	100	70	7.23
100	110	75	238	125	10	168	155.5	98	105	70	7.52
100	110	110	253	125	—	168	168	98	110	70	8.17
150	110	110	265	155	19	192	192	91	130	95	11.38
150	160	110	311	160	18	203	178.5	123	130	120	13.65
150	160	160	311	160	—	203	203	123	130	120	15.09

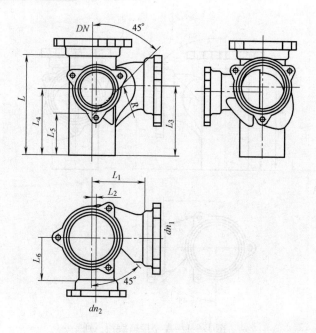

图 B-9-3　A 型接口旋流直角四通（右向）

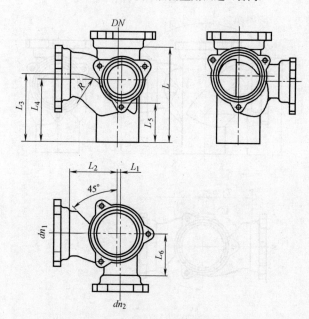

图 B-9-4　A 型接口旋流直角四通（左向）

A 型接口旋流直角四通（左向）尺寸及质量　　　　表 B-9-4

公称尺寸			尺寸(mm)								质量(kg)
DN	dn_1	dn_2	L	L_1	L_2	L_3	L_4	L_5	L_6	R	A 级
100	110	50	238	22.5	125	168	143	98	100	70	7.26
100	110	75	238	10	125	168	155.5	98	105	70	7.44
100	110	110	253	—	125	168	168	98	110	70	7.98
150	110	110	265	19	155	192	192	91	130	95	11.31
150	160	110	311	18	160	203	178.5	123	130	120	13.89
150	160	160	311		160	203	203	123	130	120	14.89

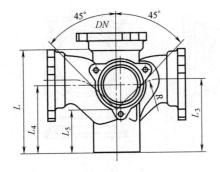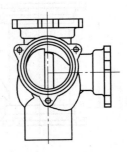

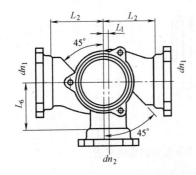

图 B-9-5　A 型接口旋流直角五通

公称尺寸			尺寸(mm)								质量(kg)
DN	dn_1	dn_2	L	L_1	L_2	L_3	L_4	L_5	L_6	R	A 级
100	110	50	238	22.5	125	168	143	98	100	70	9.33
100	110	75	238	10	125	168	155.5	98	105	70	9.63
100	110	110	253	—	125	168	168	98	110	70	10.12
150	110	110	265	19	155	192	192	91	130	95	13.33
150	160	110	311	18	160	203	178.5	123	130	120	17.83
150	160	160	311	—	160	203	203	123	130	120	18.70

A 型接口旋流直角五通尺寸及质量　　　　表 B-9-5

B.10　BⅡ型接口旋流管件

BⅡ型接口旋流三通尺寸及质量　　　　表 B-10-1

公称尺寸		尺寸(mm)					质量(kg)
DN	dn	L	L_1	L_2	L_3	R	
100	110	175	120	110	40	70	5.31
150	110	190	150	125	24	95	7.98
150	160	230	160	130	50	120	9.73

BⅡ型接口旋流四通尺寸及质量　　　　表 B-10-2

公称尺寸		尺寸(mm)					质量(kg)
DN	dn	L	L_1	L_2	L_3	R	
100	110	175	120	110	40	70	6.45
150	110	190	150	125	24	95	9.55
150	160	230	160	130	50	120	12.43

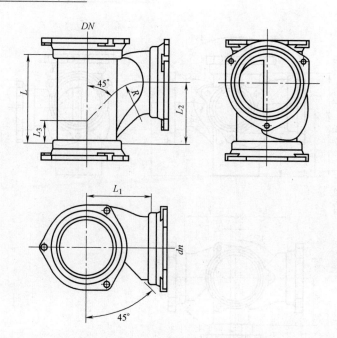

图 B-10-1 BⅡ型接口旋流三通

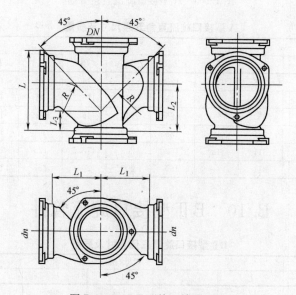

图 B-10-2 BⅡ型接口旋流四通

BⅡ型接口旋流直角四通（右向）尺寸及质量   表 B-10-3

公称尺寸			尺寸(mm)								质量(kg)
DN	dn_1	dn_2	L	L_1	L_2	L_3	L_4	L_5	L_6	R	
100	110	50	157	22.5	120	110	85	40	90	70	5.73
100	110	75	190	10	120	110	97.5	40	95	70	6.36
100	110	110	190	—	120	110	110	40	105	70	6.80
150	110	110	190	19	150	121	121	20	130	95	9.14
150	160	110	230	16	160	100	124	50	115	120	10.75
150	160	160	230	—	160	130	130	50	115	120	11.43

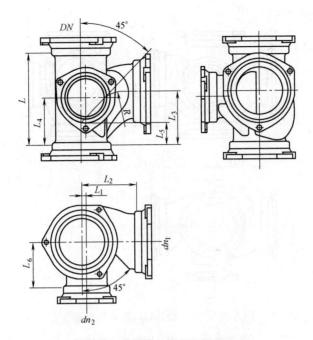

图 B-10-3　BⅡ型接口旋流直角四通（右向）

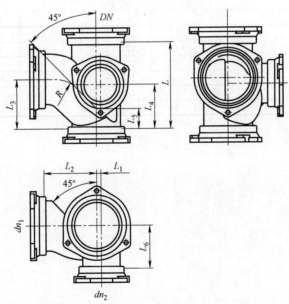

图 B-10-4　BⅡ型接口旋流直角四通（左向）

BⅡ型接口旋流直角四通（左向）尺寸及质量　　　　　表 B-10-4

公称尺寸			尺寸(mm)								质量(kg)
DN	dn_1	dn_2	L	L_1	L_2	L_3	L_4	L_5	L_6	R	
100	110	50	157	22.5	120	110	85	40	90	70	5.70
100	110	75	190	10	120	110	97.5	40	95	70	6.28
100	110	110	190	—	120	110	110	40	105	70	6.66
150	110	110	190	19	150	121	121	20	130	95	9.13
150	160	110	230	18	160	130	106	50	115	120	10.69
150	160	160	230	—	160	130	130	50	115	120	11.23

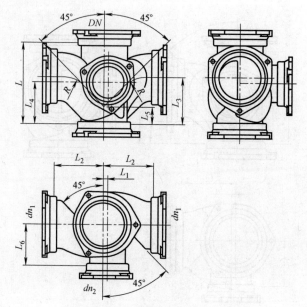

图 B-10-5　B Ⅱ型接口旋流直角五通

B Ⅱ型接口旋流直角五通尺寸及质量　　　　　　表 B-10-5

公称尺寸			尺寸(mm)								质量(kg)
DN	dn₁	dn₂	L	L₁	L₂	L₃	L₄	L₅	L₆	R	
100	110	50	157	22.5	120	110	85	40	90	70	7.33
100	110	75	190	10	120	110	97.5	40	95	70	7.89
100	110	110	190	—	120	110	110	40	105	70	8.32
150	110	110	190	19	150	121	121	20	130	95	10.85
150	160	110	230	16	160	130	106	24	115	120	13.56
150	160	160	230	—	160	130	130	50	115	120	13.89

附录 C   3S 加强型旋流器及配件

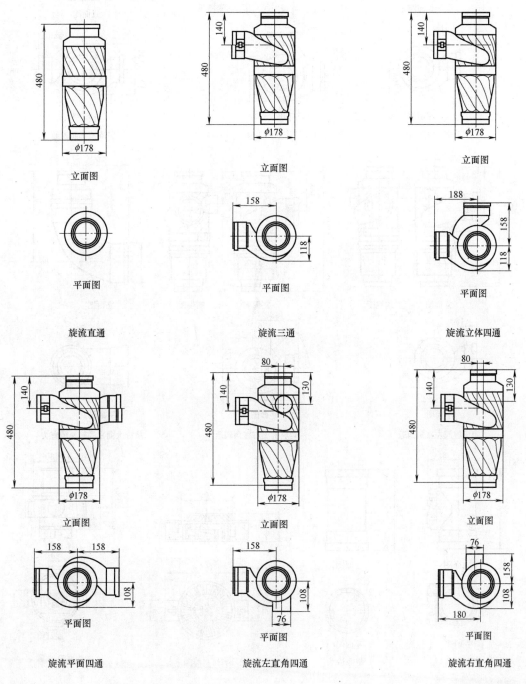

<table>
<tr><td>立面图</td><td>立面图</td><td>立面图</td></tr>
<tr><td>平面图</td><td>平面图</td><td>平面图</td></tr>
<tr><td>旋流直通</td><td>旋流三通</td><td>旋流立体四通</td></tr>
<tr><td>立面图</td><td>立面图</td><td>立面图</td></tr>
<tr><td>平面图</td><td>平面图</td><td>平面图</td></tr>
<tr><td>旋流平面四通</td><td>旋流左直角四通</td><td>旋流右直角四通</td></tr>
</table>

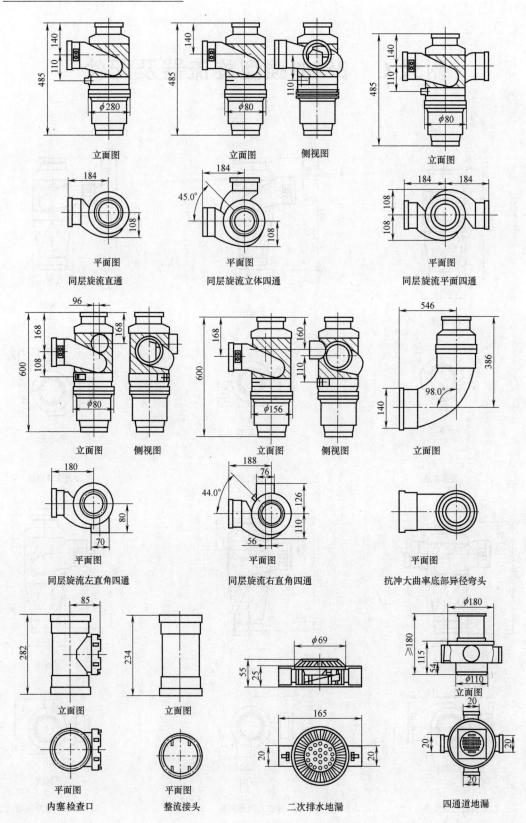

立面图   立面图   侧视图   立面图

平面图   平面图   平面图

同层旋流直通   同层旋流立体四通   同层旋流平面四通

立面图   侧视图   立面图   侧视图   立面图

平面图   平面图   平面图

同层旋流左直角四通   同层旋流右直角四通   抗冲大曲率底部异径弯头

立面图   立面图   立面图

平面图   平面图

内塞检查口   整流接头   二次排水地漏   四通道地漏

附录 D 加强型内螺旋管

加强型内螺旋管规格尺寸（mm）　　　　　　　　　　　　　　　　表 D-0-1

| 材质种类 | 公称外径 dn | 平均外径 | | 壁厚 | | 螺旋肋高度 | | 螺距 | | 螺旋肋 | | 管长 | |
		最小 $de_{m,min}$	最大 $de_{m,min}$	最小 E_{min}	最大 E_{max}	最小	最大	最小	最大	数量	螺旋方向	基本长度	公差
PVC-U	75	75.0	75.3	2.3	2.7	2.3	2.8	600	680	12	逆时针	4000 或 6000	+30 −0.00
	110	110.0	110.3	3.2	3.8	3.0	3.6	760	840				
	125	125.0	125.3	3.2	3.8	3.2	3.8	780	880				
	160	160.0	160.4	4.0	4.6	3.8	4.4	800	900				
HDPE	110	110.0	110.8	2.0	2.3	2.0	3.6	600	700				
	125	125.0	125.9	2.3	2.7	3.5	3.8	650	750				
	160	160.0	161.0	2.7	3.1	4.0	4.0	700	800				
PP	110	110.0	110.4	2.0	2.3	3.0	3.6	600	700				
	125	125.0	125.4	2.3	2.7	3.5	3.8	650	750				
	160	160.0	160.5	2.7	3.1	4.0	4.4	700	800				

附录 E　塑料导流叶片型旋流器

E.1　型式构造

旋流器（图 E-1-1）由上、下立管接口、横支管接口（90°或 180°进口）、导流槽和带锥形筒的旋流器主体组成，锥形筒内壁附有 2～8 片逆时针方向的螺旋叶片，叶片倾角 25°～30°，锥形筒的收口角度为 12°～15°。

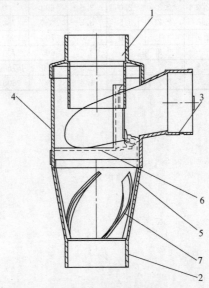

图 E-1-1　旋流器构造剖面

1—上立管接口；2—下立管接口；3—横管接口；4—主体；

5—锥形筒；6—导流槽；7—螺旋叶片

E.2　规格尺寸

旋流直通外形尺寸　　　　　　　　　　　　　　　　　　　　　　表 E-2-1

序号	公称外径 dn	连接方式	外形尺寸(mm)		
			ϕ_1	ϕ_2	H
1	110	胶粘连接	180	—	308
2		柔性连接	180	—	308
3		同层排水专用胶粘连接	—	200	356

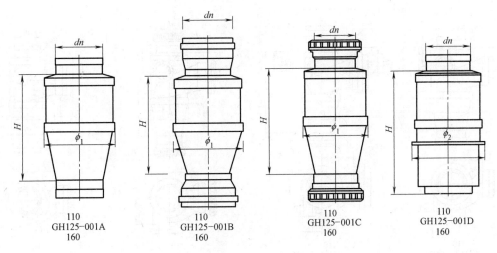

图 E-2-1 旋流直通

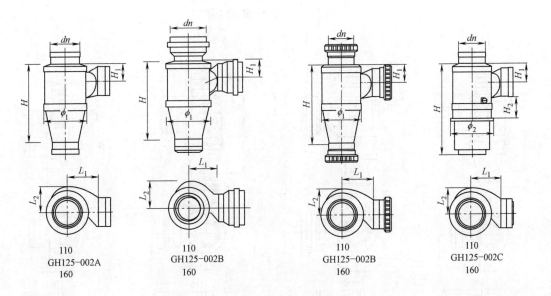

图 E-2-2 旋流三通

旋流三通外形尺寸 表 E-2-2

序号	公称外径 dn	连接方式	外形尺寸(mm)					
			ϕ_1	ϕ_2	L_1	H	H_1	H_2
1		胶粘连接	180	—	135	333	78	—
2	110	柔性连接	180	—	135	333	78	—
3		同层排水专用胶粘连接	—	200	135	380	78	90

左 90°旋流四通外形尺寸 表 E-2-3

序号	公称外径 dn	连接方式	外形尺寸(mm)									
			dn_1	ϕ_1	ϕ_2	L_1	L_2	L_3	H	H_1	H_2	H_3
1		胶粘连接	75	180	—	135	127	28	360	105	81	—
2	110	柔性连接	75	180	—	135	127	28	360	105	81	—
3		同层排水专用胶粘连接	75	—	—	135	127	28	406	105	81	90

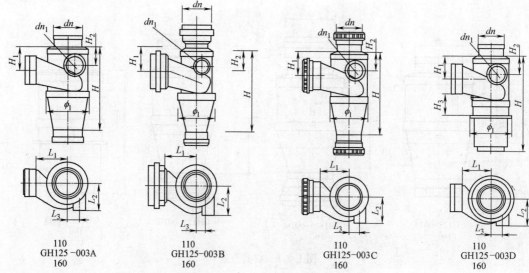

110
GH125-003A
160

110
GH125-003B
160

110
GH125-003C
160

110
GH125-003D
160

图 E-2-3　左90°旋流四通

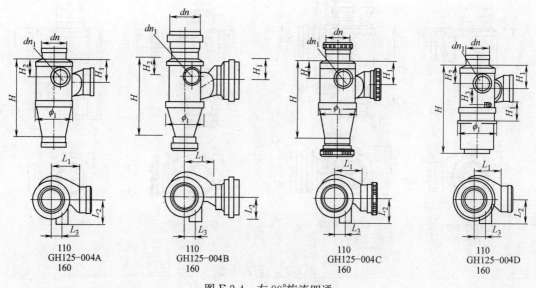

110
GH125-004A
160

110
GH125-004B
160

110
GH125-004C
160

110
GH125-004D
160

图 E-2-4　右90°旋流四通

右90°旋流四通外形尺寸　　　　　　　　　　　　　　　表 E-2-4

序号	公称外径 dn	连接方式	外形尺寸(mm)									
			dn_1	ϕ_1	ϕ_2	L_1	L_2	L_3	H	H_1	H_2	H_3
1		胶粘连接	75	180	—	135	127	28	360	105	81	—
2	110	柔性连接	75	180	—	135	127	28	360	105	81	—
3		同层排水专用胶粘连接	75	—	200	135	127	28	406	105	81	90

180°旋流四通外形尺寸　　　　　　　　　　　　　　　表 E-2-5

序号	公称外径 dn	连接方式	外形尺寸(mm)					
			ϕ_1	ϕ_2	L_1	H	H_1	H_2
1		胶粘连接	180	—	135	330	80	—
2	110	柔性连接	180	—	135	330	80	—
3		同层排水专用胶粘连接	—	200	135	380	80	90

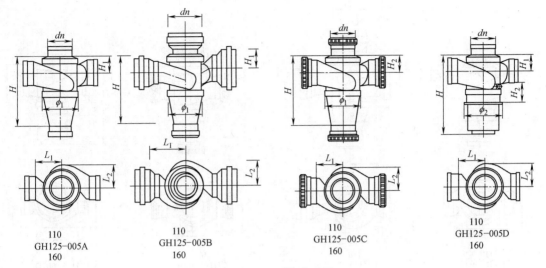

图 E-2-5　180°旋流四通

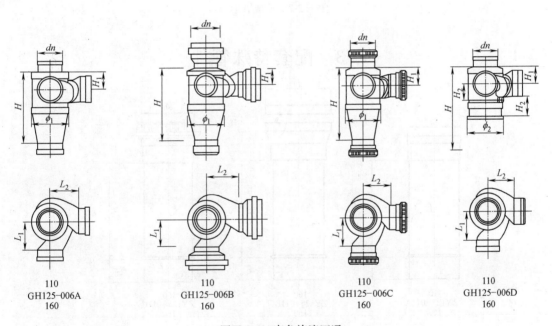

图 E-2-6　直角旋流四通

直角旋流四通外形尺寸　　　　　　　　　　　　　　表 E-2-6

序号	公称外径 dn	连接方式	外形尺寸(mm)							
			ϕ_1	ϕ_2	L_1	L_2	H	H_1	H_2	H_3
1		胶粘连接	180	—	135	135	330	80	—	—
2	110	柔性连接	180	—	135	135	330	80	—	—
3		同层排水专用胶粘连接	—	200	135	135	380	80	90	—

旋流五通外形尺寸　　　　　　　　　　　　　　表 E-2-7

序号	公称外径 dn	连接方式	外形尺寸(mm)								
			dn_1	ϕ_1	ϕ_2	L_1	L_2	L_3	H	H_1	H_2	H_3
1		胶粘连接	75	180	—	135	127	28	360	105	81	—
2	110	柔性连接	75	180	—	135	127	28	360	105	81	—
3		同层排水专用胶粘连接	75	—	200	135	127	28	406	105	81	90

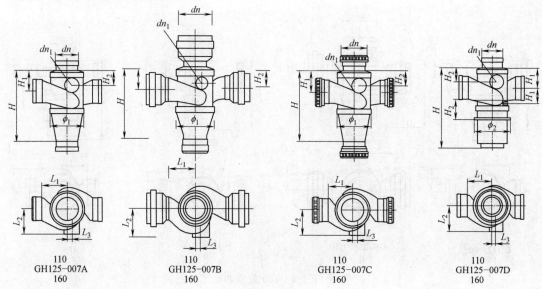

图 E-2-7　旋流五通

E.3　配套特殊管件

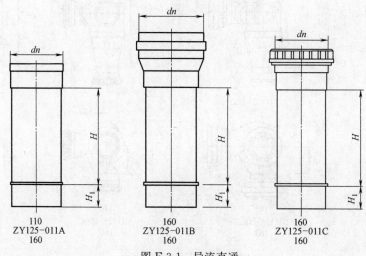

图 E-3-1　导流直通

导流直通外形尺寸　　　　　　　　　　　　　　　　　　　表 E-3-1

序号	公称外径 dn	连接方式	外形尺寸(mm)	
			H	H_1
1	110	胶粘连接	203	48
2		柔性连接	203	48

大曲率底部异径弯头外形尺寸　　　　　　　　　　　　　　表 E-3-2

序号	公称外径 dn	连接方式	外形尺寸(mm)						
			dn_1	dn_2	L_1	L_2	L_3	L_4	L_5	L_6
1	110	胶粘连接	160	—	179	185	206	247	—	—
2			160	85	179	185	206	247	100	100
3		柔性连接	160	—	179	185	206	247	—	—
4			160	85	179	185	206	247	100	100

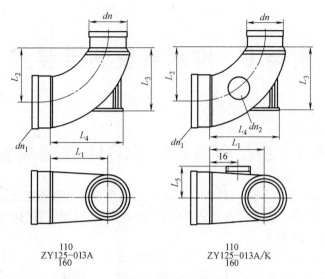

110
ZY125−013A
160

110
ZY125−013A/K
160

图 E-3-2　胶粘连接大曲率底部异径弯头

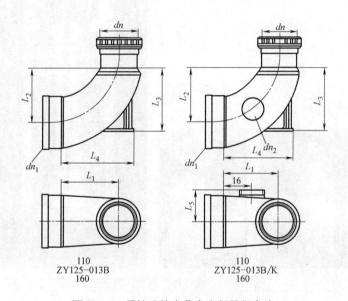

110
ZY125−013B
160

110
ZY125−013B/K
160

图 E-3-3　柔性连接大曲率底部异径弯头

附录 F 排水系统演示装置

F.1 浙江台州光华（GH）演示装置

1）光华排水演示装置一——普通与 GH-Ⅰ型单立管排水系统流态演示（图 F-1-1）

（1）普通单立管横支管水流在立管汇流处形成水舌，阻碍立管内的空气流动，管内的水流流态混乱，气压波动大。

（2）GH-Ⅰ型横支管汇入水流在立管汇流处快速形成附壁旋流，消除水舌现象，保持管内空气畅通，减缓立管水流速度，降低立管水流噪声，增加立管排水能力。

  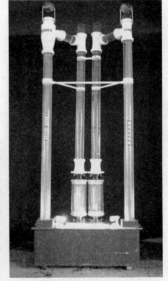

图 F-1-1 光华排水演示装置（一）

2）光华排水演示装置二——普通内螺旋与 GH-Ⅱ型单立管排水系统流态演示（图 F-1-2）

（1）普通内螺旋管小流量时能形成附壁旋流，当流量大于 3.5L/s 时，流态变化明显，横支管汇入水流形成水舌，阻碍立管空气畅通。

（2）GH-Ⅱ型单立管系统在 GH-Ⅰ型基础上采用加强型内螺旋管，使立管附壁旋流得到进一步加强，并具有持续消能的作用。

3）光华排水演示装置三——三根横支管同时排水时流态演示（图 F-1-3）

三根横支管同时排水时，在立管和横支管汇流处仍能快速形成附壁旋流，没有水舌现象，管内气流通道畅通。

4）光华排水演示装置四——漩流降噪导流接头流态演示（图 F-1-4）

导流接头内壁上的"人"字形导流叶片将旋流水膜划开，保证立管与横干管的气流通道畅通。

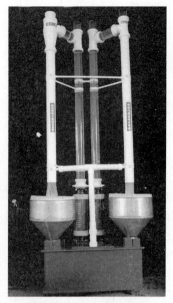

图 F-1-2　光华排水演示装置（二）

图 F-1-3　光华排水演示装置（三）

5）光华排水演示装置五——立管小偏置对排水流量的影响（图 F-1-5）

（1）右侧立管偏置距离 250mm，流量为 6L/s 时，采用 45°弯头连接，气压波动超过±700Pa（允许值为±400Pa）。

（2）左侧立管偏置距离 250mm，流量为 6L/s 时，采用 11.25°偏置弯头连接，气压波动在±150Pa 之内（推荐做法）。

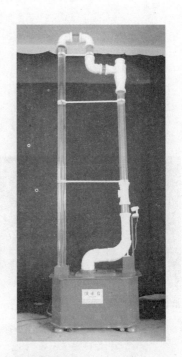

图 F-1-4　光华排水演示装置（四）

图 F-1-5　光华排水演示装置（五）

6）光华排水演示装置六——立管大偏置对排水流量的影响（图 F-1-6）

立管偏置距离 1250mm，流量 9L/s，采用异层排水，辅助通气管关闭时气压波动超过±700Pa，辅助通气管开启时气压波动在±150Pa 之内，证明辅明通气管效果明显。

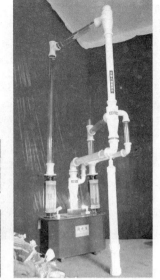

通气管开

通气管关

图 F-1-6 光华排水演示装置（六）

F.2 云南昆明群之英（WAB）演示装置

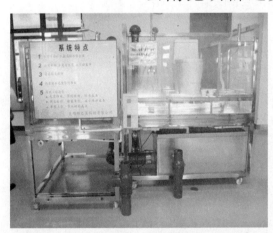

F-2-1 WAB 特殊单立管同层排水演示装置（一）

F-2-2 WAB 特殊单立管同层排水演示装置（二）

图 F-2-3 WAB 特殊单立管
不降板同层排水演示装置（一）

图 F-2-4 WAB 特殊单立管
不降板同层排水演示装置（二）

图 F-2-5　WAB 特殊单立管
同层检修排水系统演示装置（一）

图 F-2-6　WAB 特殊单立管
同层检修排水系统演示装置（二）

编　后　语

金雷

做学问，如书写"T"字，知识面应如"T"上面这一横，越长越好；专业应如"T"的一竖，越深越好。

做学问须先打好基础，有了广而实的基础，才能以此为依托作更深层次的专业研究。有了"T"的一横——基础广，才能着力书写"T"的一竖——钻研深。广和深是统一并相辅相成的，只有广了才能深，也只有深了才要求综合的广。因此，上述概念中的"T"，是一个整体构件，而不是单独的两个笔画。如此意义的广和深，就构建成我所说的专业领域的"T台"。

相对于知识面的广，专业的深更难。因此，作为晚辈的我特别庆幸，在自己坚持的专业道路上，有缘结识我敬仰的泰斗级前辈和专家，并有难得的机会师从他们，学到很多宝贵的东西。正是得益于他们，才使今天的我，在专业道路上一路走来，在他们的引领下，得以坚持走得更远些，更深入些。时光太瘦，指缝太宽，太多的坚持被时间冲散，被自己遗忘，被现实刁难。能够实现哪怕只有小小一个，或曾经为之努力过，历程亦感恩和欣然。

一直以来，人们喜欢给各类学科做划分。诚然，分类、分科是需要的，但绝不是分"家"，各个学科之间的界限绝非截然可分的。"各学科技术似乎不是同类专业技术，其实它们都有内在关联和联系，并且已经潜移默化地互相延伸、拓展、渗透和融合，甚至于难分彼此"[1]。

这本手册正是专业"T台"上广与深的最好例证。参编这本手册的专家们来自海内外，这是地域的广；来自科研、设计、高校、开发、审图、施工、制造等不同行业，这是行业的广；年龄自 30 岁至 80 余岁，这是年龄跨度的广；每一位专家都在给水排水领域内有各自的专业建树，这是术业专攻的深；对于排水技术不同分支理论的研究，这是不同研究方向的深；特殊单立管排水技术发展渗透建筑学、水力学、材料学、铸造业、施工技术等学科的发展，这是专业技术相互关联和融合的广；同一个理论衍生出不同产品，这是技术转化的广和深。每一位专家自身，是广与深的统一体，每一个产品亦是广与深的聚合体。个体的广与深，凝汇成集群的广与深。

本手册回顾建筑特殊单立管排水技术的国内外发展历史及技术引进历程，总结中国各阶段的技术、原理、实践的发展进程，对系统分类原则、系统理论、流态分析和测试手段等进行详细介绍，对设计、施工、验收、养护和测试提供明确的计算、选用及操作依据。截至目前，这是一本对建筑特殊单立管排水技术进行最全面和最专业解读的专业手册。

我相信，这本手册定能助专业人员在专业路上行走时，障碍更少些，思路更开拓些，目标更清晰些，步伐更快捷些！

一众给水排水专业领域的执着之士，发扬新时代的进取精神，孜孜专注，共力协作，在专业领域探索之"T"型大舞台上，携手锵锵而行，演绎出一段愈行愈深远的精彩！

毋庸置疑，这本凝结众多智慧和心血而成的手册，见证了这段精彩历程，必将成为建筑特殊单立管排水技术发展史上的重要里程碑！

---

[1] 花铁森. 科学素养与人文素养. 建筑机电工程，2012，（3）.

山西泫氏铸业有限公司

泫氏铸业箭头生产基地年产量 12 万 t 以上，是全球产销量最大的铸铁排水管材、管件生产商之一，1999 年至今已连续 16 年铸铁排水管材全国销量第一。先进的工艺和技术作为保障，铸就了出众的产品品质。泫氏铸管突破性地采用高炉中频电炉双联短流程绿色环保生产工艺，一方面减少铁水铸块二次熔化环节，节能降耗、降低生产成本，另一方面铁水进入中频电炉升温调质，保障铁水中的碳、硅、锰、磷、硫等化学成分和浇铸温度，使排水管材的抗拉强度、压环强度和硬度等力学性能参数完全达到国标水平。自主研发的 9 工位全自动离心机，日产管材 6000～7000 根。采用涂料金属型离心成型生产工艺，直管壁厚均匀、无白边现象，内外表面光洁、平整无气孔、无砂眼等缺陷。数控切割技术的运用，去除直管两端杂质，横切口平整，精度达到毫米级；机械内磨，有效去除管身内壁残存的颗粒铸渣和表层氧化皮，最大化暴露出管身上的渗漏缺陷可能，保证后续水压检测得到真实、可靠的检测结果，并提高内壁油漆附着力，大大改善管材防腐性能。抛丸工序彻底去除直管外表面的涂料残余，提高表面油漆附着力和防腐性能；每根直管都经水压检测，压力保持 0.4MPa 的情况下持续 18s（高于国家标准的 0.3MPa 稳压 5s）不出现渗水现象，确保公司售出的产品合格率达到 100%。采用电脑喷涂，直管内外表面油漆厚度均匀一致，提高防锈、防酸碱腐蚀性能。在防伪方面，数控喷码，清晰有序，美观大方，区别伪劣产品。全封闭成品库存管理模式，防曝晒、沙尘、风雨侵袭；箱式打包运输，引领行业物流标杆，做到产品出厂到安装工地一致。

泫氏产品行销全世界 40 多个国家和地区，全国 80% 的标志性建筑均采用"玄"字牌铸铁排水管材。产品类型品种最全，管材有直管 A 型、W 型和 W1 型三种类型及 DN50～DN300 八种规格；管件有 A 型、B 型、W 型和 W1 型四种类型，1000 多种品种规格，可以满足不同需求的客户。全国铸铁排水管材年产销量第一的泫氏铸业，励志成为世界铸铁排水管材的龙头企业，铸产品恒久高品质，造泫氏百年好品牌。

已经建成的公司专业排水实验楼及 20 层 60.3m 高排水测试塔，将为公司新产品的研发及中国建筑排水技术的研究作出新的贡献。

泫氏 60.3m 高排水实验塔

276

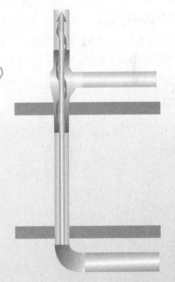

河南禹州新光铸造有限公司

河南省禹州市新光铸造有限公司是设计、研发生产排水用柔性接口铸铁管及管件的专业化高新技术企业，年生产能力 5 万 t，占地面积 6.5 万 m²，员工 330 余人。中高级科技人员占员工总人数 35％以上，是国家标准《排水用柔性接口铸铁管、管件及附件》GB/T 12772—2016 的主要起草单位，先后参与国内行业 6 个产品标准和安装标准的修订起草工作，是全国钢标准化技术委员会铸铁管分技术委员会的成员单位。

"新光"牌商标是河南省著名商标，"新光"牌柔性铸管是"河南省名牌产品"和"高新技术产品"，公司生产的柔性铸管及管件均已通过国家和省级专家科技鉴定，被鉴定为"国际先进"与"国内领先"水平，国家授予发明专利证书 3 项，被住房和城乡建设部列为"科技成果推广转化指南项目"和"工程推荐产品"。

企业通过了 ISO 9001：2000 标准质量体系认证、ISO 14001：2004 标准环境管理体系认证、GB/T 28001—2001 标准职业健康安全管理体系认证，卡箍式柔性铸铁管及管件获得了采用国际标准标志证书等。

新光公司拥有国内一流的生产与检测设备，生产工艺领先，设备先进。从事高新技术研发专业人员在 50 人以上，Q/YXGB01—2006B 型产品的研发问世，科研经费逐年增加，公司技术部被认定为省级企业技术研发中心。

"新光"牌产品在全国各省市已设立 100 余处销售服务商，产销自成体系，公司遵循"诚实守信，质量兴企"的经营理念，为全国广大用户提供优质与完善的售后服务，促进企业持续健康发展，并跃入全国铸管业界研发创新的先进行列。

公司地址：河南省禹州市火龙镇工业园区　　　邮政编码：461690
电话：0374-8638038　8637055　　　传真：0374-8638488
电子邮箱：hnxinguang888@sina.com
网　址：www.hnxinguang.cn　　www.hnxinguang.com

◆ 垂直自动造型生产线

新光【新光铸管】

◆静电粉沫喷涂工艺

浙江光华塑业有限公司

浙江光华塑业有限公司系中国塑料加工工业协会塑料管道专业委员会会员单位。公司始建于 1984 年，现位于浙江省台州市黄岩区东城经济开发区，起步于排水管件系列模具制造，积累了丰富的模具制造经验。

公司是一家民营股份制企业。自成立以来，在探索集团化、专业化的道路上取得了显著成效，成为行业的佼佼者。公司在浙江、上海、辽宁建有生产基地，年综合加工能力超过 8 万 t，成为各种塑料管道的专业制造公司。

公司现有员工 698 人，拥有一支高、中级职称人才 50 余名组成的技术队伍及高素质的检测人员，从而保证优良的产品品质，公司生产设备先进，拥有 24 条双螺杆挤出机生产线，85 台电脑注塑机和 13 套混料机，以及全套精密的检测设备。

公司产品设计先进、结构合理、选料精良、美观卫生、质量稳定，产品历年经国家塑料制品质量监督检验中心检验合格。

公司不断开拓创新，增加科技含量、改善服务质量、提高管理水平，使企业可持续稳定发展。雄厚的实力，优秀的人才、先进的设备，强大的研发能力为公司的发展提供了巨大的空间。

公司将始终秉承"以人品塑造产品"的企业理念，以科技提升品质，致力于不断改善人居环境和推动绿色建材工业的新一轮发展。

1984 年公司在国内首家开发硬聚氯乙烯（PVC-U）排水管件模具。

1990 年浙江省首家批量生产 PVC-U 排水管件、管材。

1998 年批量生产 PVC-U 给水管材、管件。

2000 年公司生产的无规共聚聚丙烯（PP-R）冷热水用管材、管件通过浙江省科学技术委员会鉴定。

2000 年率先在同行业中通过 ISO 9001 质量管理体系和产品质量双认证。

2002 年成功开发新型绿色环保产品——通用双壁螺旋管材、双壁管材及管件，该系列产品被国家知识产权局授予 4 项实用新型专利。

2003 年上述产品被原建设部列为"科技成果推广转化指南项目"。

2004 年参与协会标准《排水系统水封保护设计规程》CECS 172：2004 的制定。

2005 年参与协会标准《建筑排水中空壁消音硬聚氯乙烯管管道工程技术规程》CECS 185：2005 的制定。

2007 年先后获得"浙江省著名商标"、"浙江省名牌产品"称号。

2008 年成功开发出漩流降噪特殊单立管排水系统。

2009 年该系列产品获得 1 项发明专利、2 项外观专利和 6 项实用新型专利。

2010 年成为中国建筑学会建筑给水排水研究分会团体成员单位。

2011 年主编协会标准《漩流降噪特殊单立管排水系统技术规程》CECS 287：2011。

2011 年参与协会标准《特殊单立管排水系统技术规程》CECS 79：2011 的制定。

2011 年参与行业标准《建筑排水低噪声硬聚氯乙烯（PVC-U）管材》CJ/T 442—2013 的制定。

2011 年参与国标图集 10SS410《建筑特殊单立管排水系统安装》的编制。

2012 年参与国标图集 12S306《住宅卫生间同层排水系统安装》的编制。

2012 年参与协会标准《住宅生活排水系统立管排水能力测试标准》CECS 336：2013 的制定。

2012 年获得"绿色建筑"商标认证，并入选"国家绿色建筑产品导向目录"。

公司现有产品七大类：PVC-U 排水用管材及管件、中空壁 PVC-U 排水用管材及管件、PVC-U 给水用管材及管件、PP-R 管材及管件、建筑用绝缘电工套管、塑胶球阀、漩流降噪管材管件等共 1012 个品种。产品应用于建筑、市政、农业、化工等行业。

漩流降噪特殊单立管排水系统是由公司自行设计、自主研发的具有国际先进水平的新型节能环保的建筑特殊单立管排水系统。该系统排水性能优异，可有效解决排水系统的水舌、水跃和雍水现象，不会出现水封破坏导致卫生间臭气的问题。同时可以大大降低排水产生的噪声（常规排水系统噪声为 56dB，漩流降噪排水系统噪声为 44.6dB），使业主感到更加舒适。

地址：浙江省台州市黄岩区东城开发区元同路 29 号

电话：400-111-8558　　0576-84276578

传真：0576-84276872　　邮编：318020

电子邮箱：zjghsy@163.com　　网址：WWW.chinaguanghua.com

282

重庆长江管道泵阀有限公司

重庆长江管道泵阀有限公司成立于1997年，注册资金200万元，资产2000万元，员工120人，拥有专业的设计研发团队。主要生产经营特殊单立管排水系统、卫生间设备材料、给水排水配套管材等。公司长期以来致力于新产品的研发与生产，与科研院所联合开发的CJW型特殊单立管排水系统，具有体积小、质量轻、排水流量大、占地面积小、造价省等优点。有机制铸铁材质、塑料材质，能满足用户的多种需求。已在数百幢建筑标准要求较高的楼房上使用，用户反应良好。

公司产品获得多项国家专利，重庆市建委科技创新奖。参编了《特殊单立管排水系统技术规程》CECS79:2011、《住宅生活排水系统立管排水能力测试标准》CECS336:2013协会标准和《建筑排水用硬聚氯乙烯(PVC-U)导流叶片型旋流器》行业标准。是中国建筑金属结构协会给水排水设备分会成员单位，特殊单立管协会成员单位，产品通过了ISO 9001国际质量认证。

公司以诚信为本，创新发展，积极参与推广以及行业交流活动。以过硬的产品质量，先进的技术优势，积极开拓国内外市场。

重庆地区部分工程业绩：万科锦城、东原D7、保利国际港湾、英利国际广场、协信城市广场、茶园公租房、西彭公租房、双碑公租房、龙洲湾公租房、陈家桥公租房、金凤公租房、璧山公租房、长寿公租房、中冶城邦国际、和泓四季、环山国际、台泥安置房、沙滨城市广场、恒鑫名城三期、曾家安置房、旭阳台北城、金融广场首座、嘉陵厂集资楼、一中集资楼、三中集资楼、八中集资楼、招商花园城、乐至尚城、长寿天工睿城、长寿晏家定向销售房、长寿寿城水岸、长寿公租房、李子湖畔、中腰香山湖、尚都会

浙江宁波地区部分工程业绩：宝庆寺安置房、金色珑庭

云南昆明地区部分工程业绩：螺丝湾片区、金领时代、马街还房

湖南地区部分工程业绩：香榭雅苑(七里香榭)、裕丰·公园大邸、五洲·富隆中心、华晨商业广场、恒生碧水龙庭、新桥安置房、春城佳苑、盛世金源、滨江花园、金爵华府、昌和商业中心、格林春天(宁乡)、潇湘奥林匹克花园、鑫天格林香山、湘水郡、东方维也纳、华宁瑞城、亿都国际

英利国际广场

东原D7

西彭公租房

万科锦城

辽宁金禾实业有限公司

辽宁金禾实业有限公司，是一家经辽宁省工商行政管理局批准注册的大型有限责任制企业，注册资金 4000 万人民币。公司坐落于辽宁省丹东市新城区高新技术园区内，距丹东港 3.5km、丹东机场 5km、大东港 27km，交通十分便利。公司主要从事建筑排水系统组件的研发生产，主要产品有塑料及铸铁材质的排水系统组件和仪器仪表配件，同时还生产各种铸件、汽车零部件、机械设备、建筑材料和高温铸造材料。公司技术人员具有 20 多年的建筑排水组件研发经验，相关产品全部出口日本和欧美地区。

辽宁金禾实业有限公司引进国外最新单立管排水技术，针对中国实际排水情况，研发设计出 HPS 高性能特殊单立管排水系统，该产品技术成熟领先。公司购置国际先进的全自动高速注塑生产线，同时拥有大型铸件生产基地和高温铸造材料生产工厂。公司的多项产品已申请国家专利。

为作出更完美的卫生间排水系统，2012 年公司投入巨资，聘请国内外同层排水专家共同开发一款多样式同层排水系统，普通降板、微降板、不降板等多种方式的同层排水组件。配合 HPS 高性能特殊单立管排水系统，使得整个卫生间排水达到一个最佳状态，消音、降噪、节能、环保。辽宁金禾实业有限公司以最专业的团队、最先进的技术、最成熟的产品，打造中国五星级高端厨卫生活空间。

辽宁金禾实业有限公司秉承"以诚信迎客户，以品质赢市场"的企业理念。凭借雄厚的技术实力、先进的生产设备、高素质的员工队伍，为国内外客户提供优质的产品质量和高效的客户服务。

公司真诚希望与国内外客户共同合作，建立长期稳定的联系，共同铸就辉煌的明天。

浙江中财管道股份有限公司

浙江中财管道股份有限公司及天津分公司、四川中财管道有限公司、新疆中财管道有限公司、湖南中财化学建材有限公司是中财集团旗下的塑料管道专业生产企业，先后成立于 2002 年 12 月、2008 年 9 月、2009 年 12 月和 2008 年 4 月。浙江中财管道股份有限公司是由浙江中财新材料股份有限公司整体变更设立的，公司现有员工 1700 多人，厂区面积 36 万 m^2，年生产能力达 20 万 t。

公司根据市场要求建立一套科学严谨的质量管理体系，先后通过了 ISO 9001：2000 质量管理体系换版认证、ISO 14001 环境管理体系认证和计量检测体系认证。企业坚持走"以质量求生存、以管理求效益"的发展道路，近年先后荣获"国家级重点高新技术企业"、"中国名牌产品"、"国家级火炬计划企业"、"全国塑料制品标准化技术委员会杰出贡献奖"、"浙江省'五个一批'重点骨干企业"、"省级技术开发中心"、"浙江省著名商标"等荣誉。公司同时还是全国塑料制品标准化技术委员会（TC48/SC3）核心委员单位、中国塑料加工工业协会塑料管道专业委员会副理事单位、中国城市燃气协会理事单位、中国建筑金属结构协会给水排水设备分会辐射供暖供冷委员会常务委员单位等。

公司根据客户要求，采用国际标准，结合中国管道特点设计产品。主导产品有硬聚氯乙烯（PVC-U）给水管系列、PVC-U 排水管系列、PVC-U 埋地排污管系列、PVC-U 普通电力电缆管系列、PVC-U 建筑用电工套管系列、PVC-U 双壁波纹管系列、氯化聚氯乙烯（PVC-C）高压电力电缆管系列、聚乙烯（PE）燃气管系列、PE 给水管系列、PE 煤矿用管系列、PE 护套管系列、耐热聚乙烯（PE-RT）耐高温聚乙烯管系列、无规共聚聚丙烯（PP-R）冷热水给水管系列、PP-R 稳态管系列等十六大系列 3000 多个品种。

3S 加强型旋流器特殊单立管排水系统是公司总结多年建筑排水工程的实践经验，运用结构力学、声学、流体力学等原理，联合多所高校和设计院自主研发的新型建筑排水系统。上部特殊配件为 8 条圆弧形凹槽旋流叶片结构，同倍数 16 肋加强型内螺旋管材，配合采用 SC 抗冲大曲率底部弯头等，优化水流工况，使立管中心空气芯上下通畅，保证单根立管的通气效果，实现降噪、高效的排水能力。

3S 加强型旋流器特殊单立管排水系统经湖南大学权威测试，dn110 立管系统排水流量高达 10L/s，在行业内处于领先地位，水流噪声比铸铁管系统低 1dB（A）。

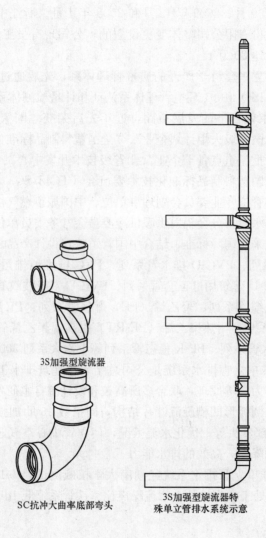

3S加强型旋流器

SC抗冲大曲率底部弯头

3S加强型旋流器特
殊单立管排水系统示意

浙江伟星新型建材股份有限公司

部分原材料和设备提供商

basell　DSM　Autofina　Dranbach
KraussMaffei　battenfeld-cincinnati　MSA　BOREALIS

部分重点客户

万科　Haier　绿地集团　阳光100　华润燃气
LONGFA龙发装饰　业之峰装饰　鸿之锦

伟星新材临海管材生产基地

伟星新材临海管件生产基地　　伟星新材上海生产基地

伟星新材天津生产基地　　伟星新材重庆生产基地

公司简介
COMPANY PROFILE

浙江伟星新型建材股份有限公司（证券简称：伟星新材，证券代码：002372）创建于1999年，专业从事高质量、高附加值新型塑料管道研发、制造和销售，是国内塑料管道行业的技术先驱与龙头企业，系中国塑料加工工业协会副会长单位，中国塑料加工工业协会塑料管道专业委员会副理事长单位，连续蝉联"中国中小板上市公司价值50强前十强"，荣获"中国轻工业百强企业"、"国家火炬计划重点高新技术企业"、"浙江创新能力百强企业"等荣誉。

以"行业领跑者"为目标定位，公司在浙江、上海、天津、重庆建有现代化的生产基地，建有省级企业研究院、博士后工作站，检测中心荣获"中国合格评定国家认可委员会实验室认可证书"。中、高级技术精英云集，坚持自主创新，积极开展国际技术合作，产品广泛应用于给水、排水、排污、燃气、造船、采暖、电力、矿山等领域，并成功应用于"鸟巢"、"水立方"、老山自行车场等奥运工程、世博会中国馆及巴西世界杯体育保罗竞技场等项目建设。公司取"冷热水用聚丙烯管道系统"国家标准主要起草单位之一、《全国住宅装饰装修行业管道工程标准》起草单位，参编了近30项国家、行业标准，多项技术精湛于国内空白并获发明专利。行业内率先通过德国DVGW、TUV、欧盟CE等多项国际认证。

志存高远，持续发展。公司践行"以品牌统筹管理、以服务支撑品牌、以品牌提升价值"的独特理念，共建诚信高满的市场服务体系，传播"健康、可靠、喜悦"的品牌文化，行业内成功打造高端管道具有的品牌形象。公司将不遗余力地致力于"提高人类生活品质，创建和谐社会空间"，成为有持续发展活力的卓越企业。

研发实力
R&D STRENGTH

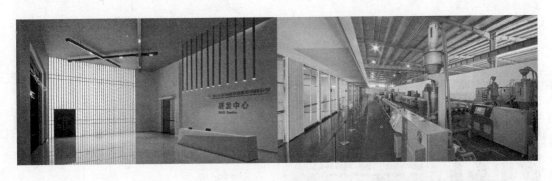

| 研发战略 | 组织结构 | 人才队伍 | 研发平台 | 研发成果 | 荣誉称号 |

制造水平
MANUFACTURING CAPABILITY

公司生产线关键设备从国外引进，自动化程度高，质量控制精确，确保下线的产品能完全达到国家标准的各项性能指标要求。

管材生产能力

引进全套德国公司生产的管材专业单螺杆挤出机。

- C4闭环控制系统，可自动监控并调整管材各项生产数据；
- 配置重量计量系统，可精确自动控制管材克重；
- 配置超声波测厚仪，可精确自动控制管材壁厚；
- 配置激光定径系统，可精确自动控制管材外径；
- 采用螺旋式模头，塑化能力好，管材剖压强度更高。

系统核心部件

加强型HDPE内螺旋管：

管内设有12条逆时针螺旋（北半球水流螺旋方向）的导向肋，用于引导水流形成附壁旋流。

HDPE 特殊旋流器：

特征1：
横支管导流——水流变向，切向进入，形成附壁旋流。

特征2：
乙字型立管接引管——对下落的水流具有更强的缓冲作用，大幅度减小流体冲撞，并引导水流切向流入新形成的旋流。

产品性能指标

执行标准：
《建筑排水用高密度聚乙烯（HDPE）管材及管件》CJ/T 250-2007
《特殊单立管排水系统技术规程》CECS 79：2011

类别	检验项目	标准规定	伟星产品检测结果
产品	密度	$0.941\sim0.985g/cm^3$	$0.955\sim0.965g/cm^3$
	熔体流动速率	$0.2\leq MFR\leq1.1$	$0.2\leq MFR\leq0.4$
	静液压强度试验	80℃，165h，0.37MPa不破裂、不渗漏	不破裂、不渗漏
	管材纵向回缩率	≤3%	≤1%
	管材环刚度	≥4	≥6.5
系统	排水系统噪声测试		≤46 dB(A)
	排水系统流量测试	6.3 L/s*	6.5 L/s

注* 保障《建筑给水排水设计规范》GB50015-2003（2009年版）发回型特殊单立管最大设计排水能力要求6.3 L/s。

注塑管件生产能力

注塑管件制造采用国内领先制造商生产的全自动注塑机。

- 采用机械手自动化生产，降低人为影响；
- 采用全电脑控制，尺寸精准，性能稳定可靠；
- 导入Moldflow模拟设计，源头保证模头设计品质；
- 公司拥有各类型模具5000余副，充分保证了各类工程配件应用的配套齐全。

电熔管件制造能力

引进国际上最为先进的塑料电熔管件绕线机，所有电熔管件均参照欧洲标准设计开发。

系统优势

大流量
特殊的旋流式排水设计，有效保证立管内的气液分离效果，消除水击、水塞等现象，显著提高系统的排水能力。

低噪声
精巧的设计，水流附壁旋流，减少水流与管壁及空气之间碰撞的同时，减小管道振动，显著降低排水噪声。

节能降耗
无须使用通气立管，节省成本、节约空间，施工便捷，检修简易。

性能卓越
采用欧洲进口的PE100级原料，具有卓越的抗冲击、耐腐蚀、耐碱性能，-40℃～60℃的温度使用范围。

设备先进
采用欧洲进口的自动化精密挤出和管件成型设备进行生产，产品质量更加可靠、尺寸更稳定、外径壁厚更均匀。

安全可靠
采用电熔热熔的连接方式，使得管道系统避免渗漏水隐患，使用寿命更可长。

所获荣誉

※系统的其他产品与HDPE同层排水系统通用

HDPE内螺旋管

规格(mm)	e	h
dn90	4	2.3
dn10	5	3

旋流器

规格(mm)	L₁	L₂	L₃
dn9075/90	240	142	540
dn90/90/90	257	155	540
dn110/7S/110	300	175	660
dn110/110/110	315	190	660

整流器

规格(mm)	e	h	L
dn90	4	2.3	270
dn110	5	3	300

大曲率弯头

规格(mm)	L₁	L₂	L₃	L₄	D₁	D₂
dn110/90	172	172	138	154.5	90	110
dn160/10	210	210	168.5	189	110	160

电熔管箍连接
1.施工前检查
清洁焊接管道,并用刮刀刮去插入部分管材表面上的氧化皮。
2.画线承插
1)用卷尺测量出插入电熔管箍中心线位置的长度,然
后用记号笔在管材上做好记号;
2)将管道插入电熔管箍两端,基中轴线应对准,
且应满足插入深度。
3.电熔操作机检查
1)通上电源,插入电极棒(没有正负极之分),然后按
"START"键开始焊接(内置焊接时间),进入焊接倒计时阶段;
2)焊接完成取下电极棒,观察孔上面的两个小孔长出电熔
管箍表面2~3mm,表示焊接完好;
3)焊接结束后应自然冷却。

承插连接

1. 将管道组插入末端倒角成不小于 30°；
2. 按照承插深度要求在管道上做好标记；
3. 用肥皂、硅酮或凡士林润滑管道连接处表面，不得用矿物油或油脂润滑，以免损环橡胶密封面；
4. 管道承插至记号线位置，承插完毕。

注意事项

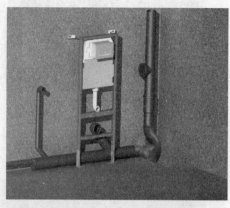

1. 内螺旋管切割后，将管段内壁的毛刺用刮刀剖除，以免增加系统内水流的旋流阻力。
2. 内螺旋管与旋流器对接时，热熔对接会影响到旋流导向助对水流的引导作用，因而建议采用电熔连接方式。
3. 内螺旋管与内螺旋管之间也不宜热熔对接，宜采用对齐螺纹的电熔或承插连接。

优势介绍

随着国民经济的发展，高层建筑已逐渐成为建筑行业中的主流建筑。另外对居住条件也要求越来越高。因此具有强度高、承压性好、通水能力强、消音降噪好的管道系统将成为市场主流。

针对以上存在的问题，伟星新材以市场为导向，为安全经济为生产原则，着力开发单立管管道系统。

旋流降噪特殊单立管排水系统一般适用于当建筑物排水立管设计排流量大于普通单立管排水系统的最大设计排水能力、排水横支管最大公称外径不大于dn110、卫生间或管道井面积较小时。

旋流降噪特殊单立管排水系统分管材和管件两部分。其中管材为20强型内螺旋管材，管件为旋流器管件。

旋流降噪特殊单立管排水系统具有排水流量大、消音降噪、耐腐蚀、防火、使用寿命长、节约管材、节约空间、节省造价、节省人工，便于施工，改善居住环境卫生条件，提高楼盘居住品质等众多方面的优势；保证人们的身心健康，有效改善人与休息环境的舒适度，提升居住品质，是高档酒店、高档住宅、医院和疗养所等场所首选的排水系统。

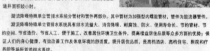

静音：降低水流噪声，提升居住品质

特殊结构管道设计，能使立管水流和横支管水流快速形成附壁旋流，或缓立管水流，减少水流与管壁及空气直接的碰撞，使水波声音降低至45dB以下，符合建筑标准要求较高场所的静音要求。

大流量

1. 旋流器的上下部特殊结构设计，有效消防水舌、水塞、水槽等现象，保持立管空气畅通，有效保证管道内的压力平衡，可大幅度提高系统的排水能力；
2. 沿管壁旋流，为管内流出充分的气道，形成水下气上各形其道；避免在管内无序的水、气流乱现象对管壁的直接冲击。

卫生环保

使用特殊管件降低管内压力波动，稳定有序的旋流，有效防止负压虹吸排水，避免住户防臭水封被破坏。

节省空间、节约管材

特殊单立管排水系统仅用一根dn110的单立管即可达到或超过双立管的排水量，满足高层建筑排水系统排水流量的要求，使每个卫生间可节约0.1m²以上的占用面积。

安装、维修更简捷

1. 单立管系统安装和维修都更方便简捷，节省安装人工和费用成本。
2. 安装时放可以连层检测，保证系统安装质量。